"十二五"职业教育国家规划教材
经全国职业教育教材审定委员会审定

住房城乡建设部土建类学科专业"十三五"规划教材

住房和城乡建设部中等职业教育建筑施工与建筑装饰专业指导委员会规划推荐教材

主体结构工程施工
（第二版）

（建筑工程施工专业）

姚谨英　主　编
姚晓霞　徐永迫　副主编
陈文祥　冯光荣　主　审

中国建筑工业出版社

图书在版编目（CIP）数据

主体结构工程施工/姚谨英主编．—2版．—北京：中国建筑工业出版社，2020.11（2023.12重印）

"十二五"职业教育国家规划教材：经全国职业教育教材审定委员会审定　住房城乡建设部土建类学科专业"十三五"规划教材　住房和城乡建设部中等职业教育建筑施工与建筑装饰专业指导委员会规划推荐教材．建筑工程施工专业

ISBN 978-7-112-25448-4

Ⅰ．①主…　Ⅱ．①姚…　Ⅲ．①结构工程—工程施工—中等专业学校—教材　Ⅳ．①TU74

中国版本图书馆CIP数据核字（2020）第174735号

本书按照教育部2014年公布的《中等职业学校建筑工程施工专业教学标准（试行）》编写，体现"理论实践一体化教学"和"做中学、做中教"的职业教育教学特色。本书采用任务引领、实践导向的课程设计思想，将"主体结构工程施工"分解成若干典型的工作项目，按完成工作项目的需要和岗位操作规程，以及建筑工程施工规范和标准，结合职业技能证书考证组织教材内容，引入必要的理论知识，增加技能操作内容。

本书的主要内容为：建筑主体结构工程的常用材料及常见构造，建筑主体结构工程基本施工工艺、施工技术和方法，建筑主体结构工程的施工质量标准与安全技术要求。

本书可供中等职业学校建筑工程施工及相关专业师生使用，也可供建筑施工相关人员参考。

为了更好地支持本课程教学，本书作者制作了精美的教学课件，有需求的读者可以发送邮件至：10858739@qq.com 免费索取。

责任编辑：刘平平　李　阳　聂　伟
书籍设计：京点制版
责任校对：党　蕾

"十二五"职业教育国家规划教材
经全国职业教育教材审定委员会审定
住房城乡建设部土建类学科专业"十三五"规划教材
住房和城乡建设部中等职业教育建筑施工与建筑装饰专业指导委员会规划推荐教材

主体结构工程施工（第二版）
（建筑工程施工专业）

　　　　　姚谨英　主　编
姚晓霞　徐永迫　副主编
陈文祥　冯光荣　主　审
＊
中国建筑工业出版社出版、发行（北京海淀三里河路9号）
各地新华书店、建筑书店经销
北京点击世代文化传媒有限公司制版
北京市密东印刷有限公司印刷
＊
开本：787毫米×1092毫米　1/16　印张：18　字数：402千字
2021年1月第二版　2023年12月第六次印刷
定价：48.00元（赠课件）
ISBN 978-7-112-25448-4
　　　（36445）

本系列教材编委会 ◆◆◆

序言 ◆◆◆
Foreword

住房和城乡建设部中等职业教育专业指导委员会是在全国住房和城乡建设职业教育教学指导委员会、住房和城乡建设部人事司的领导下，指导住房城乡建设类中等职业教育（包括普通中专、成人中专、职业高中、技工学校等）的专业建设和人才培养的专家机构。其主要任务是：研究建设类中等职业教育的专业发展方向、专业设置和教育教学改革；组织制定并及时修订专业培养目标、专业教育标准、专业培养方案、技能培养方案，组织编制有关课程和教学环节的教学大纲；研究制订教材建设规划，组织教材编写和评选工作，开展教材的评价和评优工作；研究制订专业教育评估标准、专业教育评估程序与办法，协调、配合专业教育评估工作的开展等。

本套教材是由住房和城乡建设部中等职业教育建筑施工与建筑装饰专业指导委员会（以下简称专指委）组织编写的。该套教材是根据教育部 2014 年 7 月公布的《中等职业学校建筑工程施工专业教学标准（试行）》、《中等职业学校建筑装饰专业教学标准（试行）》编写的。专指委的委员参与了专业教学标准和课程标准的制定，并将教学改革的理念融入教材的编写，使本套教材体现最新的教学标准和课程标准的精神。教材编写体现了理论实践一体化教学和做中学、做中教的职业教育教学特色。教材中采用了最新的规范、标准、规程，体现了先进性、通用性、实用性的原则。本套教材中的大部分教材，经全国职业教育教材审定委员会的审定，被评为"十二五"职业教育国家规划教材。

教学改革是一个不断深化的过程，教材建设是一个不断推陈出新的过程，需要在教学实践中不断完善，希望本套教材能对进一步开展中等职业教育的教学改革发挥积极的推动作用。

住房和城乡建设部中等职业教育建筑施工与建筑装饰专业指导委员会

2015 年 6 月

第二版前言 ◆◆◆
Preface

"主体结构工程施工"是中等职业学校建筑工程施工专业的专业核心课程之一。主要研究建筑主体结构工程的常用材料及常见构造，研究主体结构工程基本施工工艺、施工技术和方法，研究建筑主体结构工程的施工质量标准与安全技术要求。

本次修订在第一版的基础上按照《中等职业学校建筑工程施工专业教学标准》和最新的建筑工程施工和验收规范对教材内容查漏补缺。修订中坚持以学生为本，理论知识坚持以够用为原则，教材内容紧紧围绕项目施工展开，并根据教学实际和岗位需求对实用价值较低的部分进行精炼。并根据建筑行业发展的需要，增加了装配式建筑施工的相关内容，使教材内容充分体现了先进性、通用性、实用性的原则，更贴近本专业的发展和实际需要。

本教材由姚谨英任主编，姚晓霞、徐永迫任副主编。模块1、模块2、模块5由四川绵阳职业技术学院姚晓霞编写，模块3由姚谨英编写，模块4由云南省建设学校徐永迫编写，全书由姚谨英负责统稿和修订工作。

由成都市新宏建筑工程有限公司陈文祥和成都农业科技职业学院城乡建设分院冯光荣担任本教材的主审，他们对本书作了认真细致的审阅，对保证本书编写质量提出了不少建设性意见，在此表示衷心感谢。

由于编者水平有限，书中难免尚有不足之处，恳切希望读者批评指正。

编者

2020.3

前言 ◆◆◆
Preface

　　《主体结构工程施工》是中等职业学校建筑工程施工专业的专业核心课程之一。本书的主要内容包括：建筑主体结构工程的常用材料及常见构造，主体结构工程基本施工工艺、施工技术和方法，建筑主体结构工程的施工质量标准与安全技术要求。

　　本书按照教育部2014年公布的《中等职业学校建筑工程施工专业教学标准（试行）》编写，编写中体现了"理论实践一体化教学"和"做中学、做中教"的职业教育教学特色。本书采用任务引领、实践导向的课程设计思想，将"主体结构工程施工"分解成若干典型的工作项目，按完成工作项目的需要和岗位操作规程，以及建筑工程施工规范和标准，结合职业技能证书考证组织教材内容，引入必需的理论知识，增加技能操作内容。

　　本书内容以学生为本，理论知识以够用为原则，编写紧紧围绕项目施工展开，并融入了相关的材料知识、构造知识，纳入了本专业的新规范、新标准、新技术、新工艺，使教材内容充分体现了先进性、通用性、实用性的原则，更贴近本专业的发展和实际需要。

　　本书由姚谨英任主编，姚晓霞、徐永迫任副主编。模块1、模块5由四川绵阳职业技术学院姚晓霞编写，模块2由绵阳水利水电学校姚谨英编写，模块3由河南省建筑工程学校王守剑和聊城市技师学院李莉编写，模块4由云南省建设学校徐永迫编写。全书由姚谨英负责统稿。

　　全书由成都农业科技职业学院城乡建设分院冯光荣主审，他认真细致地审阅了本书，并提出了不少建设性意见，在此，表示衷心感谢。

　　由于编者水平有限，书中难免有不足之处，恳切希望读者批评指正。

编者

2014.10

目录 ◆◆◆
Contents

模块 1
砌体结构工程施工

【模块概述】

　　砌体结构是由砌块和砌筑砂浆组砌而成的墙、柱作为建筑物主要受力构件的结构，是砖砌体、砌块砌体和配筋砌体的统称，主要用于建筑的条形基础、墙、柱。本模块着重讨论砌体结构的构造组成、施工方法、质量标准及检测验收方法。

【学习目标】

　　通过学习，你将能够：
　　（1）认知各种砌体的构造组成；
　　（2）认知砌筑脚手架的特点和适应范围；
　　（3）理解钢筋、水泥等材料的进场验收内容和方法，会进行进场验收；
　　（4）进行砌体施工；
　　（5）参与砌体施工质量检测及验收。

项目 1.1　砌筑脚手架的搭设和应用

【项目描述】

　　当砌筑高度超过 1 个可砌高度（1.2 ~ 1.4m）时，即应搭设脚手架。为了保证砌筑的安全，脚手架所用材料和搭设方法必须符合规范规定。不同用途、不同位置的脚手架所用材料不同，其搭设方法也不同。为了保证工程质量和安全，应了解不同脚手架的特点、适用范围，掌握搭设质量要求，以便能正确判定脚手架的安全性和正确使用脚手架。

【学习支持】

脚手架搭设相关规范

1. 《建筑施工扣件式钢管脚手架安全技术规范》JGJ 130-2011
2. 《建筑施工工具式脚手架安全技术规范》JGJ 202-2010
3. 《建筑施工门式钢管脚手架安全技术标准》JGJ 128-2019
4. 《建筑施工碗扣式钢管脚手架安全技术规范》JGJ 166-2016

【任务实施】

1.1.1　钢管脚手架的搭设和应用

脚手架是建筑施工中重要的临时设施，是在施工现场为安全防护、工人操作以及解决楼层间少量垂直和水平运输而搭设的支架。

脚手架的种类很多，按其搭设位置分为外脚手架和里脚手架两大类；按其所用材料分为木脚手架、竹脚手架与金属脚手架；按其用途分为操作脚手架、防护用脚手架、承重和支撑用脚手架；按其构造形式分为多立杆式、框式、吊挂式、悬挑式、升降式以及用于楼层间操作的工具式脚手架等。

1.1.1.1　钢管脚手架的搭设要求

建筑施工脚手架应由持证上岗的架子工搭设。对脚手架的基本要求是：应满足工人操作、材料堆置和运输的需要；坚固稳定，安全可靠；搭拆简单，搬移方便；节约材料，能多次周转使用。脚手架的宽度一般为 1.0 ~ 1.5m，砌筑用脚手架的每步架高度一般为 1.2 ~ 1.4m。

1.1.1.2　钢管脚手架的构造及应用

外脚手架沿建筑物外围从地面搭起，既可用于外墙砌筑，又可用于外装饰施工。其主要形式有多立杆式脚手架、门式脚手架、桥式脚手架等。

1. 多立杆式脚手架构造组成

多立杆式脚手架主要由立杆、纵向水平杆（大横杆）、横向水平杆（小横杆）、斜撑、脚手板等组成（图 1-1）。其特点是每步架高可根据施工需要灵活布置，取材方便，钢材、木材等均可应用。

多立杆式脚手架分双排和单排两种形式。双排式（图 1-1b）沿墙外侧设两排立杆，小横杆两端支承在内外两排立杆上，多、高层房屋均可采用，当房屋高度超过 50m 时，需专门设计。单排式（图 1-1c）沿墙外侧仅设一排立杆，其小横杆一端与大横杆连接，另一端支承在墙上，仅适用于荷载较小，高度较低（≤24m），墙体有一定强度的多层房屋。

多立杆式钢管外脚手架有扣件式和碗扣式两种。

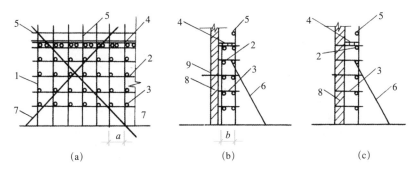

图 1-1 多立杆式脚手架

(a) 立面；(b) 侧面（双排）；(c) 侧面（单排）

1—立柱；2—大横杆；3—小横杆；4—脚手板；5—栏杆；6—抛撑；7—斜撑；8—墙体；9—连墙杆

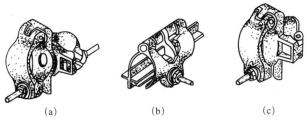

图 1-2 扣件形式

(a) 回转扣件；(b) 直角扣件；(c) 对接扣件

（1）钢管扣件式多立杆脚手架

钢管扣件式多立杆脚手架由钢管（$\phi 48.3 \times 3.6$）和扣件（图 1-2）组成，采用扣件连接，既牢固又便于装拆，可以重复周转使用，因而应用广泛。这种脚手架在纵向外侧每隔一定距离需设置斜撑，以加强其纵向稳定性和整体性。另外，为了防止整片脚手架外倾和抵抗风力，整片脚手架还需均匀设置连墙杆，将脚手架与建筑物主体结构相连，依靠建筑物的刚度来加强脚手架的整体稳定性。

1-1 扣件式钢管脚手架

（2）碗扣式钢管脚手架

碗扣式钢管脚手架立杆与水平杆靠特制的碗扣接头连接（图 1-3）。碗扣分上碗扣和下碗扣，下碗扣焊在钢管上，上碗扣对应地套在钢管上，其销槽对准焊在钢管上的限位销即能上下滑动。连接时，只需将横杆接头插入下碗扣内，将上碗扣沿限位销扣下，并顺时针旋转，靠上碗扣螺旋面使之与限位销顶紧，从而将横杆与立杆牢固地连在一起，形成框架结构。

1-2 碗扣式钢管脚手架

碗扣式接头可同时连接 4 根横杆，横杆可相互垂直亦可组成其他角度，因而可以搭设各种形式脚手架，特别适合于搭设扇形表面及高层建筑施工和装修作用两用外脚手架，还可作为模板的支撑。

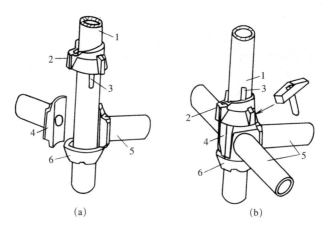

图 1-3 碗扣接头构造

（a）连接前； （b）连接后

1—立杆；2—上碗扣；3—限位销；4—横杆接头；5—横杆；6—下碗扣

2. 承力结构

脚手架的承力结构主要指作业层、横向构架和纵向构架三部分。

作业层直接承受施工荷载，荷载由脚手板传给小横杆，再传给大横杆和立柱。

横向构架由立杆和小横杆组成，是脚手架直接承受和传递垂直荷载的部分。它是脚手架的受力主体。

纵向构架是由各榀横向构架通过大横杆连成的 1 个整体。它沿房屋的周围形成 1 个连续封闭的结构，所以房屋四周脚手架的大横杆在房屋转角处要相互交圈，并确保连续。实在不能交圈时，脚手架的端头应采取有效措施来加强其整体性。常用的措施是设置抗侧力构件、加强与主体结构的拉结等。

3. 支撑体系

脚手架的支撑体系包括纵向支撑（剪刀撑）、横向支撑和水平支撑。这些支撑应与脚手架这一空间构架的基本构件很好地连接。

设置支撑体系的目的是使脚手架成为 1 个几何稳定的构架，加强其整体刚度，以增大抵抗侧向力的能力，避免出现节点的可变状态和过大的位移。

（1）纵向支撑（剪刀撑）

纵向支撑是指沿脚手架纵向外侧隔一定距离由下而上连续设置的剪刀撑。具体布置如下：

◆　脚手架高度在 24m 以下时，在脚手架两端和转角处必须设置，中间每隔 12 ～ 15m 设 1 道，且每片架子不少于 3 道。剪刀撑宽度宜取 4 ～ 5 倍立杆纵距，斜杆与地面夹角宜在 45°～ 60° 范围内，最下面的斜杆与立杆的连接点离地面不宜大于 500mm。

◆　脚手架高度大于等于 24m 时，双排脚手架应在外侧全立面连续设置剪刀撑。

（2）横向支撑

横向支撑是指在横向构架内从底到顶沿全高呈之字形设置的连续斜撑。具体设置要求如下：

◆ 脚手架的纵向构架因条件限制不能形成封闭形，如一字形、L 形、凹字形的脚手架，其两端必须设置横向支撑，并于中间每隔 6 个间距加设 1 道横向支撑。

◆ 脚手架高度超过 24m 时，每隔 6 个间距要设置横向支撑 1 道。

（3）水平支撑

水平支撑是指在设置联墙拉结杆件的所在水平面内连续设置的水平斜杆。一般可根据需要设置，如在受力较大的结构脚手架中或在承受偏心荷载较大的承托架、防护棚、悬挑水平安全网等部位设置，以加强其水平刚度。

（4）抛撑和连墙杆

脚手架由于其横向构架本身是 1 个高跨比相差悬殊的单跨结构，仅依靠结构本身尚难以保持结构的整体稳定，防止倾覆和抵抗风力。对于高度低于 3 步的脚手架，可以采用加设抛撑来防止其倾覆，抛撑的间距不超过 6 倍立杆间距，抛撑、地面抛撑与地面的夹角为 45° ~ 60°，并应在地面支点处铺设垫板。对于高度超过 3 步的脚手架，防止倾斜和倒塌的主要措施是将脚手架整体依附在整体刚度很大的主体结构上，依靠房屋结构的整体刚度来加强和保证整片脚手架的稳定性。其具体做法是在脚手架上均匀地设置足够多的牢固的连墙点（图 1-4）。连墙点的位置应设置在与立杆和大横杆相交的节点处，离节点的间距不宜大于 300mm。

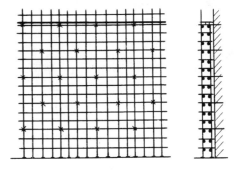

图 1-4 连墙杆的布置

设置一定数量的连墙杆后，整片脚手架的倾覆破坏一般不会发生。但要求与连墙杆连接一端的墙体本身要有足够的刚度，所以连墙杆在水平方向应设置在框架梁或楼板附近，竖直方向应设置在框架柱或横隔墙附近。连墙杆在房屋的每层范围均需布置 1 排，一般竖向间距为脚手架步高的 2 ~ 4 倍，不宜超过 4 倍，且绝对值在 3 ~ 4m 范围内；横向间距宜选用立杆纵距的 3 ~ 4 倍，不宜超过 4 倍，且绝对值在 4.5 ~ 6m 范围内。

脚手架搭设时应注意地基平整坚实，设置底座和垫板，并有可靠的排水措施，防止积水浸泡地基引起不均匀沉陷。杆件应按设计方案进行搭设，并注意搭设顺序，扣件拧紧程度应适度，一般扭力矩应在 40 ~ 60kN·m 之间。禁止使用规格和质量不合格的杆配件。相邻立柱的对接扣件不得在同一高度，应随时校正杆件的垂直和水平偏差。脚手架处于顶层连墙点之上的自由高度不得大于 6m。当作业层高出其下连墙件 2 步或 4m 以上，且其上尚无连墙件时，应采取适当的临时撑拉措施。脚手板或其他作业层板铺板的铺设应符合有关规定。

【知识拓展】

1.1.2 工具式里脚手架的搭设要求及应用

里脚手架搭设于建筑物内部，每砌完 1 层墙后，即将其转移到上 1 层楼面，进行新的一层砌体砌筑，它可用于内外墙的砌筑和室内装饰施工。里脚手架用料少，但装拆频繁，故要求轻便灵活，装拆方便。其结构形式有折叠式、支柱式和门架式等。

1.1.2.1 折叠式里脚手架的搭设要求及应用

折叠式里脚手架适用于民用建筑的内墙砌筑和内装饰，也可用于砖围墙、砖平房的外墙砌筑和装饰用脚手架。根据材料不同，分为角钢、钢管和钢筋折叠式里脚手架。角钢折叠式里脚手架（图 1-5）的架设间距，砌墙用脚手架不超过 2m，装饰用脚手架不超过 2.5m。可以搭设两步脚手架，第 1 步高约 1m，第 2 步高约 1.65m。钢管和钢筋折叠式里脚手架的架设间距，砌墙用脚手架不超过 1.8m，装饰用脚手架不超过 2.2m。

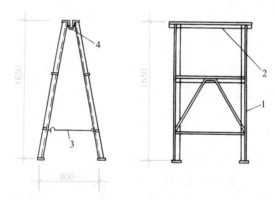

图 1-5 角钢折叠式里脚手架（mm）
1—立柱；2—横楞；3—挂钩；4—铰链

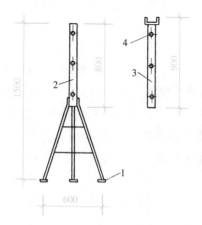

图 1-6 套管式支柱（mm）
1—支脚；2—立管；3—插管；4—销孔

1.1.2.2 支柱式里脚手架的搭设要求及应用

支柱式里脚手架由若干个支柱和横杆组成。适用于砌墙和内粉刷。其搭设间距，砌墙时不超过 2m，粉刷时不超过 2.5m。支柱式里脚手架的支柱有套管式和承插式两种形式。图 1-6 为套管式支柱，它是将插管插入立管中，以销孔间距调节高度，在插管顶端的凹形支托内搁置方木横杆，横杆上铺设脚手板。脚手架的架设高度为 1.5 ～ 2.1m。

1.1.2.3 门架式里脚手架的搭设要求及应用

门架式里脚手架由两片 A 形支架与门架组成（图

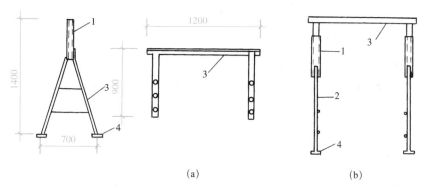

图 1-7　门架式里脚手架（mm）

(a) A形支架与门架；　(b) 安装示意图

1—立管；2—支脚；3—门架；4—垫板

1–7），适用于砌墙和粉刷。支架间距，砌墙时不超过 2.2m，粉刷时不超过 2.5m。按照支架与门架的不同结合方式，分为套管式和承插式两种。

A形支架包括立管和套管两部分，立管常用 $\phi 50 \times 3$ 钢管，支脚可用钢管、钢筋或角钢焊成。套管式的支架立管较长，由立管与门架上的销孔调节架子高度。承插式的支架立管较短，采用双承插管，在改变架设高度时，支架可不再挪动。门架用钢管或角钢与钢管焊成，承插式门架在架设第 2 步时，销孔要插上销钉，防止 A 形支架被撞后转动。

1-3 门式钢管
脚手架

1.1.3　其他类型脚手架认知

1.1.3.1　门式脚手架

1. 基本组成

门式脚手架也称为框式脚手架，是目前国际上应用较普遍的脚手架之一。它不仅可作为外脚手架，而且可作为内脚手架或满堂脚手架。门式脚手架由门式框架、剪刀撑、水平梁架、螺旋基脚组成基本单元，将基本单元相互连接并增加梯子、栏杆及脚手板等即形成脚手架（图 1-8）。

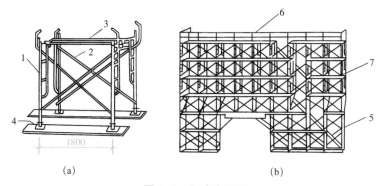

图 1-8　门式脚手架

(a) 基本单元；　(b) 门式外脚手架

1—门式框架；2—剪刀撑；3—水平梁架；4—螺旋基脚；5—梯子；6—栏杆；7—脚手板

2. 搭设要求

门式脚手架是一种工厂生产、现场搭设的脚手架，一般只要根据产品目录所列的使用荷载和搭设规定进行施工，不必再进行验算。如果实际使用情况与规定有出入时，应采取相应的加固措施或进行验算。通常门式脚手架搭设高度限制在45m以内，采取一定措施后可达到80m左右。施工荷载一般为：均布荷载不超过1.8kN/m²，作用于脚手架板跨中的集中荷载不超过2kN。

搭设门式脚手架时，基底必须夯实找平，并铺可调底座，以免发生塌陷和不均匀沉降。要严格控制第一步门式框架垂直度偏差不大于2mm，门架顶部的水平偏差不大于5mm。门架的顶部和底部用纵向水平杆和扫地杆固定。门架之间必须设置剪刀撑和水平梁架（或脚手板），其间连接应可靠，以确保脚手架的整体刚度。

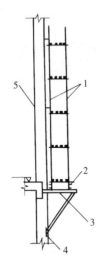

图1-9 悬挑式脚手架
1—钢管脚手架；2—型钢横梁；3—三角支承架；4—预埋件；5—钢筋混凝土柱（墙）

1.1.3.2 悬挑式脚手架

1-4 悬挑式脚手架

悬挑式脚手架（图1-9）简称挑脚手架。它搭设在建筑物外边缘向外伸出的悬挑结构上，将脚手架荷载全部或部分传递给建筑结构。悬挑支承结构有用型钢焊接制作的三角桁架下撑式结构以及用钢丝绳斜拉水平型钢挑梁的斜拉式结构两种主要形式。在悬挑结构上搭设的双排外脚手架与落地式脚手架相同，分段悬挑脚手架的高度一般控制在25m以内。该形式的脚手架适用于高层建筑的施工。由于脚手架系沿建筑物高度分段搭设，故在一定条件下，当上层还在施工时，其下层即可提前交付使用；而对于有裙房的高层建筑，则可使裙房与主楼不受外脚手架的影响，同时展开施工。

1.1.3.3 升降式脚手架

升降式脚手架（图1-10）简称爬架。它是将自身分为两大部件，分别依附固定在建筑结构上。在主体结构施工阶段，升降式脚手架利用自身带有的升降机构和升降动力设备，使两

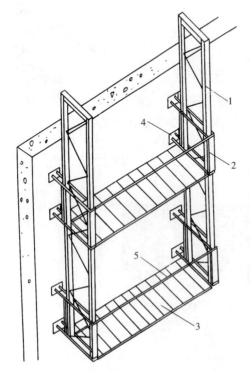

图1-10 升降式脚手架
1—内套架；2—外套架；3—脚手板；4—附墙装置；5—栏杆

个部件互相利用，交替松开、固定，交替爬升，其爬升原理同爬升模板。在装饰施工阶段，交替下降。该形式的脚手架搭设高度为 3～4 个楼层，不占用塔式起重机，相对落地式外脚手架，省材料，省人工，适用于高层框架、剪力墙和筒体结构的快速施工。

1.1.4　脚手架的安全防护措施

在房屋建筑施工过程中因脚手架出现事故的概率相当高，所以在脚手架的设计、架设、使用和拆卸中均需十分重视安全防护问题。

当外墙砌筑高度超过 4m 或立体交叉作业时，除在作业面正确铺设脚手板，安装防护栏杆和挡脚板外，还必须在脚手架外侧设置安全网。架设安全网时，其伸出宽度应不小于 2m，外口要高于内口，搭接应牢固，每隔一定距离应用拉绳将斜杆与地面锚桩拉牢（图 1-11）。

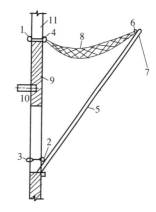

图 1-11　安全网设置
1、2、3—水平杆；4—外口水平杆；
5—斜杆；6—外水平杆；7—拉绳；
8—安全网；9—墙；10—楼板；11—窗口

当用里脚手架施工外墙或多层、高层建筑用外脚手架时，均需设置安全网。安全网应随楼层施工进度逐步上升，高层建筑除一道逐层上升的安全网外，尚应在下面间隔 3～4 层的部位设置一道安全网。施工过程中要经常对安全网进行检查和维修，每块支好的安全网应能承受不小于 1.6kN 的冲击荷载。

钢脚手架不得搭设在距离 35kV 以上的高压线路 4.5m 以内的地区和距离 1～10kV 高压线路 3m 以内的地区。钢脚手架在架设和使用期间，要严防与带电体接触，需要穿过或靠近 380V 以内的电力线路，距离在 2m 以内时，则应断电或拆除电源，如不能拆除，应采取可靠的绝缘措施。

搭设在旷野、山坡上的钢脚手架，如在雷击区域或雷雨季节时，应设避雷装置。

能力测试与实践活动

【能力测试】

填空题

（1）对脚手架的基本要求有_____、_____、_____。

（2）脚手架允许荷载值为_____、_____。

（3）钢脚手架距 35kV 以上的高压线路的安全距离为_____ m，距 1~10kV 以上的高压线路的安全距离为_____ m。

（4）脚手架高度≥_____ m 时，双排脚手架应在外侧全立面连续设置剪刀撑。

（5）砌筑用脚手架的每步架高度一般为_____ m。

【实践活动】

1.参观搭设好的脚手架,对照技术规范要求,认知脚手架组成构件的名称、作用、搭设要求,并判断其是否符合要求。

2.以 4～6 人为 1 个小组,在学校实训基地搭设脚手架。

【活动评价】

学生自评 (20%):	规范选用	正确 □	错误 □	
	脚手架搭设	合格 □	不合格 □	
小组互评 (40%):	脚手架搭设	合格 □	不合格 □	
	工作认真努力,团队协作	好 □	一般 □	还需努力 □
教师评价 (40%):	搭设完成效果	合格 □	不合格 □	

项目 1.2　砌体结构工程施工

【项目描述】

砌体结构在施工时,需使用大量建筑材料、施工工具和机械设备,并要求按一定的方式进行组砌。要做出合格的砌体结构工程,必须认识砌体结构的构造做法及特点,正确使用建筑材料,认知施工工具、机械设备的适用范围,能正确选择施工机械设备;采用正确的组砌方式和施工工艺,保证工程质量。

【学习支持】

砌体结构施工相关规范

1.《砌体结构工程施工质量验收规范》GB 50203－2011

2.《建筑工程施工质量验收统一标准》GB 50300－2013

3.《烧结普通砖》GB/T 5101－2017

4.《烧结空心砖和空心砌块》GB/T 13545－2014

5.《烧结多孔砖》GB 13544－2011

6.《普通混凝土小型砌块》GB/T 8239－2014

7.《蒸压加气混凝土砌块》GB 11968－2006

8.《砌筑水泥》GB/T 3183－2017

9.《砂浆、混凝土防水剂》JC 474－2008

10.《砌筑砂浆增塑剂》JC/T 164－2004

1.2.1 砌体结构构造的认知

【学习支持】

1.2.1.1 墙体的作用和要求

1. 墙体的作用

墙体具有承重、围护和分隔的作用。墙体承受楼（屋面）板传来的荷载、自重荷载和风荷载的作用，这就要求其应具有足够的强度和稳定性；外墙还起着抵御自然界各种因素对室内侵袭的作用，这就要求其应具有保温、隔热、防风、挡雨等方面的能力；内墙把房屋内部划分为若干房间和使用空间，起着分隔的作用。

2. 对墙体的要求

（1）满足强度和稳定性的要求

墙体的强度取决于墙体所用的材料；墙体的稳定性则与墙的高度、长度、厚度有关。在设计墙体时，首先应确定墙体的厚度。当设计的墙厚不能满足要求时，常采用提高材料强度，增设墙垛、壁柱、圈梁等措施来增加墙体的稳定性。

（2）满足保温、隔热、隔声、防火等要求

◆ 保温要求

墙体应具有足够的保温能力，以减少室内热量损失，避免室温过低，防止空气中的水蒸气在墙的内表面或内部凝结。

◆ 隔热要求

墙体应具有隔热能力，以减少太阳辐射热传入室内，避免夏季室内过热。常采用导热系数小的材料砌墙、在墙中设置空气间层、墙表面刷浅色涂料等的构造措施。

◆ 隔声要求

墙体应具有隔声的能力，以保证安静的工作和休息环境。常采用面密度大的材料砌筑、加大墙体的厚度、在墙中设置空气间层等构造措施。对一般无特殊隔声要求的建筑，双面抹灰的半砖墙已基本满足分隔墙的隔声要求。

◆ 防火要求

墙体应具有防火的能力，墙体材料及墙的厚度，应符合防火规范规定的燃烧性能和耐火极限的要求。在较大的建筑和重要的建筑中，还应按规定设置防火墙，将房屋分成若干段，以防止火灾蔓延。

（3）减轻自重、降低造价的要求

发展轻质高强的墙体材料，是建筑材料发展的总体趋势。在进行墙的构造设计时，应力求选用容重小、强度较大的材料。

3. 墙体的类型

由于墙所在的位置、作用和采用的材料不同而具有不同的类型。

（1）按平面上所处位置不同分

按平面上所处位置的不同，有内墙和外墙之分，又可细分为外横墙（又称山墙）、

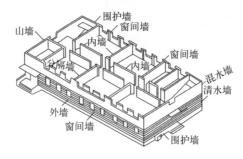

图 1-12　墙体各部名称

内横墙、外纵墙（又称檐墙）、内纵墙等，如图 1-12 所示。

（2）按结构受力情况不同分

按结构受力情况的不同，分为承重墙和非承重墙。

◆　承重墙：直接承受上部梁、板传来荷载的墙称承重墙。

◆　非承重墙：凡不承受外来荷载的墙称非承重墙。非承重墙又分为自承重墙和隔墙。

（3）按墙体所用的材料和制品不同分

按墙体所用材料和制品的不同分为砖墙、石墙、砌块墙、板材墙等。

4. 墙体的承重方案

墙体的承重方案有横墙承重、纵墙承重、纵横墙混合承重和内框架承重 4 种，如图 1-13 所示。

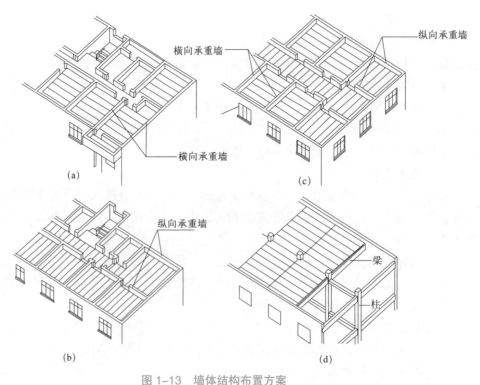

图 1-13　墙体结构布置方案
(a) 横墙承重；(b) 纵墙承重；(c) 纵横墙混合承重；(d) 内框架承重

◆ 横墙承重：横墙承重方案中，楼板、屋面板的荷载均由横墙承受，纵墙只起纵向稳定、围护、承受自身重量的作用。横墙承重方案适用于横墙较多，房间较小，如住宅、宿舍等居住建筑。

◆ 纵墙承重：纵墙承重方案中，楼板、屋面板的荷载均由纵墙承受，横墙只起分隔房间和横向稳定的作用。其适用于房间大，横墙少，如办公楼、医院、教学楼、食堂及单层厂房等建筑。

◆ 纵横墙混合承重：纵横墙混合承重方案中，楼板、屋面板的荷载由横墙和纵墙共同承受。其适用于房屋开间较大，进深尺寸较大，房间类型较多及平面复杂的建筑，如教学楼等。

◆ 内框架承重：内框架承重方案中，墙体和钢筋混凝土梁、柱组成的框架同时承受楼板和屋顶的荷载。其适合于室内需要较大使用空间的建筑。

1.2.1.2 砖墙的构造

1. 砖墙的组成材料

砖墙是用砂浆把砖按一定规律砌筑而成的砌体。因此，砖和砂浆是砖砌体的主要材料。

（1）砖

砖是砌筑用的小型块材，按生产工艺可分为烧结砖和非烧结砖；按砖的孔洞率、孔的尺寸大小和数量又可分为普通砖、多孔砖和空心砖。

◆ 普通砖（又称标准砖）

普通砖有经过焙烧的页岩砖、粉煤灰砖、煤矸石砖和不经过焙烧的粉煤灰砖、炉渣砖、灰砂砖等。其规格为 240mm×115mm×53mm（图 1-14）。

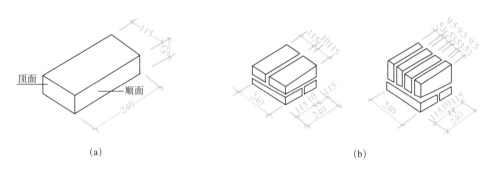

(a)　　　　　　　　　　　　　(b)

图 1-14　普通砖的尺寸及其尺寸关系（mm）
(a) 标准砖的尺寸；(b) 标准砖组合尺寸关系

◆ 多孔砖

多孔砖常指内孔径不大于 22mm，孔洞率不小于 15%，孔的尺寸小而数量多的砖。多孔砖有 190mm×190mm×90mm 和 240mm×115mm×90mm 两种规格（图 1-15）。

◆ 空心砖

空心砖是指孔洞率不小于 15%，孔的尺寸大而数量少的砖。空心砖有 240mm×

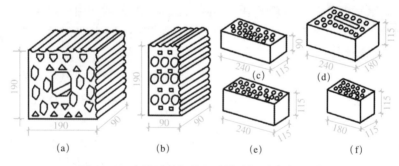

图1-15　多孔砖的规格尺寸及孔洞形式（mm）

(a) KM1型；(b) KM1型配砖；(c) KP1型；(d) KP2型；(e)、(f) KP2型配砖

图1-16　空心砖

115mm×90mm、240mm× 180mm×115mm（或90mm）、240mm×240mm× 115mm（或90mm）等多种规格（图1-16）。

◆ 砖的强度等级

砖的强度等级是根据其抗压强度测定的，共分为MU30、MU25、MU20、MU15、MU10共5个强度等级。

（2）砂浆

◆ 砂浆的分类

砂浆是由胶凝材料、填充材料、水和外加剂所组成的混合物。根据用途，砂浆分为砌筑砂浆、抹面砂浆、装饰砂浆及特种砂浆。根据胶结材料的不同可分为水泥砂浆、混合砂浆和非水泥类砂浆。

砌筑砂浆的作用是将分散的砖块胶结为整体，使砖块垫平，将砖块间的空隙填塞密实，便于上层砖块所承受的荷载能传递至下层砖块，以保证砌体的强度，同时也能提高砖墙砌体的稳定性和抗震性。

◆ 砂浆的强度等级

砂浆的强度等级是根据砂浆立方体抗压强度测定的，共分为M5、M7.5、M10、M15、M20、M25、M30共7个等级。

2. 墙体的厚度及名称

墙厚的名称习惯以砖长的倍数来称呼，根据砖块的尺寸和数量可组合成不同厚度的墙体，见表1-1。

墙厚名称　　　　　　　　　　　　　　　　　　　　　　　　　　　　　　表1-1

墙厚名称	习惯称呼	标志尺寸（mm）	构造尺寸（mm）	墙厚名称	习惯称呼	标志尺寸（mm）	构造尺寸（mm）
半砖墙	12墙	120	115	一砖半墙	37墙	370	365
3/4砖墙	18墙	180	178	二砖墙	49墙	490	490
一砖墙	24墙	240	240	二砖半墙	62墙	620	615

3.砖墙的细部构造

（1）勒脚

外墙与室外地面结合部位的构造做法称为勒脚。

◆ 勒脚的作用：一是保护墙脚不受外界雨、雪的侵蚀；二是加固墙身，防止各种机械碰撞；三是美化、丰富建筑物的外观形象。

◆ 勒脚的高度：主要取决于防止地面水上溅和室内地潮的影响，并适当考虑立面造型的要求，常与室内地面齐平。有时，为了考虑立面处理的需要，也可将勒脚做到与第一层窗台齐平。

◆ 勒脚的构造做法：勒脚的常见构造做法如图 1-17 所示。

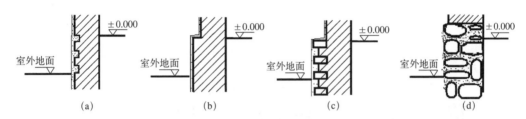

图 1-17　勒脚构造

（a）抹水泥砂浆或水刷石；（b）墙体加厚并抹灰；（c）镶砌石材；（d）石材砌筑

（2）墙身防潮层

墙身水平防潮层应设置在室外地面以上，底层室内地面以下 60mm 处；当底层内墙两侧房间室内地面有高差时，水平防潮层应设置两道，分别为两侧地面以下 60mm，并在两道防潮层之间较高地面一侧加设一道垂直防潮层（图 1-18）。防潮层应连续设置，不得间断。

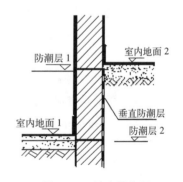

图 1-18　墙身防潮层

1）墙身防潮层的作用：防止地下潮气及地表积水对墙体的侵蚀而设置连续的水平阻水层。

2）墙身防潮层的构造做法

水平防潮层的构造做法常有：

①防水砂浆防潮层：在防潮层部位抹 25mm 厚 1∶2 或 1∶2.5 防水砂浆，防水砂浆是在水泥砂浆中加入水泥用量的 3% ～ 5% 的防水剂配制而成的。

②细石混凝土防潮层：在防潮层部位采用 60mm 厚与墙等宽的细石混凝土带，内配 3φ6 或 3φ8 钢筋。

（3）散水

外墙四周的排水坡称为散水。

◆ 散水作用：将由屋面下泻的无组织雨水排至墙脚以外，使墙基不受雨水的侵蚀。

◆ 散水宽度和坡度：散水坡度一般为 3% ～ 5%，宽度一般不小于 600mm，当屋顶有出檐时，其宽度比出檐宽 150 ～ 200 mm。

◆ 散水构造做法：散水可用混凝土、砖、块石等材料制作。

当散水材料采用混凝土时，散水每隔 6 ～ 12m 应设伸缩缝，伸缩缝及散水与外墙接缝处，均应用热沥青填充，其构造做法如图 1-19 所示。

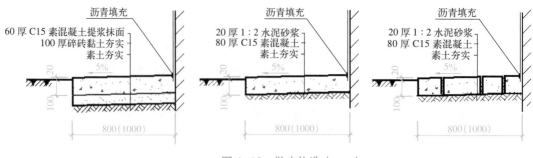

图 1-19　散水构造（mm）

（4）明沟

外墙四周或散水四周的排水沟称为明沟（或阳沟）。

◆ 明沟作用：将屋面雨水有组织地导向集水井，排入地下排水道。

◆ 明沟坡度：明沟纵向坡度不小于 1%。

◆ 明沟构造做法：明沟可采用混凝土、砖、块石等材料砌筑，通常用混凝土浇筑成宽 180mm、深 150mm 的沟槽，外抹水泥砂浆。

（5）门窗过梁

门窗过梁是指门窗洞口上的横梁，其作用是支撑洞口上砌体的重量和搁置在洞口砌体上的梁、板传来的荷载，并将这些荷载传递给墙体。

过梁的种类较多，目前常用的有砖砌平拱过梁、钢筋砖过梁和钢筋混凝土过梁三类。

1）砖砌平拱过梁

砖砌平拱过梁是我国砖石工程中的一种传统做法，它是用砖立砌或侧砌成对称于中心而倾向两边的拱（图 1-20）。

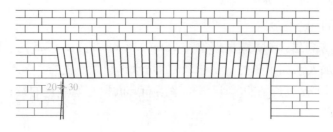

图 1-20　砖砌平拱（mm）

①砖砌平拱过梁构造做法

砌筑：砖立砌或侧砌；两端伸入墙内 20 ～ 30mm；灰缝上宽下窄，最宽不大于 15mm，最窄不小于 5mm；中部应有 1% 的起拱，待受力下陷后形成水平。砂浆强度不低于 M10，砖强度不低于 MU7.5。

②砖砌平拱过梁跨度和高度：砖砌平拱过梁的跨度一般为 1.5m 以下，过梁的高度不应小于 240mm。

③注意事项：砖砌平拱过梁的洞口两侧均应有一定宽度的砌体，以承受拱传来的水平推力。砖砌平拱过梁不得用于有较大振动荷载或地基可能产生不均匀沉陷的房屋。

2）钢筋砖过梁

钢筋砖过梁是在砖缝内配置钢筋的砖平砌过梁（图 1-21）。

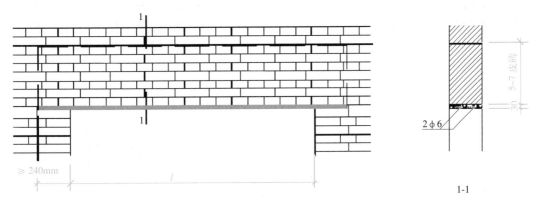

图 1-21　钢筋砖过梁（mm）

①钢筋砖过梁构造做法

砌筑：过梁底的第 1 皮砖以丁砌为宜，用不低于 M5 的砂浆砌筑，砖强度不低于 MU10。

钢筋：每 120 mm 墙厚不少于 1ϕ5 的钢筋常放在第 1 皮砖下的砂浆层内，砂浆厚 30 mm；钢筋伸入墙内不少于 240mm，并做 90°弯钩。

②钢筋砖过梁跨度和高度：钢筋砖过梁的跨度一般为 2m 以下，过梁的高度不应小于 5 皮砖，同时不小于洞口跨度的 1/5。

3）钢筋混凝土过梁

当门窗洞口的宽度较大或洞口上出现集中荷载时，常采用钢筋混凝土过梁（图 1-22）。

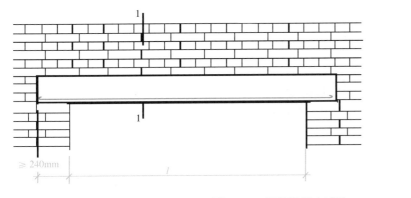
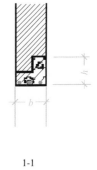

图 1-22　钢筋混凝土过梁

①钢筋混凝土过梁种类：根据施工方法的不同，钢筋混凝土过梁可分为现浇和预制两种，截面常见的形式有矩形和L形。

②钢筋混凝土过梁高度和宽度：梁宽应与墙厚相适应，梁高与砖的皮数相配合，常采用60、120、180、240mm等尺寸。

③钢筋混凝土过梁支撑长度：过梁两端伸入墙内的长度不应小于240mm。

（6）窗台

1）窗台作用：防止雨水沿窗台下的砖缝侵入墙身或渗透到室内而设置的泄水构件。

2）窗台类型：窗台按材料的不同有砖砌窗台和预制混凝土窗台；按所处的位置不同有外窗台和内窗台；按砖砌窗台施工方法不同有平砌和侧砌两种。

3）窗台构造做法（图1-23）

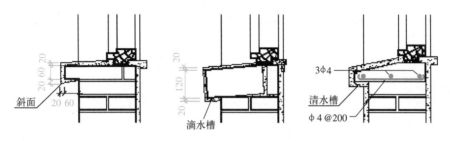

图1-23 窗台构造（mm）

①窗台宜挑出墙面60mm左右。

②窗台应形成一定的坡度，窗台坡度的形成可用斜砌的砖形成或用抹灰形成。

③混水窗台须抹出滴水槽或滴水斜面。

4）窗台的立面处理

①腰线：将几扇窗或所有的窗台线联系在一起处理形成腰线。

②窗套：将窗台沿窗扇四周挑出形成窗套。

（7）圈梁和构造柱

在多层砖混结构房屋中，墙体常常不是孤立的，它的四周一般均与左右垂直墙体及上下楼板层或屋顶相互联系以增加墙体的稳定性。当墙身由于承受集中荷载、开洞和考虑地震的影响，使砖混结构房屋整体性、稳定性降低时，必须设置圈梁和构造柱来加强。

◆ 圈梁

圈梁又称腰箍，是沿外墙四周及部分内墙设置的连续封闭的梁。其作用是提高建筑物的空间刚度及整体性，增强墙体的稳定性，减少由于地基不均匀沉降引起的墙身开裂。对于防震地区，利用圈梁加固墙身更加必要。

◆ 构造柱

圈梁是在水平方向将楼板和墙体箍住，构造柱则是从竖向加强层与层间墙体的连接。构造柱和圈梁共同形成空间骨架，以增强房屋的整体刚度，提高墙体抵抗变形的能力。

构造柱的尺寸和钢筋配置如图 1–24 所示。构造柱的截面不应小于 240mm × 180mm，一般为 240mm × 240mm。纵向钢筋不宜小于 4φ12；箍筋间距不宜大于 250mm，且在柱上下端适当加密；地震烈度为 7 度房屋超过 6 层时或地震烈度为 8 度房屋超过 5 层时或地震烈度为 9 度时，构造柱纵向钢筋应增大，箍筋间距不宜大于 200mm。

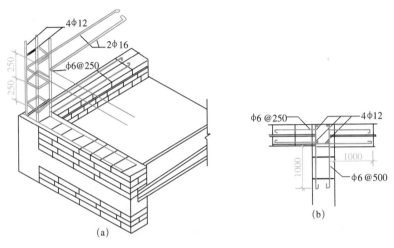

图 1–24　钢筋混凝土构造柱（mm）

◆　构造柱与墙、圈梁的连接

构造柱与墙连接处应砌成马牙槎，并应沿墙高每隔 500mm 设 2φ6 拉结筋，且每边伸入墙内不宜小于 1m。构造柱与圈梁连接处，构造柱的纵筋应穿过圈梁，保证构造柱纵筋上下贯通。

1.2.1.3　砌块墙的构造

1. 砌块的类型

（1）按砌块材料不同分类

砌块按材料的不同分为普通混凝土砌块与各种轻质砌块，普通混凝土砌块又分为混凝土砌块、轻骨料混凝土砌块、加气混凝土砌块；轻质砌块又分为煤渣混凝土砌块、粉煤灰砌块、陶粒混凝土砌块、煤矸石混凝土砌块、火山渣（浮石）混凝土砌块及石膏砌块等。

目前，普通混凝土砌块仍是最主要的砌块品种，约占砌块总量的 70%，正在逐步代替实心砖，作承重墙和非承重墙用，各种轻质砌块主要用作砌框架结构的填充墙。

（2）按砌块品种不同分类

砌块按品种的不同分为实体砌块、空心砌块和微孔砌块等。

（3）按砌块重量和尺寸的不同分类

砌块按重量和尺寸的不同分为小型砌块、中型砌块和大型砌块。

目前，我国生产的砌块以中、小型砌块和空心砌块居多。墙用砌块尺寸以 190mm × 190mm × 390mm 系列为通用规格，辅以 90mm × 190mm × 190mm、190mm × 190mm × 190mm 的小型砌块（图 1–25）。

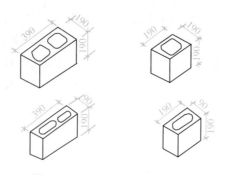

图 1-25　常用空心砌块（mm）

2. 砌块墙的构造

（1）砌块墙的组砌

由于砌块的体积比普通砖的体积大，所以墙体接缝显得更重要。在砌筑时，必须保证灰缝横平竖直，砂浆饱满，连接牢固。一般砌块墙采用 M5 砂浆砌筑，水平灰缝为 10 ～ 15mm，垂直灰缝为 15 ～ 20mm。当垂直灰缝大于 40mm 时，须用 C10 细石混凝土灌实。当砌块排列出现局部不齐或缺少某些特殊规格时，为减少砌块类型，常以普通砖填充。

砌块墙上下错缝应大于 150mm，当错缝不足 150mm 时，应于灰缝中配置钢筋网片1 道；砌块与砌块在转角、内外墙拼接处应以钢筋网片加固（图 1-26）。

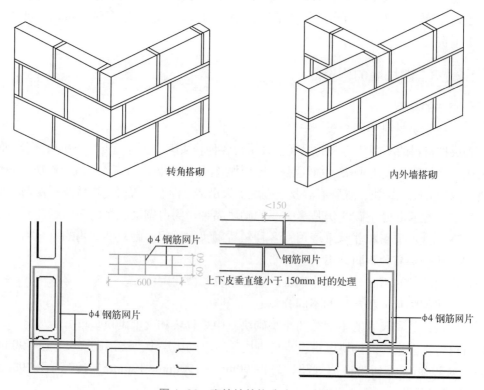

图 1-26　砌块墙的构造（mm）

（2）构造柱的设置

为了加强砌体房屋的整体性，空心砌体常用于房屋的转角处，内、外墙交接处设置构造柱或芯柱。芯柱是利用空心砌块的孔洞做成，砌筑时将砌块孔洞上下对齐，在孔中插入 $2\phi10$ 或 $2\phi12$ 的钢筋，采用不低于 C20 或 Cb20（注：Cb 为芯柱混凝土符号）混凝土分层振捣（图 1-27）。为了增强房屋的抗震能力，构造柱应与圈梁连接。

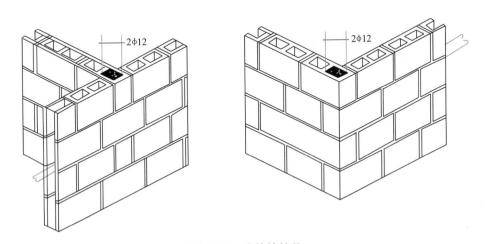

图 1-27　砌块墙柱芯

（3）过梁与圈梁

过梁是砌块墙的重要构件之一。当砌块墙中遇门窗洞口时，应设置过梁。

多层砌体建筑应设置圈梁，以增强房屋的整体性。砌块墙的圈梁常和过梁统一考虑，现浇圈梁整体性强，对加固墙身较有利，但施工支模复杂。实际工程中可采用 U 形预制砌块来代替模板，在槽内配置钢筋后浇筑混凝土而成（图 1-28）。

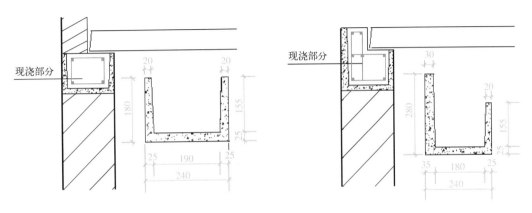

图 1-28　砌块现浇圈梁（mm）

【知识拓展】

1.2.1.4 隔墙的构造

1. 隔墙的作用和要求

隔墙把房屋内部分割成若干房间和空间，不承受任何外来荷载，仅起分隔的作用。因此，隔墙应具有自重轻、厚度薄、隔声、耐火、防潮以及便于拆装等方面的特点。

2. 块材隔墙的细部构造

（1）砖隔墙

砖隔墙按厚度分有 1/4 砖厚和 1/2 砖厚隔墙两种。

◆ 1/4 砖隔墙

这种隔墙一般用于不设门洞或面积较小的部位，如厨房、卫生间之间的隔墙。砌筑砂浆不应低于 M5。由于墙身稳定性差，对于面积较大且开设门窗洞孔者，须采取加固措施，在水平方向每隔 900 ~ 1200mm 设 C20 细石混凝土柱 1 根，高度方向每隔 500mm 在墙内砌入 2ϕ4（或 1ϕ6）钢筋，并与两端主墙连接牢固，如图 1-29 所示。

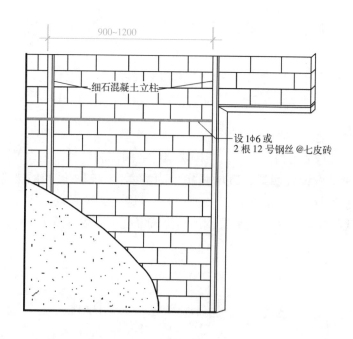

图 1-29 1/4 砖隔墙构造图（mm）

◆ 1/2 砖隔墙

1/2 砖隔墙的砌筑砂浆一般不应低于 M5。当墙高大于 3m 或墙长大于 5m 时，应采取加固措施，一般沿高度方向每隔 750 ~ 1000mm 放 1ϕ6 钢筋，并与两端的主墙连接。在隔墙顶部与楼板相接处，为防止楼板由于隔墙顶实过紧而产生负弯矩，常用立砖斜砌，或在隔墙顶部与楼板之间留出约 30mm 的缝隙，每隔 1m 用木楔打紧，并用抹灰封

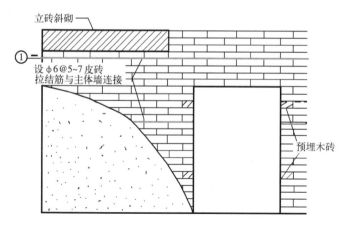
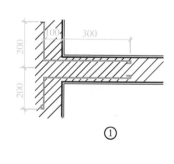

图 1-30 半砖隔墙构造图（mm）

口。隔墙设门时，须用预埋铁件或木砖将门框拉结牢固，如图 1-30 所示。

（2）砌块隔墙

为了减轻自重，常采用比普通砖大而轻的砌块隔墙，如加气混凝土块、粉煤灰硅酸盐块、空心砖或水泥炉渣空心块等。隔墙墙厚一般为 90 ~ 120mm，加固措施与砖墙相似。对于空隙处，常用普通砖填嵌。采用防潮性能较差的砌块时，宜在墙的下部先砌 3 ~ 5 皮实心砖（图 1-31）。

【学习支持】

1.2.1.5　配筋砌体构造

图 1-31 砌块隔墙下部砌 3 ~ 5 皮实心砖

配筋砌体是由配置钢筋的砌体作为建筑物主要受力构件的结构。配筋砌体有网状配筋砌体柱、水平配筋砌体墙、砖砌体和钢筋混凝土面层或钢筋砂浆面层组合砌体柱（墙）、砖砌体和钢筋混凝土构造柱组合墙、配筋砌块砌体剪力墙。

1. 砖柱（墙）网状配筋的构造

砖柱（墙）网状配筋是在砖柱（墙）的水平灰缝中配有钢筋网片。钢筋上、下保护层厚度不应小于 2mm。所用砖的强度等级不低于 MU10，砂浆的强度等级不应低于 M7.5，采用钢筋网片时，宜采用焊接网片，钢筋直径宜为 3 ~ 4mm；采用连弯网片时，钢筋直径不应大于 8mm，且网片的钢筋方向应互相垂直，沿砌体高度方向交错设置。钢筋网中的钢筋间距不应大于 120mm，并不应小于 30mm；钢筋网片竖向间距，不应大于 5 皮砖，并不应大于 400mm。

2. 组合砖砌体的构造

组合砖砌体是指砖砌体和钢筋混凝土面层或钢筋砂浆面层的组合砌体构件，有组合砖柱、组合砖壁柱和组合砖墙等。

组合砖砌体构件的构造为：面层混凝土强度等级宜为 C20。面层水泥砂浆强度等级不宜低于 M10，砖强度等级不宜低于 MU10，砌筑砂浆的强度等级不宜低于 M7.5。砂浆面层厚度，宜采用 30～45mm，当面层厚度大于 45mm 时，其面层宜采用混凝土。

3. 砖砌体和钢筋混凝土构造柱组合墙

组合墙砌体宜用强度等级不低于 MU7.5 的普通砖与强度等级不低于 M5 的砂浆砌筑。构造柱截面尺寸不宜小于 240mm×240mm，其厚度不应小于墙厚。砖砌体与构造柱的连接处应砌成马牙槎，并应沿墙高每隔 500mm 设 2φ6 拉结钢筋，且每边伸入墙内不宜小于 600mm。柱内竖向受力钢筋，对于中柱，不宜少于 4φ12；对于边柱不宜少于 4φ14，其箍筋一般采用 φ6@200mm，楼层上下 500mm 范围内宜采用 φ6@100mm。构造柱竖向受力钢筋应在基础梁和楼层圈梁中锚固。

组合砖墙的施工程序为先砌墙后浇混凝土构造柱。

4. 配筋砌块砌体构造要求

砌块强度等级不应低于 MU10，砌筑砂浆不应低于 Mb7.5，灌孔混凝土不应低于 Cb20。配筋砌块砌体柱边长不宜小于 400mm，配筋砌块砌体剪力墙厚度连梁宽度不应小于 190mm。

【知识拓展】

1.2.2 砌体施工工具、机械的认知

1.2.2.1 砌筑施工常用施工工具

砌筑施工常用工具可分砌筑工具和检测工具两类。

1. 砌筑工具

砌筑工具又分个人工具和共用工具两类，砌筑施工使用的工具视地区、习惯、施工部位、质量要求及本身特点的不同有所差异。下面介绍砌筑常用工具。

（1）瓦刀：又称泥刀、砖刀，分片刀和条刀两种（图 1-32）。

图 1-32 瓦刀
(a) 片刀；(b) 条刀

◆ 片刀：叶片较宽，重量较大。我国北方打砖及发碹用片刀。

◆ 条刀：叶片较窄，重量较轻。它是我国南方砌筑各种砖墙的主要工具。

（2）灰斗：又称灰盆，用 1～2mm 厚的黑铁皮或塑料制成（图 1-33a）；用于存放砂浆。

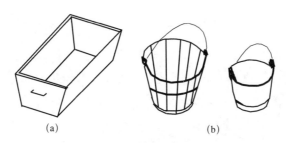

图 1-33　灰斗和灰桶
(a) 灰斗；(b) 灰桶

（3）灰桶：又称泥桶，分铁皮、橡胶和塑料 3 种材质；供短距离传递砂浆及临时贮存砂浆用（图 1-33b）。

（4）斗车：轮轴小于 900mm，容量约 0.12m^3；用于运输砂浆和其他散装材料（图 1-34）。

（5）砖笼：采用塔式起重机施工时，用来吊运砖块的工具（图 1-35）。

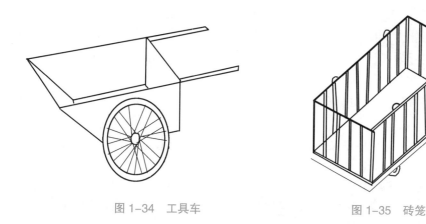

图 1-34　工具车　　　　　　　　　　图 1-35　砖笼

（6）料斗：采用塔式起重机施工时，用来吊运砂浆的工具，料斗按工作时的状态又分立式料斗和卧式料斗（图 1-36）。

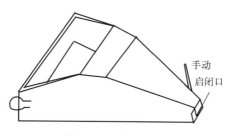

手动
启闭口

图 1-36　卧式料斗

2. 检测工具

（1）钢卷尺：有 2、3、5、30、50m 等规格。可用于量测轴线、墙体及检查施工完成的线面尺寸和弧形尺寸（图 1-37）。

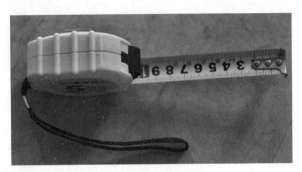

图 1-37　钢卷尺

（2）垂直检测尺（又称直检测尺或靠尺）：检测尺为可折展式结构，折叠后长 1m，展开长 2m。主要用于墙体垂直度检测，与楔形塞尺配合可用于平整度的检测，如图 1-38 所示。

◆　垂直度检测方法：用于 1m 检测时，推下仪表盖，活动销推键向上推，将检测尺左侧面靠紧被测面（注意：握尺要垂直，观察红色活动销外露 3～5mm，摆动灵活即可），待指针自行摆动停止时，直读指针所指刻度下行刻度数值，此数值即被测面 1m 垂直度偏差，每格为 1mm。2m 检测时，将检测尺展开后锁紧连接扣，检测方法同上，直读指针所指上行刻度数值，此数值即被测面 2m 垂直度偏差，每格为 1mm。如被测面不平整，可用右侧上下靠脚（中间靠脚旋出不要）检测。

◆　平整度检测：检测尺侧面靠紧被测面，其缝隙大小用楔形塞尺检测，其数值即平整度偏差。

（3）楔形塞尺：用于与靠尺配合进行墙体平整度的检测，如图 1-39 所示。

图 1-38　垂直检测尺

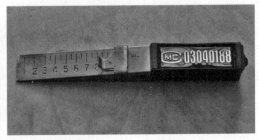

图 1-39　楔形塞尺

（4）线锤：又称垂球，用于吊挂墙体、构件垂直度（图 1-40）。

（5）百格网：平面尺寸为 240mm×115mm，采用高透明度工业塑料制成，展开后检测面积等同于标准砖，其上均布 100 小格，专用于检测砌体砖面砂浆涂覆的饱满度，即覆盖率（单位：%），如图 1-41 所示。

（6）内外直角检测尺：内外直角检测尺又称阴阳直角尺，主要检验柱、墙面等阴阳角是否方正。其主要用于检测建筑物墙、柱、梁的内外（阴阳）直角的偏差，及一般平面的垂直度与水平度，还可用于检测门窗边角是否呈 90°。通过测量可以知道建筑（构件）转角处是否方正，门窗是否有严重的变形。

图 1-40　线锤

图 1-41　百格网

内外直角检测尺的规格为 200mm × 130mm，测量范围为 ±7/130mm，检测精度误差为 0.5mm（图 1-42）。

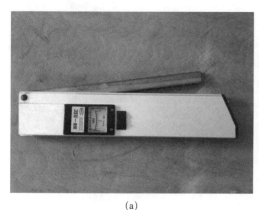

(a)

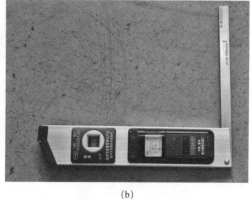

(b)

图 1-42　阴阳直角尺
(a) 折叠；(b) 展开

　　(7) 皮数杆：皮数杆是指在其上划有每皮砖和灰缝厚度，以及门窗洞口、过梁、楼板等高度位置的 1 种木制标杆。砌筑时用来控制墙体竖向尺寸及各部位构件的竖向标高，并保证灰缝厚度的均匀性。其分为基础皮数杆和墙身皮数杆两种。

　　墙身皮数杆一般用 5cm × 7cm 的木枋制作，长 3.2～3.6m。上面划有砖的层数、灰缝厚度，门窗、过梁、圈梁、楼板的安装高度以及楼层的高度（图1-43）。

【学习支持】

1.2.2.2　垂直运输设施的类型

　　目前砌筑工程中常用的垂直运输设施有塔式起重机、井架、龙门架、施工电梯、灰浆泵等。

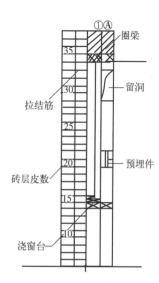

图 1-43　皮数杆展开图

圈梁
留洞
预埋件

拉结筋
砖层皮数
浇窗台

1. 塔式起重机

塔式起重机（图1-44）具有提升、回转、水平运输等功能，不仅是重要的吊装设备，而且也是重要的垂直运输设备，尤其在吊运长、大、重的物料时有明显的优势，故在可能条件下宜优先选用。

2. 井架、龙门架

（1）井架

井架（图1-45）是施工中较常用的垂直运输设施。它的稳定性好、运输量大，除用型钢或钢管加工的定型井架之外，还可用脚手架材料搭设而成。井架多为单孔井架，但也可构成两孔或多孔井架。井架通常带1个起重臂和吊盘。起重臂起重能力为5～10kN，在其外伸工作范围内也可作小距离的水平运输。吊盘起重量为10～15kN，其中可放置运料的手推车或其他散装材料。使用时需设缆风绳保持井架的稳定。

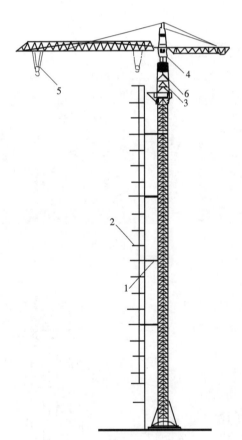

图1-44　塔式起重机

1—撑杆；2—建筑物；3—标准节；4—操纵室；
5—起重小车；6—顶升套架

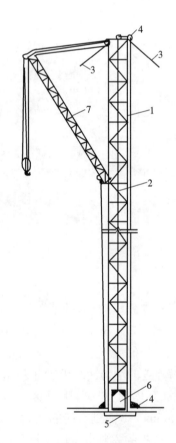

图1-45　井架

1—井架；2—钢丝绳；3—缆风绳；4—滑轮；
5—垫梁；6—吊盘；7—辅助吊臂

（2）龙门架

龙门架是由2根三角形截面或矩形截面的立柱及横梁组成的门式架（图1-46）。在龙门架上设滑轮、导轨、吊盘、缆风绳等，进行材料、机具和小型预制构件的垂直运输。

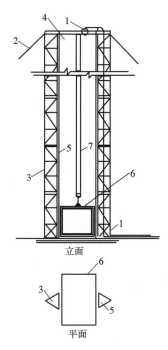

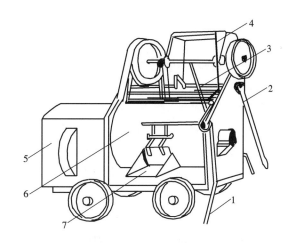

图 1-46　龙门架

1—滑轮；2—缆风绳；3—立柱；4—横梁；
5—导轨；6—吊盘；7—钢丝绳

图 1-47　活门出料式砂浆搅拌机

1—水管；2—上料操作手柄；3—出料操作手柄；4—上料斗；
5—变速箱；6—搅拌斗；7—出料口

3. 砂浆搅拌机

砂浆搅拌机是砌筑工程中的常用机械，用来制备砌筑砂浆。常用规格有 0.2m³ 和 0.35m³ 两种，台班产量为 18 ~ 26m³。按生产状态可分为周期作用和连续作用两种基本类型；按安装方式可分为固定式和移动式两种；按出料方式有倾翻出料式和活门出料式（图 1-47）。

4. 灰浆泵

灰浆泵是一种可以在垂直和水平两个方向连续输送灰浆的机械，目前常用的有活塞式和挤压式两种。活塞式灰浆泵按其结构又分为直接作用式和隔膜式两类。

1.2.2.3　垂直运输设施的设置要求

垂直运输设施的设置一般应根据现场施工条件满足以下基本要求。

1. 覆盖面和供应面

塔式起重机的覆盖面是指以塔式起重机的起重幅度为半径的圆形吊运覆盖面积；垂直运输设施的供应面是指借助于水平运输手段（手推车等）所能达到的供应范围。建筑工程的全部作业面应处于垂直运输设施的覆盖面和供应面的范围之内。

2. 供应能力

塔式起重机的供应能力等于吊次乘以吊量（每次吊运材料的体积、重量或件数）；其他垂直运输设施的供应能力等于运次乘以运量，运次应取垂直运输设施和与其配合的水平运输机具中的低值。垂直运输设备的供应能力应能满足高峰工作量的需要。

3. 提升高度

设备的提升高度能力应比实际需要的升运高度高出不少于 3m，以确保安全。

4. 水平运输手段

在考虑垂直运输设施时，必须同时考虑与其配合的水平运输手段。

5. 安装条件

垂直运输设施安装的位置应具有相适应的安装条件，如具有可靠的基础，与结构拉结可靠，水平运输通道畅通等条件。

6. 设备效能的发挥

必须同时考虑满足施工需要和充分发挥设备效能的问题。当各施工阶段的垂直运输量相差悬殊时，应分阶段设置和调整垂直运输设备，及时拆除已不需要的设备。

7. 设备拥有的条件和今后利用问题

充分利用现有设备，必要时添置或加工新的设备。在添置或加工新的设备时应考虑今后利用的前景。

8. 安全保障

安全保障是使用垂直运输设施中的首要问题，必须引起高度重视。所有垂直运输设备都要严格按有关规定操作使用。

1.2.3 砌筑材料的应用

1.2.3.1 砌筑砂浆的制备

1. 砂浆的分类

砂浆按组成材料不同可分为水泥砂浆、水泥混合砂浆和非水泥砂浆 3 类。

（1）水泥砂浆

仅用水泥和砂拌合成的水泥砂浆具有较高的强度和耐久性，但和易性差，多用于高强度和潮湿环境的砌体中。

（2）水泥混合砂浆

在水泥砂浆中掺入一定数量的石灰膏或黏土膏的水泥混合砂浆具有一定的强度和耐久性，且和易性和保水性好，多用于一般墙体砌筑中。

（3）非水泥砂浆

不含有水泥的砂浆，如白灰砂浆、黏土砂浆等，强度低且耐久性差，可用于简易或临时建筑的砌体中。

2. 对砂浆的要求

砂浆的配合比应事先通过计算和试配确定。水泥砂浆的最小水泥用量不宜小于 $200kg/m^3$。砂浆用砂宜采用中砂。砂中的含泥量要求：对于纯水泥砂浆和强度等级不小于 M5 的水泥混合砂浆不宜超过 5%；对于强度等级小于 M5 的水泥混合砂浆不应超过 10%。用建筑生石灰、生石灰粉熟化为石灰膏，其熟化时间分别不得少于 7d 和 2d；用黏土或亚黏土制备黏土膏，应过筛，并用搅拌机加水搅拌。为了改善砂浆在砌筑时的和易性，可掺入适量的有机塑化剂，其掺量应严格按使用说明执行。

3. 砂浆的拌制

砂浆应采用机械拌合，自投料完算起，水泥砂浆和水泥混合砂浆的拌合时间不得少于 2min；水泥粉煤灰砂浆和掺用外加剂的砂浆不得少于 3min；掺用有机塑化剂的砂浆为 3 ~ 5min。拌成后的砂浆，其稠度应符合表 1-2 的规定；分层度不应大于 30mm；颜色一致。砂浆拌成后应盛入贮灰器中，如砂浆出现泌水现象，应在砌筑前再次拌合。砂浆应随拌随用，拌制的砂浆应在 3h 内使用完毕；当施工期间最高气温超过 30℃时，应在 2h 内使用完毕。

砌筑砂浆的稠度   表 1-2

砌体种类	砂浆稠度(mm)
烧结普通砖砌体 蒸压粉煤灰砖砌体	70 ~ 90
混凝土实心砖、混凝土多孔砖砌体 普通混凝土小型空心砌块砌体 蒸压灰砂砖砌体	50 ~ 70
烧结多孔砖、空心砖砌体 轻骨料小型空心砌块砌体 蒸压加气混凝土砌块砌体	60 ~ 80
石砌体	30 ~ 50

注：1. 采用薄灰砌筑法砌筑蒸压加气混凝土砌块砌体时，加气混凝土粘结砂浆的加水量按照其产品说明书控制；
2. 当砌筑其他块体时，其砌筑砂浆的稠度可根据块体吸水特性及气候条件确定。

4. 砂浆的强度要求

砂浆强度等级是以边长为 70.7mm 的立方体试块，按标准条件在 (20±2)℃温度、相对湿度为 90% 以上的条件下养护至 28d 的抗压强度值确定。砌筑砂浆按抗压强度划分为 M30、M25、M20、M15、M10、M7.5、M5 共 7 个强度等级。验收时，同一检验批砂浆试块强度平均值应大于或等于设计强度等级值的 1.10 倍；最小一组平均值应大于或等于设计强度等级值的 85%。砌筑砂浆试块强度验收时其强度应符合表 1-3 的规定。砂浆试块应在搅拌机出料口随机取样制作。每一检验批且不超过 250m³ 砌体的各种类型及强度等级的砌筑砂浆，每台搅拌机应至少抽检 1 次。

砌筑砂浆试块强度验收时的合格标准   表 1-3

强度等级	同一检验批砂浆试块28d抗压强度(MPa)	
	平均值不小于	最小一组平均值不小于
M30	33.00	25.50
M25	27.50	21.25
M20	22.00	17.00
M15	16.50	12.75
M10	11.00	8.50
M7.5	8.25	6.38
M5	5.50	4.25

1.2.3.2 砖的准备

砖的品种、强度等级必须符合设计要求，并应规格一致。用于清水墙、柱表面的砖，尚应边角整齐、色泽均匀。在砌砖前应提前 1 ～ 2d 将砖浇水湿润，以使砂浆和砖能很好地粘结。严禁砌筑前临时浇水，以免因砖表面存有水膜而影响砌体质量。烧结类块体的相对含水率 60% ～ 70%，吸水率较大的轻骨料混凝土小型空心砌块、蒸压加气混凝土砌块的相对含水率 40% ～ 50%。

检查烧结普通砖含水率的最简易方法是现场断砖，砖截面周围融水深度达 15 ～ 20mm 即符合要求。

1.2.4 砌体结构施工

1.2.4.1 砌筑的一般要求

砌体可分为砖砌体、砌块砌体、石材砌体和配筋砌体等。

砖砌体主要有墙和柱；砌块砌体多用于定型设计的民用房屋及工业厂房的墙体；石材砌体多用于带形基础、挡土墙及某些墙体结构；配筋砌体在砌体水平灰缝中配置钢筋网片或在砌体外部的预留槽沟内设置竖向粗钢筋的组合砌体。此外，还有在非地震区采用的实心砖砌筑的空斗墙砌体。

砌体除应采用符合质量要求的原材料外，还必须有良好的砌筑质量，以使砌体有良好的整体性、稳定性和良好的受力性能，一般要求砌体灰缝横平竖直，砂浆饱满，厚薄均匀，砌块应上下错缝，内外搭砌，砌体接槎牢固，墙面垂直；要预防不均匀沉降引起开裂；要注意施工中墙、柱的稳定性；冬期施工时还要采取相应的措施。

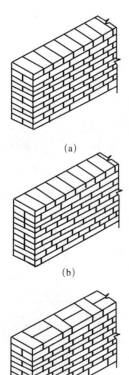

图 1-48 砖墙组砌形式
(a) 一顺一丁；(b) 三顺一丁；(c) 梅花丁

1.2.4.2 砖墙的组砌形式

普通砖墙的砌筑形式主要有 5 种，即一顺一丁、三顺一丁、梅花丁、两平一侧和全顺式。

(1) 一顺一丁

一顺一丁是 1 皮全部顺砖与 1 皮全部丁砖间隔砌成。上下皮竖缝相互错开 1/4 砖长（图 1-48a）。这种砌法效率较高，适用于砌厚度为 1 砖、1½ 砖及 2 砖的墙。

(2) 三顺一丁

三顺一丁是 3 皮全部顺砖与 1 皮全部丁砖间隔砌成。上下皮顺砖间竖缝错开 1/2 砖长；上下皮顺砖与丁砖间竖缝错开 1/4 砖长（图 1-48b）。这种砌法因顺砖较多效率较高，适用于砌厚度为 1 砖、1½ 砖的墙。

（3）梅花丁

梅花丁是每皮中丁砖与顺砖相隔，上皮丁砖坐中于下皮顺砖，上下皮间竖缝相互错开 1/4 砖长（图 1-48c）。这种砌法内外竖缝每皮都能避开，故整体性较好，灰缝整齐，比较美观，但砌筑效率较低。其适用于砌厚度为 1 砖及 1½ 砖的墙及清水墙。

（4）两平一侧

两平一侧采用 2 皮平砌砖与 1 皮侧砌的顺砖相隔砌成。当墙厚为 3/4 砖时，平砌砖均为顺砖，上下皮平砌顺砖间竖缝相互错开 1/2 砖长；上下皮平砌顺砖与侧砌顺砖间竖缝相互 1/2 砖长。当墙厚为 1¼ 砖长时，上下皮平砌顺砖与侧砌顺砖间竖缝相互错开 1/2 砖长；上下皮平砌丁砖与侧砌顺砖间竖缝相互错开 1/4 砖长。这种形式适合于砌筑厚度为 3/4 砖及 1¼ 砖的墙。

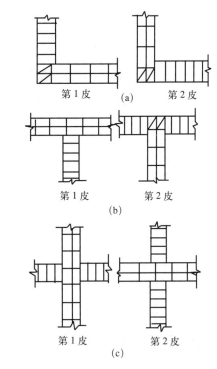

图 1-49 砖墙交接处组砌
(a) 一砖墙转角（一顺一丁）； (b) 一砖墙丁字交接处（一顺一丁）； (c) 一砖墙十字交接处（一顺一丁）

（5）全顺式

全顺式是各皮砖均为顺砖，上下皮竖缝相互错开 1/2 砖长。这种形式仅适用于砌厚度为 1/2 砖的墙。

为了使砖墙的转角处各皮间竖缝相互错开，必须在外角处砌七分头砖（3/4 砖长）。当采用一顺一丁组砌时，七分头的顺面方向依次砌顺砖，丁面方向依次砌丁砖（图 1-49a）。

砖墙的丁字接头处，应分皮相互砌通，内角相交处竖缝应错开 1/4 砖长，并在横墙端头处加砌七分头砖（图 1-49b）。

砖墙的十字接头处，应分皮相互砌通，交角处的竖缝应相互错开 1/4 砖长（图 1-49c）。

【任务实施】

1.2.4.3 砖墙的砌筑施工

1. 砌筑工艺

砖墙的砌筑一般有抄平、放线、摆砖、立皮数杆、盘角、挂线、砌筑、勾缝、清理等工序。

1-5 砖砌体的
施工工艺

（1）抄平放线

砌墙前先在基础防潮层或楼面上定出各层标高，并用水泥砂浆或 C15 细石混凝土找平，然后根据龙门板上标志的轴线，弹出墙身轴线、边线及门窗洞口位置。二楼以上墙的轴线可以用经纬仪或垂球将轴线引测上去。

（2）摆砖

摆砖，又称摆脚，是指在放线的基面上按选定的组砌方式用干砖试摆。其目的是为了校对所放出的墨线在门窗洞口、附墙垛等处是否符合砖的模数，以尽可能减少砍砖，并使砌体灰缝均匀，组砌得当。一般在房屋外纵墙方向摆顺砖，在山墙方向摆丁砖，摆砖由 1 个大角摆到另 1 个大角，砖与砖留 10mm 缝隙。

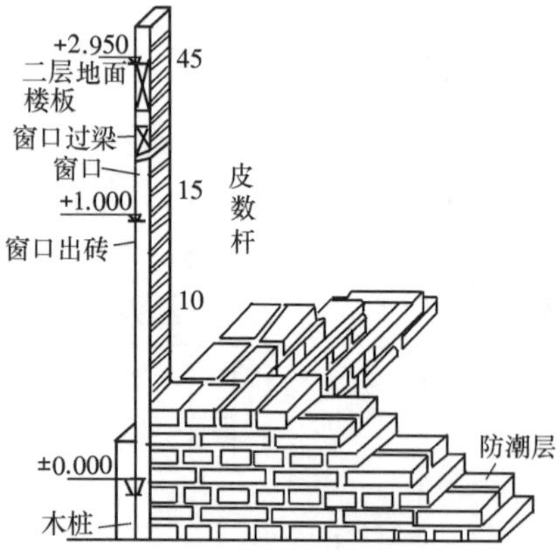

（3）立皮数杆

皮数杆一般设置在房屋的四大角以及纵横墙的交接处，如墙面过长时，应每隔 10 ~ 15m 立 1 根。皮数杆需用水平仪统一竖立，使皮数杆上的 ±0.000 与建筑物的 ±0.000 相吻合，以后即可以向上接皮数杆，如图 1–50 所示。

图 1–50　立皮数杆

（4）盘角、挂线

墙角是控制墙面横平竖直的主要依据。所以，一般先砌墙角，墙角砖层高度必须与皮数杆相符合，做到"三皮一吊，五皮一靠"。墙角必须双向垂直。

墙角砌好后，即可挂小线，作为砌筑中间墙体的依据，以保证墙面平整，一般 1 砖墙可单面挂线，1½ 砖墙及以上的墙则应双面挂线。

（5）砌筑、勾缝

砌筑操作方法各地不一，但应保证砌筑质量要求，通常采用"二三八一"砌筑法或"三一"砌砖法砌筑。"二三八一"砌筑法的"二"是指 2 种步法，即丁字步和并列步；"三"指 3 种弯腰身法，即侧身弯腰、丁字步弯腰和正弯腰；"八"指 8 种铺浆手法，即砌顺砖时用甩、扣、泼和溜 4 种手法，砌丁砖时用扣、溜、泼和一带二 4 种手法；"一"指 1 种挤浆动作，即先挤浆揉砖，后刮余浆。"三一"砌砖法，即一块砖、一铲灰、一揉压，并随手将挤出的砂浆刮去的砌筑方法。这两种砌法的优点是灰缝容易饱满、粘结力好、墙面整洁。

勾缝是砌清水墙的最后一道工序，可以用砂浆随砌随勾缝，称为原浆勾缝；也可砌完墙后再用 1：1.5 水泥砂浆或加色砂浆勾缝，称为加浆勾缝。勾缝具有保护墙面和增加墙面美观的作用，为了确保勾缝质量，勾缝前应清除墙面粘结的砂浆和杂物，并洒水润湿，在砌完墙后，应画出 1cm 的灰槽，灰缝可勾成凹、平、斜或凸形状。勾缝完后尚应清扫墙面。

2. 施工要点

（1）全部砖墙应平行砌筑，砖层必须水平，砖层正确位置用皮数杆控制，基础和每楼层砌完后必须校对 1 次水平、轴线和标高，在允许偏差范围内，其偏差值应在基础或楼板顶面调整。

（2）砖墙的水平灰缝和竖向灰缝宽度一般为 10mm，但不小于 8mm，也不应大于

12mm。水平灰缝的砂浆饱满度不得低于 80%，竖向灰缝宜采用挤浆或加浆方法，使其砂浆饱满，严禁用水冲浆灌缝。

（3）砖墙的转角处和交接处应同时砌筑。对不能同时砌筑而又必须留槎时，应砌成斜槎，斜槎长度不应小于高度的 2/3（图 1-51），斜槎高度不得超过 1 步脚手架高。非抗震设防及抗震设防烈度为 6、7 度地区的临时间断处，当不能留斜槎时可留直槎（除转角处外），但必须做成凸槎，并加设拉结筋。拉结筋的数量为每 120mm 墙厚放置 1φ6 拉结钢筋（120mm 厚墙放置 2φ6 拉结钢筋），间距沿墙高不应超过 500mm；埋入长度从留槎处算起每边均不应小于 500mm，对抗震设防烈度为 6、7 度的地区，埋入长度不应小于 1000mm；末端应有 90° 弯钩（图 1-52）。抗震设防地区不得留直槎。

（4）隔墙与承重墙如不能同时砌筑而又不能留成斜槎时，可于承重墙中引出阳槎，

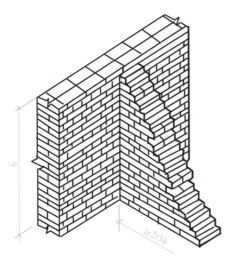

图 1-51　斜槎

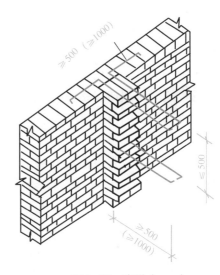

图 1-52　直槎（mm）

并在其灰缝中预埋拉结筋，其构造与上述相同，但每道不少于 2 根。

（5）砖墙接槎时，必须将接槎处的表面清理干净，浇水润湿，并应填实砂浆，保持灰缝平直。

（6）每层承重墙的最上 1 皮砖、梁或梁垫的下面及挑檐、腰线等处，应是整砖丁砌。

（7）砖墙中留置临时施工洞口时，其侧边离交接处的墙面不应小于 500mm，洞口净宽度不应超过 1m。

（8）砖墙相邻工作段的高度差，不得超过 1 个楼层的高度，也不宜大于 4m。工作段的分段位置应设在伸缩缝、沉降缝、防震缝或门窗洞口处。砖墙临时间断处的高度差，不得超过 1 步脚手架的高度。砖墙每天砌筑高度以不超过 1.5m 为宜。

（9）在下列墙体或部位中不得留设脚手眼：

◆　120mm 厚墙、料石清水墙和独立柱；

◆　过梁上与过梁呈 60° 角的三角形范围及过梁净跨度 1/2 的高度范围内；

◆　宽度小于 1m 的窗间墙；

◆ 砌体门窗洞口两侧 200mm（石砌体为 300mm）和转角处 450mm（石砌体为 600mm）范围内；

◆ 梁或梁垫下及其左右 500mm 范围内；

◆ 设计不允许设置脚手眼的部位；

◆ 轻质墙体；

◆ 夹心复合墙外叶墙。

1-6 砌块砌体施工

1.2.4.4 砌块砌体施工

用砌块代替烧结普通砖做墙体材料，是墙体改革的 1 个重要途径。常用的砌块有粉煤灰硅酸盐砌块、普通混凝土空心砌块、煤矸石硅酸盐空心砌块等。砌块的规格不统一，一般高度为 380 ～ 940mm，长度为高度的 1.5 ～ 2.5 倍，厚度为 180 ～ 300mm，每块砌块重量 50 ～ 200kg。

1. 砌块的排列

由于中小型砌块体积较大、较重，不如砖块可以随意搬动，多用专门设备进行吊装砌筑，且砌筑时必须使用整块，不像普通砖可随意砍凿。因此，在施工前，须根据工程平面图、立面图及门窗洞口的大小、楼层标高、构造要求等条件，绘制各墙的砌块排列图，以指导吊装砌筑施工。

砌块排列图按每片纵横墙分别绘制（图 1-53）。其绘制方法是在立面上用 1∶50 或 1∶30 的比例绘出纵横墙，然后将过梁、平板、大梁、楼梯、孔洞等在墙面上标出，由纵墙和横墙高度计算皮数，画出水平灰缝线，并保证砌体平面尺寸和高度是块体加灰缝尺寸的倍数，再按砌块错缝搭接的构造要求和竖缝大小进行排列。对砌块进行排列时，注意尽量以主规格砌块为主，辅助规格砌块为辅，减少镶砖。小砌块墙体应对孔错缝搭砌，搭接长度不应小于 90mm。墙体的个别部位不能满足上述要求时，应在灰缝中设置拉结钢筋或钢筋网片，但竖向通缝仍不得超过两皮小砌块。墙体的水平灰缝厚度和竖向灰缝宽度宜为 10mm，但不应大于 12mm，也不应小于 8mm。砌块中水平灰缝厚度一般为 10 ～ 20mm，有配筋的水平灰缝厚度为 20 ～ 25mm；竖缝的宽度为 15 ～ 20mm，

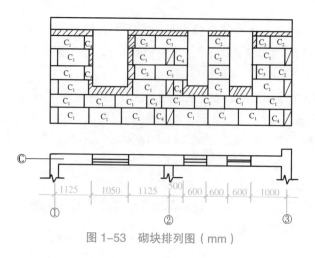

图 1-53　砌块排列图（mm）

当竖缝宽度大于 30mm 时，应用强度等级不低于 C20 的细石混凝土填实，当竖缝宽度 ≥ 150mm 或楼层高不是砌块加灰缝的整数倍时，应用普通砖镶砌。

2. 砌块施工工艺

砌块施工的主要工序是：铺灰、砌块吊装就位、校正、灌缝和镶砖。

（1）铺灰

砌块墙体所采用的砂浆，应具有良好的和易性，其稠度以 50 ～ 70mm 为宜，铺灰应平整饱满，每次铺灰长度一般不超过 5m，炎热天气及严寒季节应适当缩短。

（2）砌块吊装就位

砌块安装可采用轻型塔式起重机（或井架、龙门架）进行砌块、砂浆的运输，用台灵架吊装砌块。

砌块的吊装一般按施工段依次进行，其次序为先外后内、先远后近、先下后上，在相邻施工段之间留阶梯形斜槎。吊装时应从转角处或砌块定位处开始，采用摩擦式夹具，按砌块排列图将所需砌块吊装就位。

（3）校正

砌块吊装就位后，用托线板检查砌块的垂直度，拉准线检查水平度，并用撬棍、楔块调整偏差。

（4）灌缝

竖缝可用夹板在墙体内外夹住，然后灌砂浆，用竹片插或铁棒捣，使其密实。当砂浆吸水后用刮缝板把竖缝和水平缝刮齐。灌缝后，一般不应再撬动砌块，以防损坏砂浆粘结力。

（5）镶砖

当砌块间出现较大竖缝或过梁找平时，可用烧结砖镶砌。镶砖砌体的竖直缝和水平缝应控制在 15 ～ 30mm 以内。镶砖工作应在砌块校正后立刻进行，镶砖时应注意使砖的竖缝灌密实。

3. 砌块砌体质量要求

砌块砌体质量应符合下列规定：

（1）砌块砌体砌筑的基本要求与砖砌体相同，但搭接长度不少于 150mm。

（2）外观检查应达到：墙面清洁，勾缝密实，深浅一致，交接平整。

（3）经试验检查，在每一楼层或 250m³ 砌体中，1 组试块（每组 3 块）同强度等级的砂浆或细石混凝土的强度应符合要求。

（4）预埋件、预留孔洞的位置应符合设计要求。

1.2.4.5 配筋砌体施工

配筋砌体是由配置钢筋的砌体作为建筑物主要受力构件的结构。配筋砌体有网状配筋砌体柱、水平配筋砌体墙、砖砌体和钢筋混凝土面层或钢筋砂浆面层组合砌体柱（墙）、砖砌体和钢筋混凝土构造柱组合墙、配筋砌块砌体剪力墙。

配筋砌体弹线、找平、排砖摆底、墙体盘角、选砖、立皮数杆、挂

1-7 配筋砌体
施工

线、留槎等施工工艺与普通砖砌体要求相同，下面主要介绍其不同点。

1. 砌砖及放置水平钢筋

砌砖宜采用"二三八一"砌筑法或"三一"砌砖法砌筑，水平灰缝厚度和竖直灰缝宽度一般为 10mm，但不应小于 8mm，也不应大于 12mm。砖墙（柱）的砌筑应达到上下错缝、内外搭砌、灰缝饱满、横平竖直的要求。皮数杆上要标明钢筋网片、箍筋或拉结筋的位置，钢筋安装完毕，并经隐蔽工程验收后方可进行上层砌砖，同时要保证钢筋上下至少各有 2mm 保护层。

2. 砂浆（混凝土）面层施工

组合砖砌体面层施工前，应清除面层底部的杂物，并浇水湿润砖砌体表面。砂浆面层施工从下而上分层施工，一般应两次涂抹，第 1 次是刮底，使受力钢筋与砖砌体有一定保护层；第 2 次是抹面，使面层表面平整。混凝土面层施工应支设模板，每次支设高度一般为 500 ~ 600mm，并分层浇筑，振捣密实，待混凝土强度达到 30% 以上才能拆除模板。

3. 构造柱施工

构造柱竖向受力钢筋，底层锚固在基础梁上，锚固长度不应小于 35d（d 为竖向钢筋直径），并保证位置正确。受力钢筋接长，可采用绑扎接头，搭接长度为 35d，绑扎接头处箍筋间距不应大于 200mm。楼层上下 500mm 范围内箍筋间距宜为 100mm。砖砌体与构造柱连接处应砌成马牙槎，从每层柱脚开始，先退后进，每一马牙槎沿高度方向的尺寸不宜超过 300mm，并沿墙高每隔 500mm 设 2φ6 拉结钢筋，且每边伸入墙内不宜小于 600mm；预留的拉结钢筋应位置正确，施工中不得任意弯折。浇筑构造柱混凝土之前，必须将砖墙和模板浇水湿润（若为钢模板，不浇水，刷隔离剂），并将模板内的落地灰、砖碴和其他杂物清理干净。浇筑混凝土可分段施工，每段高度不宜大于 2m，或每个楼层分两次浇灌，应用插入式振动器，分层捣实。构造柱混凝土

图 1-54 马牙槎清晰美观不漏浆

与梁板接头收口应平整，浇捣密实，如图 1-54 所示。

构造柱钢筋竖向移位不应超过 100mm，每一马牙槎沿高度方向尺寸不应超过 300mm。钢筋竖向位移和马牙槎尺寸偏差每一构造柱不应超过 2 处。

1.2.4.6 填充墙砌体工程施工

在框架结构的建筑中，墙体一般只起维护与分隔的作用，常用体轻、保温性能好的烧结空心砖或小型空心砌块砌筑，其施工方法与施工工艺与一般砌体施工有所不同。

砌块材料的品种、规格、强度等级必须符合图纸设计要求，规格尺寸应一致，质量等级必须符合标准要求，并应有出厂合格证明、试验报告

1-8 填充墙砌体施工

单。蒸压加气混凝土砌块和轻骨料混凝土小型砌块砌筑时的产品龄期应超过 28d。蒸压加气混凝土砌块和轻骨料混凝土小型砌块应符合《建筑材料放射性核素限量》的规定。

填充墙砌体应在主体结构及相关分部已施工完毕，并经有关部门验收合格后进行。砌筑前，应认真熟悉图纸以及相关构造及材料要求，核实门窗洞口位置和尺寸，计算出窗台及过梁圈梁顶部标高。根据设计图纸及工程实际情况，编制出专项施工方案和施工技术交底。

填充墙砌体施工工艺及要求如下：

1. 基层清理

在砌体砌筑前应对基层进行清理，将基层上的浮浆灰尘清扫干净并浇水湿润。块材的湿润程度应符合规范及施工要求。

2. 施工放线

放出每一楼层的轴线、墙身控制线和门窗洞的位置线。在框架柱上弹出标高控制线以控制门窗上的标高及窗台高度，施工放线完成后，经过验收合格，方能进行墙体施工。

3. 墙体拉结钢筋

（1）墙体拉结钢筋有多种留置方式，目前主要采用预埋钢板再焊接拉结筋、用膨胀螺栓固定先焊在铁板上的预留拉结筋以及采用植筋方式埋设拉结筋等方式。

（2）采用焊接方式连接拉结筋，单面搭接焊的焊缝长度应大于等于 $10d$，双面搭接焊的焊缝长度应大于等于 $5d$。焊接不应有边、气孔等质量缺陷，并进行焊接质量检查验收。

（3）采用植筋方式埋设拉结筋，埋设的拉结筋位置较为准确，操作简单不伤结构，但应通过抗拔试验。

4. 构造柱钢筋

在填充墙施工前应先将构造柱钢筋绑扎完毕，构造柱竖向钢筋与原结构上预留插孔的搭接绑扎长度应满足设计要求。

5. 立皮数杆、排砖

（1）在皮数杆上标出砌块的皮数及灰缝厚度，并标出窗、洞及墙梁等构造标高。

（2）根据要砌筑的墙体长度、高度试排砖，摆出门、窗及孔洞的位置。

（3）外墙壁第 1 皮砖撂底时，横墙应排丁砖，梁及梁垫的下面 1 皮砖、窗台等阶水平面上 1 皮应用丁砖砌筑。

6. 填充墙砌筑

（1）拌制砂浆

◆ 砂浆配合比应用重量比，计量精度为：水泥 ±2%，砂及掺合料 ±5%，砂应计入其含水量对配料的影响。

◆ 宜用机械搅拌，投料顺序为砂→水泥→掺合料→水，搅拌时间不少于 2min。

◆ 砂浆应随拌随用，水泥或水泥混合砂浆一般在拌合后 3h 内用完，气温在 30℃以上时，应在 2h 内用完。

（2）砖或砌块应提前 1～2d 浇（喷）水湿润；湿润程度达到水浸润砖体 15mm 为宜；烧结空心砖相对含水率宜为 60%～70%，不能在砌筑时临时浇水，严禁干砖上墙，严禁在砌筑后向墙体洒水。蒸压加气混凝土砌块相对含水率宜为 40%～50%，应在砌筑前喷水湿润。

(3) 砌筑墙体

◆ 砌筑蒸压加气混凝土砌块和轻骨料混凝土小型空心砌块填充墙时，墙底部应砌200mm 高烧结普通砖、多孔砖或普通混凝土空心砌块或浇筑 200mm 高混凝土坎台，混凝土强度等级宜为 C20。

◆ 填充墙砌筑必须内外搭接，上下错缝，灰缝平直，砂浆饱满。操作过程中要经常进行自检，如有偏差，应随时纠正，严禁事后采用撞砖纠正。

◆ 填充墙砌筑时，除构造柱的部位外，墙体的转角处和交接处应同时砌筑，严禁无可靠措施的内外墙分砌施工。

◆ 填充墙砌体的灰缝厚度和宽度应正确。空心砖、轻骨料混凝土小型空心砌块的砌体灰缝应为 8 ~ 12mm，蒸压加气混凝土砌块砌体的水平灰缝厚度、竖向灰缝宽度分别为 15mm 和 20mm。

◆ 墙体一般不留槎，如必须留置临时间断处，应砌成斜槎，斜槎长度不应小于高度的 2/3；施工时不能留成斜槎时，除转角处外，可于墙中引出直凸槎（抗震设防地区不得留直槎）。直槎墙体每间隔高度小于等于 500mm，应在灰缝中加设拉结钢筋，拉结筋数量按 12mm 墙厚放 1 根 φ6 的钢筋，埋入长度从墙的留槎处算起，两边均不应小于500mm，末端应有 90° 弯钩；拉结筋不得穿过烟道和通气管。

◆ 砌体接槎时，必须将接槎处的表面清理干净，浇水湿润，并应填实砂浆，保持灰缝平直。

◆ 填充墙砌至接近梁、板底时，应留一定空隙，待填充墙砌筑完并应至少间隔7d 后，再将其补砌挤紧。

◆ 木砖预埋：木砖经防腐处理，木纹应与钉子垂直，埋设数量按洞口高度确定；洞口高度 ≤ 2m，每边放 2 块，高度在 2 ~ 3m 时，每边放 3 ~ 4 块。预埋木砖的部位一般在洞口上下 4 皮砖处开始，中间均匀分布或按设计预埋。

◆ 设计墙体上有预埋、预留的构造，应随砌随留、随复核，确保位置正确构造合理。不得在已砌筑好的墙体中打洞；砌筑墙体时，不得搁置脚手架。

◆ 凡穿过砌块的水管，应严格防止渗水、漏水。在墙体内敷设暗管时，只能垂直埋设，不得水平开槽，敷设应在墙体砂浆达到强度后进行。混凝土空心砌块预埋管应提前专门制作有预埋槽的砌块，不得墙上开槽。

◆ 加气混凝土砌块切锯时应用专用工具，不得用斧子或瓦刀任意砍劈，洞口两侧应选用规则整齐的砌块砌筑。

7. 构造柱、圈梁

(1) 有抗震要求的砌体填充墙按设计要求应设置构造柱、圈梁。构造柱的宽度由设计确定，厚度一般与墙等厚；圈梁宽度与墙等宽，高度不应小于 120mm。圈梁、构造柱的插筋宜优先预埋在结构混凝土构件中或后植筋，预留长度符合设计要求。构造柱施工时按要求应留设马牙槎，马牙槎宜先退后进，进退尺寸不小于 60mm，高度为 320mm左右。当设计无要求时，构造柱应设置在填充墙的转角处、T 形交接处或端部；当墙长大于 5m 时，应间隔设置。圈梁宜设在填充墙高度中部。

（2）支设构造柱圈梁模板时，宜采用对拉栓式夹具，为了防止模板与砖墙接缝处漏浆，宜用双面胶条粘结。构造柱模板根部应留垃圾清扫孔。

（3）在浇筑构造柱圈梁混凝土前，必须向柱或梁内砌体和模板浇水湿润，并将模板内的落地灰清除干净，先注入适量水泥砂浆，再浇灌混凝土。振捣时，振捣器应避免触碰墙体，严禁通过墙体传振。

【知识拓展】

1.2.4.7　砌筑工程的安全技术

在砌筑操作前，必须检查施工现场各项准备工作是否符合安全要求，如道路是否畅通，机具是否完好牢固，安全设施和防护用品是否齐全，经检查符合要求后才可施工。

施工人员进入现场必须戴好安全帽。

砌墙高度超过地坪 1.2m 以上时，应搭设脚手架。架上堆放材料不得超过规定荷载值，堆砖高度不得超过 3 皮侧砖，同一块脚手板上的操作人员不应超过 2 人。按规定搭设安全网。

不准站在墙顶上进行划线、刮缝及清扫墙面或检查大角垂直等工作。不准用不稳固的工具或物体在脚手板上垫高操作。

砍砖时应面向墙面，工作完毕应将脚手板和砖墙上的碎砖、灰浆清扫干净，防止掉落伤人。正在砌筑的墙上不准走人。山墙砌完后，应立即安装檩条或临时支撑，防止倒塌。

雨天或每日下班时，应做好防雨准备，以防雨水冲走砂浆，致使砌体倒塌。冬期施工时，脚手板上如有冰霜、积雪，应先清除后才能上架子进行操作。

砌石墙时不准在墙顶或架上修石材，以免振动墙体影响质量或石片掉下伤人。不准徒手移动上墙的石块，以免压破或擦伤手指。不准勉强在超过胸部的墙上进行砌筑，以免将墙体碰撞倒塌或上石时失手掉下造成安全事故。石块不得往下掷。运石上下时，脚手板要钉装牢固，并钉防滑条及扶手栏杆。

对有部分破裂和脱落危险的砌块，严禁起吊；起吊砌块时，严禁将砌块停留在操作人员上空或在空中整修；砌块吊装时，不得在下一层楼面上进行其他任何工作；卸下砌块时应避免冲击，砌块堆放应尽量靠近楼板两端，不得超过楼板的承重能力；砌块吊装就位时，应待砌块放稳后，方可松开夹具。

脚手架、井架、门架搭设好后，须经专人验收合格后方可使用。

1.2.5　砌体结构季节性施工

1.2.5.1　砌体结构冬期施工的概念

当室外日平均气温连续 5d 稳定低于 5℃时，砌体工程应采取冬期施工措施。气温根据当地气象资料统计确定。冬期施工期限以外，当日最低气温低于 0℃时，也应按冬期施工的有关规定进行。

在冬期砌筑时，为了保证墙体的质量，必须采取有效措施，控制雨、雪、霜对墙体材料（砖、砂、石灰等）侵袭，对各种材料集中堆放，并采取保温措施。冬期砌筑时主要是防止砂浆遭受冻结或者是使砂浆在负温下亦能增长强度问题，满足冬期砌筑施工要求。

砌筑工程的冬期施工方法有外加剂法和暖棚法等。砌筑工程的冬期施工应以外加剂法为主。对保温、绝缘、装饰等方面有特殊要求的工程，可采用其他施工方法。

1.2.5.2 外加剂法施工

1. 外加剂法的原理

外加剂法就是在砌筑砂浆内掺入一定数量的抗冻剂，来降低水的冰点，以保证砂浆中有液态水存在，使水泥水化反应能在一定负温下进行，砂浆的强度在负温下能够继续缓慢增长。同时，由于降低了砂浆中水的冰点，砌体的表面不会立即结冰而形成冰膜，故砂浆和砌体能较好的粘结。

2. 外加剂法的适用范围

外加剂法具有施工方便，费用低等优点，在砌体工程冬期施工中普遍使用掺盐砂浆法施工。但是，由于氯盐砂浆吸湿性大，使结构保温性能和绝缘性能下降，并有析盐现象等。对下列有特殊要求的工程不允许采用掺盐砂浆法施工。

（1）对装饰工程有特殊要求的建筑物；

（2）使用湿度大于80%的建筑物；

（3）配筋、钢埋件无可靠的防腐处理措施的砌体；

（4）接近高压电线的建筑物（如变电所、发电站等）；

（5）经常处于地下水位变化范围内，以及在地下未设防水层的结构。

对于这一类不能使用掺有氯盐砂浆的砌体，可选择亚硝酸钠、碳酸钾等盐类作为砌体冬期施工的抗冻剂。

3. 对砌筑材料的要求

砌体工程冬期施工所用材料、应符合下列规定：

（1）石灰膏、电石膏等应防止受冻，如遭冻结，应经融化后使用；

（2）拌制砂浆用砂，不得含有冰块和大于10mm的冻结块；

（3）砌体用砖或其他块材不得遭水浸冻；

（4）砌体用砖、砌块和石材在砌筑前，应清除表面冰雪、冻霜等；

（5）拌制砂浆宜采用两步投料法。水的温度不得超过80℃，砂的温度不得超过40℃；

（6）砂浆宜优先采用普通硅酸盐水泥拌制。冬期砌筑不得使用无水泥拌制的砂浆。

4. 砂浆的配制及砌筑施工工艺

（1）砂浆的配制

掺盐砂浆配制时，应按不同负温界限控制掺盐量。当砂浆中氯盐掺量过少，砂浆内会出现大量冻结晶体，水化反应极其缓慢，会降低早期强度。如果氯盐掺量大于10%，砂浆的后期强度会显著降低，同时导致砌体析盐量过大，增大吸湿性，降低保温性能。

当气温过低时，可掺用双盐（氯化钠和氯化钙同时掺入）来提高砂浆的抗冻性。不同气温时掺盐砂浆规定的掺盐量见表 1-4。

氯盐外加剂掺量（占用水重量 %）　　　　　　　　表 1-4

氯盐及砌体材料种类		日最低气温（℃）			
		≥ -10	-11~-15	-16~-20	-21~-25
氯化钠（单盐）	砖、砌块	3	5	7	—
	砌石	4	7	10	—
复盐	氯化钠	砖、砌石	—	—	5	7
	氯化钙		—	—	2	3

注：掺盐量以无水盐计。

冬期施工砂浆试块的留置，除应按常温规定要求外，尚应增留 1 组与砌体同条件养护的试块，测试检验 28d 强度。

砌筑时掺盐砂浆温度使用不应低于 5℃。当设计无要求，且最低气温小于或等于 -15℃时，砌体砂浆强度等级应按常温施工提高 1 级，同时应以热水搅拌砂浆；当水温超 60℃时，应先将水和砂拌合，然后再投放水泥。

氯盐砂浆中复掺引气型外加剂时，应在氯盐砂浆搅拌的后期掺入。搅拌的时间应比常温季节增加 1 倍。砂浆拌合后应注意保温。

外加剂溶液应设专人配制，并应先配制成规定浓度溶液置于专用容器中，然后再按规定加入搅拌机中拌制成所需砂浆。

（2）砌筑施工工艺

掺盐砂浆法砌筑砖砌体，应采用"三一"砌砖法进行砌筑，要求砌体灰浆饱满，灰缝厚度均匀，水平缝和垂直缝的厚度和宽度应控制在 8 ~ 10 mm。

冬期砌筑的砌体，由于砂浆强度增长缓慢，则砌体强度较低。如果 1 个班次砌体砌筑高度较高，砂浆尚无强度，风荷载稍大时，作用在新砌的墙体上易使所砌筑的墙体倾斜失稳或倒塌。冬期墙体采用氯盐砂浆施工时，每日砌筑高度不宜超过 1.2m，墙体留置的洞口，距交接墙处不应小于 500mm。

普通砖、多孔砖、空心砖、混凝土小型空心砌块、加气混凝土砌块和石材在气温高于 0℃条件下砌筑时，应浇水湿润。在气温低于 0℃条件下，可不浇水，但必须适当增大砂浆的稠度。抗震设防烈度为 9 度的建筑物，普通砖和空心砖无法浇水湿润时，无特殊措施，不得砌筑。

采用掺盐砂浆法砌筑砌体时，在砌体转角处和内外墙交接处应同时砌筑，对不能同时砌筑而又必须留置的临时间断处，应砌成斜槎，砌体表面不应铺设砂浆层，宜采用保温材料加以覆盖。继续施工前，应先用扫帚扫净砖表面，然后再施工。

采用氯盐砂浆时，砌体中配置的钢筋及钢预埋件，应预先做好防腐处理。目前较简单的处理方法有：涂刷樟丹 2 ~ 3 遍、浸涂热沥青、涂刷水泥浆、涂刷各种专用的防腐涂料。处理后的钢筋及预埋件应成批堆放。搬运堆放时，轻拿轻放，不得任意摔扔，防止防腐涂料损伤掉皮。

1.2.5.3 砌体工程雨期施工注意事项

1. 砖在雨期必须集中堆放，不宜浇水；砌墙时要求干湿砖块合理搭配；砖湿度较大时不可上墙；砌筑高度不宜超过 1.2m。

2. 雨期遇大雨必须停工。砌体停工时应在砖墙顶盖 1 层干砖，避免大雨冲刷灰浆。大雨过后受雨冲刷过的新砌墙体应翻砌最上面两皮砖。

3. 稳定性较差的窗间墙、独立砖柱，应加设临时支撑或及时浇筑圈梁，以增加墙体稳定性。

4. 砌体施工时，内外墙要尽量同时砌筑，并注意转角及丁字墙间的搭接。遇台风时，应在与风向相反的方向加临时支撑，以保持墙体的稳定。

5. 雨后继续施工，须复核已完工砌体的垂直度和标高。

1.2.6 砌体结构施工质量检测及验收

1.2.6.1 砌体结构工程检验批质量验收

某 6 层砖混结构商住楼，砖墙用 MU10 页岩烧结普通砖、M7.5 混合砂浆砌筑，现对砖砌体分项工程质量进行验收。

【任务实施】

分项工程检验批是工程质量验收的最小单元，是分项工程乃至于整个建筑工程验收的基础。

砌体结构工程检验批验收时，其主控项目应全部符合规范规定；一般项目应有80%及以上的抽检处符合规范规定；有允许偏差的项目，最大超差值为允许偏差值的1.5倍。

砌体工程所用的材料应有产品的合格证书、产品性能检测报告。水泥进场时应对其品种、等级、包装或散装仓号、出厂日期等进行检查，并应对其强度、安定性进行复验，其质量必须符合现行国家标准的有关规定。

同一检验批砂浆试块强度平均值大于等于设计强度等级值的 1.10 倍；同一检验批砂浆试块抗压强度的最小 1 组平均值大于等于设计强度等级值的 85%。

1. 砌体结构工程检验批划分

检验批是施工过程中条件相同并有一定数量的材料、构配件或安装项目，由于其质量基本均匀一致，因此可以作为检验的基本单位，按批组织验收。根据《建筑工程施工质量验收统一标准》GB 50300－2013 规定，砌体结构工程检验批按下列要求划分。

砌体结构工程检验批的划分应同时符合下列规定：

◆ 所用材料类型及同类型材料的强度等级相同；

◆ 不超过 250m³ 砌体；

◆ 主体结构砌体 1 个楼层（基础砌体可按 1 个楼层计）；填充墙砌体量少时可多个楼层合并。

按每楼层①～⑤、⑤～⑩划分为 2 个检验批，现以 2 层①～⑤轴部位的质量验收为例，说明检验批质量验收标准、验收方法和最终质量的评定。

2. 检验批质量验收记录表填写

砌体结构工程检验批的质量验收可按《砌体结构工程施工质量验收规范》GB 50203-2011 的表格进行记录，验收记录见表 1-5。

砖砌体工程检验批质量验收记录　　　　　　　表 1-5

工程名称		×× 商住楼	分项工程名称	砖砌体工程					验收部位	2 层①～⑤轴	
施工单位			××× 建筑工程公司						项目经理	×××	
施工执行标准名称及编号		《砌体工程施工工艺标准》QB×××—××××							专业工长	×××	
分包单位			/						施工班组长	×××	
施工质量验收规范的规定				施工单位检查评定记录						监理（建设）单位验收记录	
主控项目	1	砖强度等级	设计要求 MU10	4 份试验报告 MU10						同意验收	
	2	砂浆强度等级	设计要求 M7.5	符合要求							
	3	斜槎留置	第 5.2.3 条	✓							
	4	转角、交接处	第 5.2.3 条	✓							
	5	直槎拉结筋及接槎处理	第 5.2.4 条	✓							
	6	砂浆饱满度	≥80%（墙）	89	88	89	90	89	88	87	
			≥90%（柱）	94	93	92	90	90	92	93	
一般项目	1	轴线偏移	≤10mm	6	3	3	4	2	5	7	同意验收
	2	垂直度（每层）	≤5mm	2	2	2	1	0	3	4	
	3	组砌方法	第 5.3.1 条	✓							
	4	水平灰缝厚度	第 5.3.2 条	8	10	8	8	12	10	8	
	5	竖向灰缝宽度	第 5.3.2 条	10	8	8	8	12	12	10	
	6	基础、墙、柱顶面标高	±15mm 以内	+8	+6	-5	-10	-8	+6	+5	
	7	表面平整度	≤5mm（清水）								
			≤8mm（混水）	4	4	6	5	7	4		
	8	门窗洞口高、宽（后塞口）	±10mm 以内	0	-2	+4	+2	0	-3		
	9	窗口偏移	≤20mm	7	8	10	5	5	6		
	10	水平灰缝平直度	≤7mm（清水）								
			≤10mm（混水）	6	5	5	8	10	6		
	11	清水墙游丁走缝	≤20mm								

续表

施工单位检查评定 结果	主控项目全部合格，一般项目满足规范规定要求，检查评定结果为合格。 　　　　　　项目专业质量检查员：×××　　　　　　　×××× 年 ×× 月 ×× 日
监理（建设）单位 验收结论	同意验收。 　　　　　　监理工程师（建设单位项目专业技术负责人）：×××　　　　　　××××年××月××日

注：表中"施工质量验收规范的规定"一栏中的主控项目和一般项目的质量标准及要求见第 1.2.6.2 节。砌体结构工程施工质
　　量由施工项目专业质量检查员对照规范要求检查合格后，填写"砖砌体工程检验批质量验收记录表"，监理工程师（建
　　设单位项目技术负责人）组织项目专业技术负责人进行验收并签署验收结论。

【学习支持】

1.2.6.2　砖砌体的质量标准及检验方法

1. 一般规定

（1）用于清水墙、柱表面的砖，应边角整齐，色泽均匀。

（2）砌体砌筑时，混凝土多孔砖、混凝土实心砖、蒸压灰砂砖、蒸压粉煤灰砖等块体的产品龄期不应小于 28d。

（3）有冻胀环境和条件的地区，地面以下或防潮层以下的砌体，不应采用多孔砖。

（4）不同品种的砖不得在同一楼层混砌。

（5）砌筑烧结普通砖、烧结多孔砖、蒸压灰砂砖、蒸压粉煤灰砖砌体时，砖应提前 1～2d 适度湿润，严禁采用干砖或处于吸水饱和状态的砖砌筑，块体湿润程度宜符合下列规定：

　◆　烧结类块体的相对含水率 60%～70%；

　◆　混凝土多孔砖及混凝土实心砖不需浇水湿润，但在气候干燥炎热的情况下，宜在砌筑前对其喷水湿润。其他非烧结类块体的相对含水率 40%～50%。

（6）采用铺浆法砌筑砌体，铺浆长度不得超过 750mm；当施工期间气温超过 30℃ 时，铺浆长度不得超过 500mm。

（7）240mm 厚承重墙的每层墙的最上 1 皮砖，砖砌体的阶台水平面上及挑出层的外皮砖，应整砖丁砌。

（8）弧拱式及平拱式过梁的灰缝应砌成楔形缝，拱底灰缝宽度不宜小于 5mm，拱顶灰缝宽度不应大于 15mm，拱体的纵向及横向灰缝应填实砂浆；平拱式过梁拱脚下面应伸入墙内不小于 20mm；砖砌平拱过梁底应有 1% 的起拱。

（9）砖过梁底部的模板及其支架拆除时，灰缝砂浆强度不应低于设计强度的 75%。

（10）多孔砖的孔洞应垂直于受压面砌筑。半盲孔多孔砖的封底面应朝上砌筑。

（11）竖向灰缝不应出现瞎缝、透明缝和假缝。

（12）砖砌体施工临时间断处补砌时，必须将接槎处表面清理干净，洒水湿润，并填实砂浆，保持灰缝平直。

（13）夹心复合墙的砌筑应符合下列规定：

◆ 墙体砌筑时，应采取措施防止空腔内掉落砂浆和杂物；

◆ 拉结件设置应符合设计要求，拉结件在砖墙上的搁置长度不应小于砖墙厚度的 2/3，并不应小于 60mm；

◆ 保温材料品种及性能应符合设计要求。保温材料的浇注压力不应对砌体强度、变形及外观质量产生不良影响。

2. 主控项目

(1) 砖和砂浆的强度等级必须符合设计要求。

砖的抽检数量：每一生产厂家，烧结普通砖、混凝土实心砖每 15 万块，烧结多孔砖、混凝土多孔砖、蒸压灰砂砖及蒸压粉煤灰砖每 10 万块各为 1 检验批，不足上述数量时按 1 批计，抽检数量为 1 组。

砂浆试块的抽检数量：每 1 检验批且不超过 250m³ 砌体的各类、各强度等级的普通砌筑砂浆，每台搅拌机应至少抽检 1 次。

检验方法：查砖和砂浆试块试验报告。

(2) 砌体灰缝砂浆应密实饱满，砖墙水平灰缝的砂浆饱满度不得低于 80%，砖柱水平灰缝和竖向灰缝饱满度不得低于 90%。

抽检数量：每检验批抽查不应少于 5 处。

检验方法：用百格网检查砖底面与砂浆的粘结痕迹面积，每处检测 3 块砖，取其平均值。

(3) 砖砌体的转角处和交接处应同时砌筑，严禁无可靠措施的内外墙分砌施工。在抗震设防烈度为 8 度及 8 度以上地区，对不能同时砌筑而又必须留置的临时间断处应砌成斜槎，普通砖砌体斜槎水平投影长度不应小于高度的 2/3，多孔砖砌体的斜槎长高比不应小于 1/2。斜槎高度不得超过 1 步脚手架的高度。

抽检数量：每检验批抽查不应少于 5 处。

检验方法：观察检查。

(4) 非抗震设防及抗震设防烈度为 6 度、7 度地区的临时间断处，当不能留斜槎时，除转角处外，可留直槎，但直槎必须做成凸槎，且应加设拉结钢筋，拉结钢筋应符合下列规定：

◆ 每 120mm 墙厚放置 1φ6 拉结钢筋（120mm 厚墙应放置 2φ6 拉结钢筋）；

◆ 间距沿墙高不应超过 500mm，且竖向间距偏差不应超过 100mm；

◆ 埋入长度从留槎处算起每边均不应小于 500mm，对抗震设防烈度 6 度、7 度的地区，不应小于 1000mm；

◆ 末端应有 90° 弯钩（图 1–52）。

抽检数量：每检验批抽查不应少于 5 处。

检验方法：观察和尺量检查。

3. 一般项目

(1) 砖砌体组砌方法应正确，内外搭砌，上、下错缝；清水墙、窗间墙无通缝；混水墙中不得有长度大于 300mm 的通缝，长度 200～300mm 的通缝每间不超过 3 处，且不得位于同一面墙体上。砖柱不得采用包心砌法。

抽检数量：每检验批抽查不应少于 5 处。

检验方法：观察检查。砌体组砌方法抽检每处应为 3 ~ 5m。

（2）砖砌体的灰缝应横平竖直，厚薄均匀，水平灰缝厚度及竖向灰缝宽度宜为 10mm，但不应小于 8mm，也不应大于 12mm。

抽检数量：每检验批抽查不应少于 5 处。

检验方法：水平灰缝厚度用尺量 10 皮砖砌体高度折算；竖向灰缝宽度用尺量 2m 砌体长度折算。

（3）砖砌体尺寸、位置的允许偏差及检验应符合表 1-6 的规定。

砖砌体尺寸、位置的允许偏差及检验   表 1-6

项目			允许偏差(mm)	检查方法	抽检数量
轴线位移			10	用经纬仪和尺或其他测量仪器检查	承重墙、柱全数检查
基础、墙、柱顶面标高			±15	用水平仪和尺检查	不应少于 5 处
墙面垂直度	每层		5	用 2m 托线板检查	不应少于 5 处
	全高	≤ 10m	10	用经纬仪、吊线和尺或其他测量仪器检查	外墙全部阳角
		>10m	20		
表面平整度	清水墙、柱		5	用 2m 直尺和楔形塞尺检查	不应少于 5 处
	混水墙、柱		8		
水平灰缝平直度	清水墙		7	拉 5m 线和尺检查	不应少于 5 处
	混水墙		10		
门窗洞口高、宽（后塞框）			±10	用尺检查	不应少于 5 处
外墙上下窗口偏移			20	以底层窗口为准，用经纬仪吊线检查	不应少于 5 处
清水墙面游丁走缝（中型砌块）			20	以每层第一皮砖为准，用吊线和尺检查	不应少于 5 处

【知识拓展】

1.2.6.3　砌块砌体的质量标准及检验方法

1. 一般规定

（1）施工前，应按房屋设计图编绘小砌块平、立面排块图，施工中应按排块图施工。

（2）施工采用的小砌块的产品龄期不应小于 28d。

（3）砌筑小砌块时，应清除表面污物，剔除外观质量不合格的小砌块。

（4）砌筑小砌块砌体，宜选用专用小砌块砌筑砂浆。

（5）底层室内地面以下或防潮层以下的砌体，应采用强度等级不低于C20（或Cb20）的混凝土灌实小砌块的孔洞。

（6）砌筑普通混凝土小型空心砌块砌体，不需对小砌块浇水湿润，如遇天气干燥炎热，宜在砌筑前对其喷水湿润；对轻骨料混凝土小砌块，应提前浇水湿润，块体的相对含水率宜为 40%～50%。雨天及小砌块表面有浮水时，不得施工。

（7）承重墙体使用的小砌块应完整、无破损、无裂缝。

（8）小砌块墙体应孔对孔、肋对肋错缝搭砌。单排孔小砌块的搭接长度应为块体长度的 1/2；多排孔小砌块的搭接长度可适当调整，但不宜小于小砌块长度的 1/3，且不应小于 90mm。墙体的个别部位不能满足上述要求时，应在灰缝中设置拉结钢筋或钢筋网片，但竖向通缝仍不得超过两皮小砌块。

（9）小砌块应将生产时的底面朝上反砌于墙上。

（10）小砌块墙体宜逐块坐（铺）浆砌筑。

（11）在散热器、厨房和卫生间等设备的卡具安装处砌筑的小砌块，宜在施工前用强度等级不低于 C20（或 Cb20）的混凝土将其孔洞灌实。

（12）每步架墙（柱）砌筑完后，应随即刮平墙体灰缝。

（13）芯柱处小砌块墙体砌筑应符合下列规定：

◆ 每一楼层芯柱处第 1 皮砌块应采用开口小砌块；

◆ 砌筑时应随砌随清除小砌块孔内的毛边，并将灰缝中挤出的砂浆刮净。

（14）芯柱混凝土宜选用专用小砌块灌孔混凝土。浇筑芯柱混凝土应符合下列规定：

◆ 每次连续浇筑的高度宜为半个楼层，但不应大于 1.8m；

◆ 浇筑芯柱混凝土时，砌筑砂浆强度应大于 1MPa；

◆ 清除孔内掉落的砂浆等杂物，并用水冲淋孔壁；

◆ 浇筑芯柱混凝土前，应先注入适量与芯柱混凝土成分相同的去石水泥砂浆；

◆ 每浇筑 400～500mm 高度捣实 1 次，或边浇筑边捣实。

2. 主控项目

（1）小砌块和芯柱混凝土、砌筑砂浆的强度等级必须符合设计要求。

小砌块抽检数量：每一生产厂家，每 1 万块小砌块为 1 检验批，不足 1 万块按 1 检验批计，抽检数量为 1 组；用于多层以上建筑的基础和底层的小砌块抽检数量不应少于 2 组。

砂浆试块的抽检数量：每一检验批且不超过 250m³ 砌体的各类、各强度等级的普通砌筑砂浆，每台搅拌机应至少抽检 1 次。检验批的预拌砂浆、蒸压加气混凝土砌块专用砂浆，抽检可为 3 组。

检验方法：检查小砌块和芯柱混凝土、砌筑砂浆试块试验报告。

（2）砌体水平灰缝和竖向灰缝的砂浆饱满度，按净面积计算不得低于 90%。

抽检数量：每检验批抽查不应少于 5 处。

检验方法：用专用百格网检测小砌块与砂浆粘结痕迹，每处检测 3 块小砌块，取其平均值。

（3）墙体转角处和纵横交接处应同时砌筑。临时间断处应砌成斜槎，斜槎水平投影长度不应小于斜槎高度。施工洞口可预留直槎，但在洞口砌筑和补砌时，应在直槎上下搭砌的小砌块孔洞内用强度等级不低于C20（或Cb20）的混凝土灌实。

抽检数量：每检验批抽查不应少于5处。

检验方法：观察检查。

（4）小砌块砌体的芯柱在楼盖处应贯通，不得削弱芯柱截面尺寸；芯柱混凝土不得漏灌。

抽检数量：每检验批抽查不应少于5处。

检验方法：观察检查。

3．一般项目

（1）砌体的水平灰缝厚度和竖向灰缝宽度宜为10mm，但不应小于8mm，也不应大于12mm。

抽检数量：每检验批抽查不应少于5处。

检验方法：水平灰缝厚度用尺量5皮小砌块的高度折算；竖向灰缝宽度用尺量2m砌体长度折算。

（2）小砌块砌体尺寸、位置的允许偏差应按表1-6的规定执行。

【能力拓展】

1.2.7　砌体结构工程施工技术交底案例

单位工程开工前，相关专业技术人员向参与施工的砌筑施工班组人员进行技术交底。其目的是使施工人员对工程特点、技术质量要求、施工方法与措施及安全等方面有一个较详细的了解，以便于科学地组织施工，避免技术质量等事故的发生。各项技术交底记录是工程技术档案资料中不可缺少的部分。

前述砖混结构商住楼，在进行主体结构砌筑前，项目部质检员向参与施工的砌筑施工班组人员进行技术性交底（表1-7）。

技术交底　　　　　　　　　　表1-7

工程名称	×××商住楼	建设单位	×××
监理单位	×××建设监理公司	施工单位	×××建筑工程公司
工程部位	主体结构砖砌体	交底对象	砌筑施工班组
交底人	×××	接收人	×××
参加交底人员：（参加的所有人员签字）×××、×××、×××、×××		交底时间	×××

续表

1. 材料要求

(1) 砌体所用材料进场前，必须提供出厂证明及合格证，进场后按规范要求抽验，送试验室复试合格后方准使用。黏土砖强度必须符合要求，与储存样本一致。

(2) 水泥、砂、水、石灰膏等原材料经检验合格，水泥具备出厂合格证及 3d、28d 强度报告。

2. 砌筑技术措施

(1) 砖应提前 1 天浇水湿润。

(2) 应经常检查脚手架是否足够坚固，支撑是否牢靠，连接是否安全，不应在脚手架上堆放重物品。

3. 施工要点

(1) 砌筑前，应将砌筑部位清理干净，放出墙身中心线及边线，浇水湿润。

(2) 在砖墙的转角处及交接处立起皮数杆（皮数杆间距不超过 15m，过长应在中间加立），在皮数杆之间拉准线，依准线逐皮砌筑，其中第一皮砖按墙身边线砌筑。

(3) 砌筑操作方法可采用铺浆法或三一砌砖法。当采用铺浆法砌筑时，铺浆长度不得超过 750mm；气温超过 30℃时，铺浆长度不得超过 500mm。

(4) 砖墙水平灰缝和竖向灰缝宽度为 10mm，但不小于 8mm，也不应大于 12mm，水平灰缝的砂浆饱满度不得小于 80%；竖缝宜采用挤浆方法，不得出现透明缝。

(5) 砖墙的转角处，每皮砖的外角应加砌七分头砖。

(6) 砖墙的十字交接处，应隔皮纵横墙砌通，交接处内角的竖缝上下相互错开 1/4 砖长。

(7) 砖墙的转角处和交接处应同时砌起。对不能同时砌起而必须留槎时，应砌成斜槎，斜槎长度不应小于斜槎高度的 2/3。如留斜槎确有困难，除转角处外，可留直槎，但直槎必须做成凸槎，并加设拉接钢筋，拉接筋的数量为每半砖厚墙放置 1 根直径 6mm 的钢筋，间距沿墙高不得超过 500mm，埋入长度从墙的留槎处算起，每边均不得小于 1000mm；钢筋末端应有 90°弯钩。

(8) 砖墙中留置临时施工洞口时，其侧边离交接处的墙面不应小于 500mm。洞口净宽不应超过 1m。临时施工洞口补砌时，洞口周围砖块表面应清理干净，并浇水湿润，再用与原墙相同的材料补砌严密。

(9) 砖墙施工段的分段位置，宜设在伸缩缝、沉降缝、防震缝、构造柱或门窗洞口处，相邻施工段的砌筑高度差不得超过 1 个楼层的高度，也不宜大于 4m。砖墙临时间断处的高度差，不得超过 1 步脚手架的高度。

(10) 墙中的洞口、管道、沟槽和预埋件等应于砌筑时正确留出或预埋，宽度超过 300mm 的洞口应砌筑平拱或设置过梁。

(11) 砖墙每天砌筑高度不超过 1.8m。

4. 质量要求

(1) 所用水泥、砂、砌块必须经国家认证计量检测单位检验合格。

(2) 砂浆强度必须符合设计要求。砂浆试块留置原则：

每个楼层或每 250m³ 砌体中的各种标号的砂浆，每台搅拌机至少检查 1 次，每次至少制作 1 组试块（每组 6 块）。如配合比或砂浆标号变更时，还要制作试块。

(3) 墙体砌筑质量必须符合《砌体结构工程施工质量验收规范》GB 50203—2011 的要求。

注：本表一式四份，建设单位、监理单位、施工单位、城建档案馆各一份。

能力测试与实践活动

【能力测试】

单项选择题

（1）砖基础大放脚的组砌形式一般采用（　　）。

　　A. 三一法　　　　　　　　B. 梅花丁

　　C. 一顺一丁　　　　　　　D. 三顺一丁

（2）砌筑砂浆应随拌随用，常温下，拌制好的水泥砂浆使用完毕的时间应不超过（　　）。

　　A. 4h　　　　　　　　　　B. 3h

　　C. 2h　　　　　　　　　　D. 1h

（3）砖砌体水平灰缝的厚度一般宜为（　　）mm。

　　A. <8　　　　　　　　　　B. 10

　　C. 12　　　　　　　　　　D. 20

（4）砖砌体水平灰缝的砂浆饱满度不得小于（　　）。

　　A. 80%　　　　　　　　　B. 85%

　　C. 90%　　　　　　　　　D. 100%

（5）砖砌体的轴线允许偏差为（　　）mm。

　　A. 20　　　　　　　　　　B. 15

　　C. 12　　　　　　　　　　D. 10

（6）构造柱处砌筑方法是（　　）。

　　A. 五退五进　　　　　　　B. 先退后进

　　C. 设置拉接筋　　　　　　D. 先进后退

（7）砖墙砌筑时，不能留脚手眼的部位有（　　）。

　　A. 外墙　　　　　　　　　B. 120mm厚墙及独立柱

　　C. 宽度小于1m的窗间墙　　D. 承重墙

（8）属于砖砌体质量要求的有（　　）。

　　A. 横平竖直　　　　　　　B. 砂浆饱满

　　C. 上下错缝　　　　　　　D. 内外搭接

【实践活动】

在校内实训场内，4～6人为1个小组组砌240砖墙（或柱），墙高1.2～1.4m，每人砌筑长度1.5～2.0m。完成后小组间按验收规范交叉进行检查验收，并填写砖砌体工程检验批质量验收记录表。

【活动评价】

学生自评（20%）：	规范选用	正确 □　错误 □	
	240砖墙组砌质量	合格 □　不合格 □	
小组互评（40%）：	组砌质量	合格 □　不合格 □	
	质量检测工具使用及检测方法	正确 □　错误 □	
	质量验收记录表填写	正确、完整、齐全 □	正确、齐全 □
		完整、齐全 □	
	工作认真努力，团队协作	好 □　一般 □	还需努力 □

教师评价 （40%）：	质量检测工具使用及检测方法	正确 ☐　　错误 ☐
	质量验收记录表填写	正确、完整、齐全 ☐
		正确、齐全 ☐
		完整、齐全 ☐
	完成进度	在规定时间完成 ☐
		未在规定时间完成 ☐

模块 2
混凝土结构工程施工

【模块概述】

混凝土结构是当前使用最广泛的结构形式之一，混凝土结构工程施工由模板工程、钢筋工程和混凝土工程三个主要施工过程组成。这三个施工过程的每一施工工序，必须严格按照施工工艺标准组织施工才能确保工程质量。

本模块着重讨论混凝土结构的施工方法、质量标准及检测验收方法。

【学习目标】

通过学习，你将能够：

（1）了解混凝土结构施工机械设备的特点和适应范围；

（2）认知各种模板的构造组成和要求；

（3）认知钢筋的类型、规格和使用要求；

（4）认知混凝土组成材料的特性和要求；

（5）进行模板安装、钢筋加工、安装和混凝土施工；

（6）参与混凝土结构工程施工质量验收，会填写检验批质量验收记录表；

（7）参与并执行混凝土结构工程施工技术交底。

项目 2.1　模板工程施工

【项目描述】

模板是使混凝土拌合物按照设计尺寸、形状、位置成形的模型板，由模板体系和支撑体系组成。模板所用材料不同、用途不同，其构造也不同。对模板的要求是保证工程结构各部分形状尺寸和相互位置的正确性；具有足够的承载能力、刚度和稳定性；构造简单，装拆方便；接缝不得漏浆，经济。为了保证达到前述要求，必须掌握模板的安装施工工艺、质量标准及检验方法，掌握模板的拆除要求及安全技术。

【学习支持】

模板工程施工相关规范

1.《混凝土结构工程施工质量验收规范》GB 50204−2015
2.《建筑工程施工质量验收统一标准》GB 50300−2013
3.《组合钢模板技术规范》GB 50214−2013
4.《建筑施工模板安全技术规范》JGJ 162−2008

【任务实施】

2.1.1 模板的制作与安装

2.1.1.1 组合钢模板安装

组合钢模板由钢模板和配件两大部分组成，它可以拼成不同尺寸、不同形状的模板，以适应基础、柱、梁、板、墙施工的需要。组合钢模尺寸适中，轻便灵活，装拆方便，即适用于人工装拆，也可预拼成大模板、台模等，用起重机吊运安装。

1. 组合钢模板的类型

组合钢模板有通用模板和专用模板两类。通用模板包括平面模板、阴角模板、阳角模板和连接角模；专用模板包括倒棱模板、梁腋模板、柔性模板、搭接模板、可调模板及嵌补模板。本书主要介绍常用的通用模板。平面模板（图 2-1a）由面板、边框、纵横肋构成。边框与面板常用 2.5 ~ 3.0mm 厚钢板冷轧冲压整体成形，纵横肋用 3mm 厚扁钢与面板及边框焊成。为便于连接，边框上有连接孔，边框的长向及短向其孔距均一致，以便横竖都能拼接。平模的长度有 1800mm、1500mm、1200mm、900mm、750mm、600mm、450mm 7 种规格，宽度有 100 ~ 600mm（以 50mm 进级）等 11 种规格，因而可组成不同尺寸的模板。在构件接头处（如柱与梁接头）及一些特殊部位，可用专用模板嵌补。不足模数的空缺也可用少量木模补缺，用钉子或螺栓将方木与平模边框孔洞连接。阴、阳角模用以成形混凝土结构的阴、阳角，连接角模是用作两块平模拼成 90° 角的连接件。

2. 组合钢模板配板

采用组合钢模时，同一构件的模板展开可用不同规格的钢模做多种方式的组合排列，因而形成不同的配板方案。配板方案对支模效率、工程质量和经济效益都有一定影响。合理的配板方案应满足：钢模块数少，木模嵌补量少，并能使支承件布置简单，受力合理。配板原则如下：

（1）优先采用通用规格及大规格的模板。这样模板的整体性好，又可以减少装拆工作。

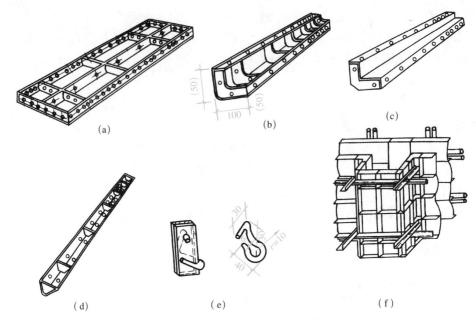

图 2-1　组合钢模板（mm）

(a) 平模；(b) 阳角模；(c) 阴角模；(d) 连接角模；(e) U形卡；(f) 附墙柱模

（2）合理排列

模板宜以其长边沿梁、板、墙的长度方向或柱的高度方向排列，以利使用长度规格大的钢模，并扩大钢模的支承跨度。如结构的宽度恰好是钢模长度的整倍数量，也可将钢模的长边沿结构的短边排列。模板端头接缝宜错开布置，以提高模板的整体性，并使模板在长度方向易保持平直。

（3）合理使用角模

对无特殊要求的阳角，可不用阳角模，而用连接角模代替。阴角模宜用于长度大的阴角，柱头、梁口及其他短边转角（阴角）处，可用方木嵌补。

（4）便于模板支承件（钢楞或桁架）的布置

对面积较方整的预拼装大模板及钢模端头接缝集中在一条线上时，直接支承钢模的钢楞，其间距布置要考虑接缝位置，应使每块钢模都有两道钢楞支承。对端头错缝连接的模板，其直接支承钢模的钢楞或桁架的间距，可不受接缝位置的限制。

3. 组合钢模板支承件

支承件包括柱箍、梁托架、钢楞、桁架、钢管顶撑及钢管支架。

柱箍可用角钢、槽钢制作，也可采用钢管及扣件组成。

梁托架用来支托梁底模和夹模（图 2-2a）。梁托架可用钢管或角钢制作，其高度为500 ~ 800mm，宽度达 600mm，可根据梁的截面尺寸进行调整，高度较大的梁，可用对拉螺栓或斜撑固定两边侧模。

支托桁架有整体式和拼接式两种，拼接式桁架可由两个半榀桁架拼接，以适应不同跨度的需要（图 2-2b）。

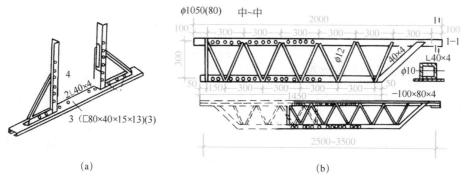

图 2-2　托架及支托桁架（mm）

(a) 梁托架；(b) 支托桁架

钢管顶撑由套管及插管组成（图 2-3），其高度可借插销粗调，借螺旋微调。钢管支架由钢管及扣件组成，支架柱可用钢管对接（用对接扣连接）或搭接（用回转扣连接）接长。支架横杆步距为 1000 ~ 1800mm。

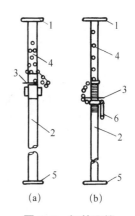

图 2-3　钢管顶撑

(a) 对接和连接；(b) 回转和连接

1—顶板；2—套管；3—转盘；

4—插管；5—底板；6—转动手柄

【知识拓展】

2.1.1.2　木模板制作与安装

1. 木模板制作

木模板一般是在木工车间或木工棚加工成基本组件（拼板），然后在现场进行拼装。拼板由板条用拼条钉成（图 2-4），板条厚度一般为 25 ~ 50mm。宽度不宜超过 200mm（工具式模板不超过 150mm），以保证在干缩时缝隙均匀，浇水后易于密缝，受潮后不易翘曲，梁底的拼板由于承受较大的荷载要加厚至 40 ~ 50mm。拼板的拼条根据受力情况可以平放也可以立放。拼条间距取决于所浇筑混凝土的侧压力和板条厚度，一般为 400 ~ 500mm。

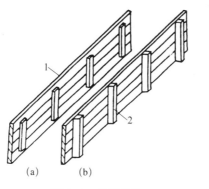

图 2-4　拼板构造

(a) 拼条平放；(b) 拼条立放

1—板条；2—拼条

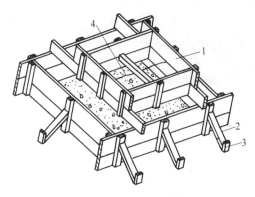

图 2-5　阶梯形基础模板图
1—拼板；2—斜撑；3—木桩；4—钢丝

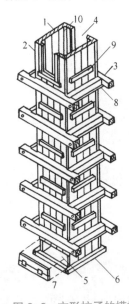

图 2-6　方形柱子的模板
1—内拼板；2—外拼板；3—柱箍；4—梁缺口；5—清理孔；
6—木框；7—盖板；8—拉紧螺栓；9—拼条；10—三角板

2. 木模板安装

（1）基础模板（图 2-5）：如土质较好，阶梯形基础模板的最下一级可不用模板而进行原槽浇筑。安装时，要保证上、下模板不发生相对位移。如有杯口还要在其中放入杯口模板。

（2）柱子模板：由两块相对的内拼板夹在两块外拼板之间拼成（图 2-6），亦可用短横板（门子板）代替外拼板钉在内拼板上。

柱底一般有一钉在底部混凝土上的木框，用以固定柱模板底板的位置。柱模板底部开有清理孔，沿高度每间隔 2～3m 开有浇筑孔。模板顶部根据需要开有与梁模板连接的缺口。为承受混凝土的侧压力和保持模板形状，拼板外面要设柱箍。柱箍间距与混凝土侧压力、拼板厚度有关。由于柱子底部混凝土侧压力较大，因而柱模板越靠近下部柱箍越密。

（3）梁模板（图 2-7）：由底模板和侧模板等组成。梁底模板承受垂直荷载，一般较厚，下面有支架（琵琶撑）支撑。支架底部应支承在坚实的地面、楼面或垫以木板。在多层框架结构施工中，应使上层支架的立柱对准下层支架的立柱。支架间应用水平和斜向拉杆拉牢，以增强整体稳定性，当层间高度大于 5m 时，宜选桁架作模板的支架，以减少支架的数量。梁侧模板主要承受混凝土的侧压力，底部用钉在支架顶部的夹条夹住，顶部可由支承楼板的搁栅或支撑顶住。高大的梁可在侧板中上位置用铁丝或螺栓相互撑拉，梁跨度大于等于 4m 时，底模应起拱，如设计无要求时，起拱高度宜为全跨长度的 1/1000～3/1000。

（4）楼板模板（图 2-7）：主要承受竖向荷载，目前多用定型模板。它支承在搁栅上，搁栅支承在梁侧模外的横档上，跨度大的楼板，搁栅中间可以再加支撑作为支架系统。

2.1.1.3　大模板的构造与安装

大模板是一种大尺寸的工具式定型模板（图 2-8），一般是一面墙用一两块大模板。因其重量大，需起重机配合装拆进行施工。

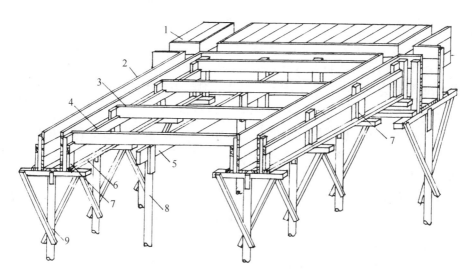

图 2-7　梁及楼板模板

1—楼板模板；2—梁侧模板；3—搁栅；4—横档；5—牵档；6—夹条；7—短撑；8—牵杠撑；9—支撑

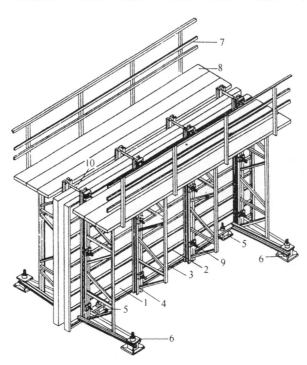

图 2-8　大模板构造示意图

1—面板；2—水平加劲肋；3—支撑桁架；4—竖楞；5—调整水平度的螺旋千斤顶；
6—调整垂直度的螺旋千斤顶；7—栏杆；8—脚手板；9—穿墙螺栓；10—固定卡具

　　大模板由面板、加劲肋、竖楞、支撑桁架、稳定机构及附件组成。面板要求平整、刚度好，平整度按普通抹灰质量要求确定。在我国面板多由钢板或多层板制成。采用钢板做面板的优点是刚度大和强度高，表面平滑，所浇筑的混凝土墙面外观好，不需再抹灰，模板可重复使用 200 次以上。其缺点是耗钢量大，自重大，易生锈，不保温，损坏后不易修复。钢面板厚度根据加劲肋的布置确定，一般为 4 ～ 6mm。用 12 ～ 18mm 厚多层板做的面板，用树脂处理后可重复使用 50 次，重量轻，制作安装更换容易、规格灵活，更适用于非标准尺寸的大模板工程。

加劲肋的作用是固定面板，阻止其变形并把混凝土传来的侧压力传递到竖楞上。加劲肋可用 6 号或 8 号槽钢，间距一般为 300 ～ 500mm。

竖楞是与加劲肋相连接的竖直部件。它的作用是加强模板刚度，保证模板的几何形状，并作为穿墙螺栓的固定支点，承受由模板传来的水平力和垂直力。竖楞多采用 6 号或 8 号槽钢制成，间距一般为 1 ～ 1.2m。

支撑机构主要承受风荷载和水平力，防止模板倾覆。用螺栓或竖楞连接在一起，以加强模板的刚度。每块大模板采用 2 ～ 4 榀桁架作为支撑结构，兼做搭设操作平台的支座，承受施工活荷载，也可用大型型钢代替桁架结构。

大模板的附件有操作平台、穿墙螺栓和其他附属连接件。

大模板也可用组合钢模板拼成，用后拆卸仍可用于其他构件。

2.1.1.4 滑升模板的构造与安装

滑升模板是一种工具式模板，最适于现场浇筑高耸的圆形、矩形筒壁结构，如筒仓、贮煤塔、竖井等。近年来，滑升模板施工技术有了进一步的发展，不但适用浇筑高耸的变截面结构，如烟囱、双曲线冷却塔，而且应用于剪力墙、筒体结构等高层建筑的施工。

滑升模板施工的特点是在建筑物或构筑物底部，沿其墙、柱、梁等构件的周边组装高 1.2m 左右的模板，随着在模板内不断浇筑混凝土和不断向上绑扎钢筋的同时，利用一套提升设备，将模板装置不断向上提升，使混凝土连续成形，直到需要浇筑的高度为止。

用滑升模板可以节约大量的模板和脚手架，节省劳动力，施工速度快，工程费用低，结构整体性好；但模板一次投资大，耗钢量多，对建筑的立面和造型有一定的限制。

滑升模板是由模板系统、操作平台系统和提升机具系统三部分组成。模板系统包括模板、围圈和提升架等，它的作用主要是成形混凝土。操作平台系统包括操作平台、辅助平台和外吊脚手架等，是施工操作的场所。提升机具系统包括支承杆、千斤顶和提升操纵装置等，是滑升的动力。这三部分通过提升架连成整体，构成整套滑升模板装置，如图 2-9 所示。

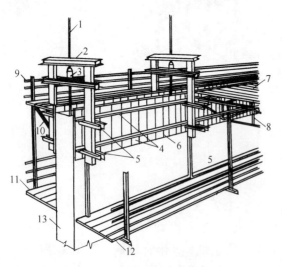

图 2-9 滑升模板组成示意图

1—支承杆；2—提升架；3—液压千斤顶；4—围圈；5—围圈支托；6—模板；7—操作平台；8—平台桁架；9—栏杆；10—外排三角架；11—外吊脚手；12—内吊脚手；13—混凝土墙体

滑升模板装置的全部荷载是通过提升架传递给千斤顶，再由千斤顶传递给支承杆承受。

千斤顶是使滑升模板装置沿支承杆向上滑升的主要设备，目前常用的是 HQ—30 型液压千斤顶，主要由活塞、缸筒、底座、上卡头、下卡头和排油弹簧等部件组成（图 2-10）。它是一种穿心式单作用液压千斤顶，支承杆从千斤顶的中心通过，千斤顶只能沿支承杆向上爬升，不能下降。起重量为 30kN，工作行程为 30mm。

施工时，用螺栓将千斤顶固定在提升架的横梁上，支承杆插入千斤顶的中心孔内。由于千斤顶的上、下卡头中分别有 7 个小钢球，在卡内呈环状排列，支承在 7 个斜孔内的卡头小弹簧上，当支承杆插入时，即被上、下卡头的钢珠夹紧。当需要提升时，开动油泵，将油液从千斤顶的进油口压入油缸，在活塞与缸盖间加压，这时油液下压活塞，上压缸盖。由于活塞与上卡头是连成一体的，当活塞

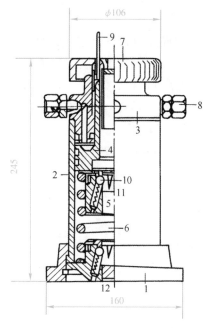

图 2-10　HQ—30 液压千斤顶（mm）
1—底座；2—缸筒；3—缸盖；4—活塞；5—上卡头；6—排油弹簧；7—行程调整帽；8—油嘴；9—行程指示杆；10—钢球；11—卡头小弹簧；12—下卡头

受油压作用被下压时，也即上卡头受到一下压力的作用，产生下滑趋势，此时卡头内钢球在支承杆摩擦力作用下便沿斜孔向上滚动，使 7 颗钢球所组成的圆周缩小，从而夹紧支承杆，使上卡头与支承杆锁紧，不能向下运动，因此活塞也不能向下运动。与此同时缸盖受到油液上压力的作用，使下卡头受到一向上力的作用，须向上运动，因而使下卡头内的钢球在支承杆摩擦力作用下压缩卡头小弹簧，沿斜孔向下滚动，使 7 颗钢球所组成的圆周扩大，下卡头与支承杆松脱，从而缸盖、缸筒、底座和下卡头在油压力作用下能向上运动，相应地带动提升架等整个滑升模板装置上升，一直上升到下卡头顶紧时为止，这样千斤顶便上升了一个工作行程。这时排油弹簧处于压缩状态，上卡头锁住支承杆，承受滑升模板装置的全部荷载。回油时，油液压力被解除，在排油弹簧和模板装置荷载作用下，下卡头又由于小钢球的作用与支承杆锁紧，接替并支承上卡头所承受的荷载，因而缸筒和底座不能下降。上卡头则由于排油弹簧的作用于支承杆松脱，并与活塞一起被推举向上运动，直到活塞与缸盖顶紧为止，与此同时，油缸内的油液便被排回油箱。这时千斤顶便完成一次上升循环。一个工作循环中千斤顶只上升一次，行程约 30mm。回油时，千斤顶不上升，也不下降。通过不断地进油，重复工作循环，千斤顶也就沿着支承杆向上爬升，模板也便被带着不断向上滑升。

液压千斤顶的进油、回油是由油泵、油箱、电动机、换向阀、溢流阀等集中安装在一起的液压控制台操纵进行的。液压控制台放在操作平台上，随滑升模板装置一起同时上升。

2.1.1.5　早拆模板的构造与安装

按照常规的支模方法，现浇楼板施工的模板配置量，一般均需 3 ～ 4 个层段的支柱、龙骨和模板，一次投入量大。采用早拆模板体系，根据《混凝土结构工程施工质量验收规范》GB 50204－2015 规定，对于跨度≤ 2m 的现浇楼盖，其混凝土拆模强度可比跨度>2m、跨度≤ 8m 的现浇楼盖拆模强度减少 25%，即达到设计强度的 50% 即可拆模。早拆体系模板就是通过合理的支设模板，将较大跨度的楼盖，通过增加支承点（支柱），缩小楼盖的跨度（≤2m），从而达到"早拆模板，后拆支柱"的目的。这样，可使龙骨和模板的周转加快。模板一次配置量可减少 1/3 ～ 1/2。

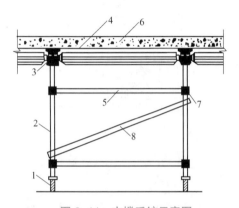

图 2-11　支撑系统示意图
1—底脚螺栓；2—支柱；3—早拆柱头；4—主梁；
5—水平支撑；6—现浇楼板；7—梅花接头；8—斜撑

1. SP-70 早拆模板的组成及构造

SP-70 早拆模板可用于现浇楼（顶）板结构的模板。由于支撑系统装有早拆柱头，可以实现早期拆除模板、后期拆除支撑（又称早拆模板、后拆支撑），从而大大加快了模板的周转。这种模板亦可用于梁的模板。

SP-70 模板由模板块、支撑系统、拉杆系统、附件和辅助零件组成。

（1）SP-70 的模板块：模板块由平面模板块、角模、角铁和镶边件组成。

（2）SP-70 的支撑系统：支撑系统由早拆柱头、主梁、次梁、支柱、横撑、斜撑、调节螺栓组成（图 2-11）。

早拆柱头是用于支撑模板梁的支拆装置，其承载力约为 35.3kN。按照现行《混凝土结构工程施工质量验收规范》GB 50204－2015，当跨度小于 2m 的现浇结构，其拆模强度可大于或等于混凝土设计强度 50% 的规定，在常温条件下，当楼板混凝土浇筑 3 ～ 4d 后，即可用锤子敲击柱头的支承板，使梁托下落 115mm。此时便可先拆除模板梁及模板，而柱顶板仍然支顶着现浇楼板。直到混凝土强度达到规范要求拆模强度为止。早期拆模原理如图 2-12 所示。

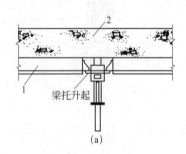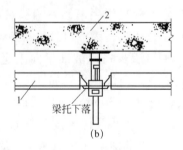

梁托升起　　　梁托下落
（a）　　　（b）

图 2-12　早期拆模原理
（a）支模；（b）拆模
1—模板主梁；2—现浇楼板

（3）拉杆系统：用于墙体模板的定位工具，由拉杆、螺栓、模板块挡片、翼形螺母组成。

（4）附件：用于非标准部位或不符合模数的边角部位，主要有悬臂梁或预制拼条等。

（5）辅助零件：有镶嵌槽钢、楔板、钢卡和悬挂撑架等。

2. 早拆模板施工工艺

钢框木（竹）组合早拆模板用于楼板工程的支拆工艺如下：

（1）支模工艺

◆ 根据楼层标高初步调整好立柱的高度，并安装好早拆柱头板，将早拆柱头板托板升起，并用楔片楔紧；

◆ 根据模板设计平面布置图，立第 1 根立柱；

◆ 将第 1 榀模板主梁挂在第 1 根立柱上（图 2-13a）；

◆ 将第 2 根立柱及早拆柱头板与第 1 根模板主梁挂好，按模板设计平面布置图将立柱就位（图 2-13b），并依次再挂上第 1 根模板主梁，然后用水平撑和连接件做临时固定；

◆ 依次按照模板设计布置图完成第 1 个格构的立柱和模板梁的支设工作，当第 1 个格构完全架好后，随即安装模板块（图 2-13c）；

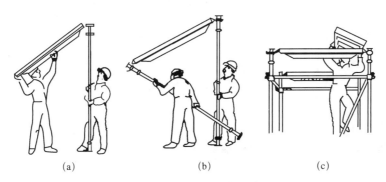

图 2-13　早拆模板支模示意图

(a) 立第1根立柱，挂第1根主梁；（b）立第2根立柱；（c）完成第1个格构，随即安装模板块

◆ 依次架立其余的模板梁和立柱；

◆ 调整立柱垂直，然后用水平尺调整全部模板的水平度；

◆ 安装斜撑，将连接件逐个锁紧。

（2）拆模工艺

◆ 用锤子将早拆柱头板铁楔打下，落下托板，模板主梁随之落下；

◆ 逐块卸下模板块；

◆ 卸下模板主梁；

◆ 拆除水平撑及斜撑；

◆ 将卸下的模板块、模板主梁、悬挑梁、水平撑、斜撑等整理码放好备用；

◆ 待楼板混凝土强度达到设计要求后，再拆除全部支撑立柱。

2.1.2 模板的拆除施工

【学习支持】

2.1.2.1 模板拆除的规定

现浇混凝土结构模板的拆除日期，取决于结构的性质、模板的用途和混凝土硬化速度。及时拆模，可提高模板的周转，为后续工作创造条件。如过早拆模，因混凝土未达到一定强度，过早承受荷载会产生变形甚至会造成重大的质量事故。模板拆除应符合下列规定：

（1）非承重模板（如侧板），应在混凝土强度能保证其表面及棱角不因拆除模板而受损坏时，方可拆除。

（2）承重模板应在与结构同条件养护的试块达到表 2-1 规定的强度时，方可拆除。

整体式结构拆模时所需的混凝土强度 表 2-1

项 次	结构类型	结构跨度（m）	按设计混凝土强度的标准值百分率计（%）
1	板	≤2 >2，≤8 >8	50 75 100
2	梁、拱、壳	≤8 >8	75 100
3	悬臂梁构件		100

（3）在模板拆除过程中，如发现混凝土有影响结构安全的质量问题时，应暂停拆除。经过处理后，方可继续拆除。

（4）已拆除模板及其支架的结构，应在混凝土强度达到设计强度后才允许承受全部计算荷载。当承受施工荷载大于计算荷载时，必须经过核算，加设临时支撑。

2.1.2.2 模板拆除的安全技术

拆除模板应注意下列几点：

（1）拆模时不要用力过猛，拆下来的模板要及时运走、整理、堆放以便再用。

（2）模板及其支架拆除的顺序及安全措施应按施工技术方案执行。拆模程序一般应是后支的先拆，先拆除非承重部分，后拆除承重部分。一般是谁安谁拆。重大复杂的模板拆除，事先应制定拆模方案。

（3）拆除框架结构模板的顺序，首先是柱模板，然后是楼板底板，梁侧模板，最后梁底模板。拆除跨度较大的梁下支柱时，应先从跨中开始，分别拆向两端。

（4）层楼板支柱的拆除，应按下列要求进行：上层楼板正在浇筑混凝土时，下一层楼板的模板支柱不得拆除，再下一层楼板模板的支柱，仅可拆除一部分；跨度 4m 及 4m

以上的梁下均应保留支柱，其间距不大于 3m。

（5）拆模时，应尽量避免混凝土表面或模板受到损坏，谨防整块板下落伤人。

（6）高处、复杂结构模板的安装与拆除，事先应有切实的安全措施。高处拆模时，应有专人指挥，并在下面标出工作区。组合钢模板装拆时，上下应有人接应，随装拆随运送，严禁从高处掷下。

（7）拆除模板一般用长撬棍。人不许站在正在拆除的模板上。在拆除模板时，应防止整块模板掉下，以免伤人。

（8）拆模时必须设置警戒线，应派人监护。拆模必须拆除的干净彻底，不得留有悬空模板。

2.1.3 模板工程检验批质量验收

由于模板是混凝土结构构件成形用的模具，在混凝土具有足够的强度时就可拆除，因而在混凝土结构质量验收时，其实物是不存在的，所以混凝土结构子分部工程的质量验收不包括模板分项工程，但并不是不对其进行验收。在混凝土结构的施工过程中，荷载主要是由模板及其支架来承受的，其安装和拆除直接关系着混凝土结构工程的质量和安全，所以规范中是将模板工程单独列为一个分项工程，必须加以验收。

【任务实施】

2.1.3.1 模板工程检验批质量验收

某 7 层现浇钢筋混凝土框架结构，梁、楼板同时浇筑，模板采用钢管支撑，组合钢模板，现对梁、楼板模板安装分项工程质量进行验收。现以第 5 层⑤~⑩轴梁、楼板模板安装完成后的质量验收为例，说明检验批质量验收标准、验收方法和最终质量的评定方法。

1. 模板工程检验批划分

模板分项工程包括模板的安装和拆除两个检验批，划分时应考虑施工段和施工层。如上述 7 层框架结构的模板工程，竖向按楼层划分为 7 个施工层，水平方向考虑工作面按每楼层①~⑤轴、⑤~⑩轴划分为两个施工段，施工方案采取柱与梁板分开施工。则该框架结构的模板工程在每一施工段上有柱模板安装，柱模板拆除，梁、楼板模板安装和梁、楼板模板拆除分项工程检验批共 4 个检验批；在每一施工层上就形成 8 个检验批；对整个主体结构而言就应有 56 个检验批。

2. 检验批质量验收记录表填写案例

模板分项工程检验批的质量验收可按《混凝土结构工程施工质量验收规范》GB 50204-2015 的表格进行记录，该检验批质量验收记录见表 2-2。

模板安装工程检验批质量验收记录表　　　表 2-2

工程名称		×× 工程	分项工程名称		梁、楼板模板安装			验收部位		5 层⑤~⑩轴
施工单位		×× 建筑工程公司	专业工长		×××			项目经理		×××
分包单位		/	分包项目经理		/			施工班组长		××
施工执行标准名称及编号		《混凝土结构工程施工工艺标准》QB×××								

		施工质量验收规范的规定				施工单位检查评定记录								监理（建设）单位验收记录
主控项目	1	模板及支架用材料		第 4.2.1 条	✓									同意验收
	2	现浇混凝土结构模板及支架的安装质量		第 4.2.2 条	✓									
	3	后浇带处的模板及支架		第 4.2.3 条	✓									
	4	支架竖杆或竖向模板安装在土层上		第 4.2.4 条	✓									
一般项目	1	模板安装的一般规定		第 4.2.5 条	✓									同意验收
	2	隔离剂的品种和涂刷方法		第 4.2.6 条	✓									
	3	模板起拱高度		第 4.2.7 条	✓									
	4	上下层模板支架的竖杆及竖杆下垫板的设置		第 4.2.8 条	✓									
	5	预埋件预留孔允许偏差	预埋板中心线位置（mm）	3	0	1	2	2	2	0	1	3		
			预埋管、预留中心线位置（mm）	3	1	1	1	0	2	0	3	1		
			插筋 中心线位置（mm）	5										
			插筋 外露长度（mm）	+10，0										
			预埋螺栓 中心线位置（mm）	2										
			预埋螺栓 外露长度（mm）	+10，0										
			预留洞 中心线位置（mm）	10	8	5	2	1	3	4	5	2		
			预留洞 尺寸（mm）	+10，0	3	2	3	2	2	2	5	7		
	6	模板安装允许偏差	轴线位置（mm）	5	3	2	2	4	1	3	0			
			底模上表面标高（mm）	±5	+2	+3	−1	−3	+4	−1	0	0		
			模板内部尺寸（mm） 基础	±10										
			模板内部尺寸（mm） 柱、墙、梁	±5	+2	+2	+1	−3	−2	+1	+1	−2		
			模板内部尺寸（mm） 楼梯相邻踏步高差	5	3	2	2	4	1	3	0			
			柱、墙垂直度（mm） 层高≤6m	8	3	3	1	4	2	5	3	2		
			柱、墙垂直度（mm） 层高>6m	10										
			相邻两板表面高低差（mm）	2	0	1	1	1	2	0	1	0		
			表面平整度（mm）	5	3	2	4	2	2	2	4	1		

施工单位检查结果	主控项目全部合格，一般项目满足规范规定，检查评定结果为合格。 项目专业质量检查员：××× 　　　　　　　　　　　　　　　　　　　　　　×× 年 × 月 × 日
监理单位验收结论	同意验收。 监理工程师：××× 　　　　　　　　　　　　　　　　　　　　　　×× 年 × 月 × 日

注：表中"施工质量验收规范的规定"一栏中的主控项目和一般项目的质量标准要求见 2.1.3.2。模板工程施工质量由施工项目专业质量检查员对照规范要求检查合格后填写砖砌体工程检验批质量验收记录表，监理工程师（或建设单位项目技术负责人）组织项目专业技术负责人进行验收并签署验收结论。

验收结果见表 2-2，该检验批主控项目符合要求，一般项目误差实测值在允许偏差范围内，质量检验结果为合格。

【学习支持】

2.1.3.2 模板安装的质量标准及检验方法

模板工程的施工质量检验应从主控项目、一般项目按规定的检验方法进行检验。检验批质量应符合下列规定：主控项目的质量经抽样检验合格；一般项目的质量经抽样检验合格；当采用计数检验时，除有专门要求外，一般项目的合格点率应达到 80% 及以上，且不得有严重缺陷；具有完整的施工操作依据和质量验收记录。

1. 主控项目

（1）模板及支架用材料的技术指标应符合国家现行有关标准的规定。进场时应抽样检验模板和支架材料的外观、规格和尺寸。

检查数量：按国家现行有关标准的规定确定。

检验方法：检查质量证明文件；观察，尺量。

（2）现浇混凝土结构模板及支架的安装质量，应符合国家现行有关标准的规定和施工方案的要求。

检查数量：按国家现行有关标准的规定确定。

检验方法：按国家现行有关标准的规定执行。

（3）后浇带处的模板及支架应独立设置。

检查数量：全数检查。

检验方法：观察。

（4）支架竖杆或竖向模板安装在土层上时，应符合下列规定：

1）土层应坚实、平整，其承载力或密实度应符合施工方案的要求；

2）应有防水、排水措施；对冻胀性土，应有预防冻融措施；

3）支架竖杆下应有底座或垫板。

检查数量：全数检查。

检验方法：观察；检查土层密实度检测报告、土层承载力验算或现场检测报告。

2. 一般项目

（1）模板安装应符合下列规定：

1）模板的接缝应严密；模板内不应有杂物、积水或冰雪等；

2）模板与混凝土的接触面应平整、清洁；

3）用作模板的地坪、胎膜等应平整、清洁，不应有影响构件质量的下沉、裂缝、起砂或起鼓；

4）对清水混凝土及装饰混凝土构件，应使用能达到设计效果的模板。

检查数量：全数检查。

检验方法：观察。

（2）隔离剂的品种和涂刷方法应符合施工方案的要求。隔离剂不得影响结构性能及装饰施工；不得沾污钢筋、预应力筋、预埋件和混凝土接槎处；不得对环境造成污染。

检查数量：全数检查。

检验方法：检查质量证明文件；观察。

（3）模板的起拱应符合现行国家标准《混凝土结构工程施工规范》GB 50666 的规定，并应符合设计及施工方案的要求。

检查数量：在同一检验批内，对梁，跨度大于18m时应全数检查，跨度不大于18m时应抽查构件数量的10%，且不应少于3件；对板，应按有代表性的自然间抽查10%，且不应少于3间；对大空间结构，板可按纵、横轴线划分检查面，抽查10%，且不应少于3面。

检验方法：水准仪或尺量。

（4）现浇混凝土结构多层连续支模应符合施工方案的规定。上下层模板支架的竖杆宜对准竖杆下垫板的设置应符合施工方案的要求。

检查数量：全数检查。

检验方法：观察。

（5）固定在模板上的预埋件和预留孔洞不得遗漏，且应安装牢固。有抗渗要求的混凝土结中的预埋件，应按设计及施工方案的要求采取防渗措施。

预埋件和预留孔洞的位置满足设计和施工方案的要求。当设计无具体要求时，其位置偏差应符合表2-3的规定。

现浇结构模板安装的允许偏差及检验方法应符合表2-4的规定。

预埋件和预留孔洞的允许偏差 表2-3

项目		允许偏差（mm）
预埋钢板中心线位置		3
预埋管、预留孔中心线位置		3
插筋	中心线位置	5
	外露长度	+10，0
预埋螺栓	中心线位置	2
	外露长度	+10，0
预留洞	中心线位置	10
	尺　寸	+10，0

注：检查中心线位置时，应沿纵、横两个方向量测，并取其中的较大值。

检查数量：在同一检验批内，对梁、柱和独立基础，应抽查构件数量的10%，且不少于3件；对墙和板，应按有代表性的自然间抽查10%，且不少于3间；对大空间结构，墙可按相邻轴线间高度5m左右划分检查面，板可按纵横轴线划分检查面，抽查10%，且均不少于3面。

检验方法：观察，尺量。

现浇结构模板安装的允许偏差及检验方法　　　　　表 2-4

项目		允许偏差（mm）	检验方法
轴线位置		5	尺量
底模上表面标高		±5	水准仪或拉线、尺量
模板内部尺寸	基础	±10	尺量
	柱、墙、梁	±5	
	楼梯相邻踏步高差	5	
柱、墙垂直度	层高≤6m	8	经纬仪或吊线、尺量
	层高>6m	10	
相邻模板表面高差		2	尺量
表面平整度		5	2m 靠尺和塞尺量测

注：检查轴线位置，当有纵横两个方向时，沿纵、横两个方向量测，并取其中偏差的较大值。

（6）预制构件模板安装的偏差及检验方法应符合表 2-5 的规定。

检查数量：首次使用及大修后的模板应全数检查；使用中的模板应抽查 10%，且不应少于 5 件，不足 5 件时应全数检查。

预制构件模板安装的允许偏差及检验方法　　　　　表 2-5

项目		允许偏差（mm）	检验方法
长度	板、梁	±4	尺量两侧边，取其中较大值
	薄腹梁、桁架	±8	
	柱	0，−10	
	墙板	0，−5	
宽度	板、墙板	0，−5	尺量两端及中部，取其中较大值
	梁、薄腹梁、桁架	+2，−5	
高（厚）度	板	+2，−3	尺量两端及中部，取其中较大值
	墙板	0，−5	
	梁、薄腹梁、桁架、柱	+2，−5	
侧向弯曲	梁、板、柱	$l/1000$ 且 ≤ 15	拉线、尺量最大弯曲处
	墙板、薄腹梁、桁架	$l/1500$ 且 ≤ 15	
板的表面平整度		3	2m 靠尺和塞尺检查
相邻两板表面高低差		1	尺量
对角线差	板	7	尺量两对角线
	墙板	5	
翘曲	板、墙板	$l/1500$	水平尺在两端量测
设计起拱	梁、薄腹梁、桁架	±3	拉线、尺量跨中

注：l 为构件长度（mm）。

2.1.4 模板施工安全技术

（1）进入施工现场的人员必须戴好安全帽，高空作业人员必须佩戴安全带，并应系牢。

（2）经医生检查认为不适宜高空作业的人员，不得进行高空作业。

（3）工作前应先检查使用的工具是否牢固，扳手等工具必须用绳链系挂在身上，以免掉落伤人。工作时要思想集中，防止钉子扎脚和空中滑落。

（4）安装与拆除 5m 以上的模板，应搭脚手架，并设防护栏，防止上下在同一垂直面操作。

（5）高空、复杂结构模板的安装与拆除，事先应有切实的安全措施。

（6）遇六级以上大风时，应暂停室外的高空作业，雪、霜、雨后应先清扫施工现场，略干后不滑时再进行工作。

（7）二人抬运模板时要互相配合、协同工作。传递模板、工具应用运输工具或绳子系牢后升降，不得乱扔。装拆时，上下应有人接应，钢模板及配件应随装随拆运送，严禁从高处掷下。高空拆模时，应有专人指挥，并在下面标出工作区，用绳子和红白旗加以围栏，暂停人员过往。

（8）不得在脚手架上堆放大批模板等材料。

（9）支撑、牵杠等不得搭在门框架和脚手架上。通路中间的斜撑、拉杠等应设在1.8m 高以上。

（10）支模过程中，如需中途停歇，应将支撑、搭头、柱头扣等钉牢。拆模间歇应将已活动的模板、牵杠等运走或妥善堆放，防止因扶空、踏空而坠落。

（11）模板上有预留洞者，应在安装后将空洞口盖好。混凝土板上的预留洞，应在模板拆除后随即将洞口盖好。

（12）拆除模板一般用长撬棍。人不许站在正在拆除的模板上。在拆除楼板模板时，要注意整块模板掉下，尤其是用定型模板做平台模板时，更要注意，拆模人员要站在门窗洞口外拉支撑，防止模板突然全部掉落伤人。

（13）在组合钢模板上架设的电线和使用电动工具，应用 36V 低压电源或采取其他有效保护措施。

【能力拓展】

2.1.5 模板工程施工技术交底案例

某框架结构写字楼，在进行基础地下室钢筋绑扎施工前，项目部质检员向参与施工的钢筋施工班组人员进行技术交底（表 2-6）。

技术交底   表 2-6

工程名称	×××写字楼	建设单位	×××
监理单位	×××建设监理公司	施工单位	×××建筑工程公司
工程部位	框架柱定型组合钢模板的安装与拆除	交底对象	模板施工班组
交底人	×××	接收人	×××
参加交底人员：(参加的所有人员签字) ×××、×××、×××、×××		交底时间	×××

1. 材料及主要机具要求

(1) 定型组合钢模板：长度为 600、750、900、1200、1500mm；宽度为 100、150、200、250、300mm。

(2) 定型钢角模：阴阳角模、连接角模。

(3) 连接件：U 形卡、L 形插销、3 形扣件、碟形扣件、对拉螺栓、钩头螺栓、紧固螺栓等。

(4) 支承件：柱箍、定型空腹钢楞、钢管支柱、钢斜撑、钢桁架、木枋等。

(5) 钢模板及配件应严格检查，不合格的不得使用。经修理后的模板应符合质量标准的要求。

(6) 斧子、锯、扳手、打眼电钻、垂球、靠尺板、方尺、铁水平、撬棍等。

2. 作业条件

(1) 模板设计：根据工程结构形式和特点及现场施工条件，对模板进行设计，确定模板平面布置，纵横龙骨规格、数量、排列尺寸，柱箍选用的形式及间距，梁板支撑间距，模板组装形式（就地组装或预制拼装），连接节点大样。验算模板和支撑的强度、刚度及稳定性。绘制全套模板设计图（模板平面图、分块图、组装图、节点大样图、零件加工图）。模板数量应在模板设计时按流水段划分，进行综合研究，确定模板的合理配制数量。

(2) 预制拼装

◆ 拼装场地应夯实平整，条件许可时应设拼装操作平台。

◆ 按模板设计图进行拼装，相邻两块板的每个孔都要用 U 形卡卡紧，龙骨用钩头螺栓外垫碟形扣件与平板边肋孔卡紧。

◆ 柱子、剪力墙模板在拼装时，应预留清扫口或灌浆口。

(3) 模板拼装后进行编号，并涂刷脱模剂，分规格堆放。

(4) 放好轴线、模板边线、水平控制标高，模板底部应做水泥砂浆找平层，检查并校正，柱子用的地锚已预埋好。

(5) 柱、墙钢筋绑扎完毕，水电管线及预埋件已安装，绑好钢筋保护层垫块，并办完隐检手续。

3. 安装柱模板

(1) 工艺流程：

弹柱位置线→抹找平层作定位墩→安装柱模板→安柱箍→安拉杆或斜撑→办预检

(2) 按标高抹好水泥砂浆找平层，按位置线做好定位墩台，以便保证柱轴线边线与标高的准确，或者按照放线位置，在柱四边地 5~8cm 处的主筋上焊接支杆，从四面顶住模板，以防止位移。

(3) 安装柱模板：通排柱，先装两端柱，经校正、固定、拉通线校正中间各柱。模板按柱子大小，预拼成一面一片（或两面一片），就位后先用铅丝与主筋绑扎临时固定，用 U 形卡将两侧模板连接卡紧，安装完两面再安另外两面模板。

(4) 安装柱箍：柱箍可用角钢、钢管等制成，采用木模板时可用螺栓、方木制作钢木箍。柱箍应根据柱模尺寸、侧压力大小，在模板设计中确定柱箍尺寸间距。

(5) 安装柱模的拉杆或斜撑：柱每边设 2 根拉杆，固定于事先预埋在楼板内的钢筋环上，用经纬仪控制，用花篮螺栓调节校正模板垂直度。拉杆与地面夹角为 45°，预埋的钢筋环与柱距离宜为 3/4 柱高。

(6) 将柱模内清理干净，封闭清理口，办理柱模预检。

4. 模板拆除

(1) 柱模板拆除时应在混凝土强度能保证其表面及棱角不因拆除模板而受损坏时，方可拆除。

(2) 模板应优先考虑整体拆除，便于整体转移后，重复进行整体安装。柱子模板应先拆掉柱拉杆或斜支撑，卸掉柱箍，再把连接每片柱模板的 U 形卡拆掉，然后用撬棍轻轻撬动模板，使模板与混凝土脱离。

(3) 拆下的模板及时清理粘结物，涂刷隔离剂，拆下的扣件及时集中收集管理。

(4) 拆模时严禁模板直接从高处往下扔，以防止模板变形和损坏。

5. 柱模板安装质量标准

(1) 主控项目

在涂刷模板隔离剂时，不得沾污钢筋和混凝土接槎处。

检查数量：全数检查。

检验方法：观察。

(2) 一般项目

1) 模板安装应满足下列要求：

①模板的接缝不应漏浆；在浇筑混凝土前，木模板应浇水湿润，但模板内不应有积水；

②模板与混凝土的接触面应清理干净并涂刷隔离剂，但不得采用影响结构性能或妨碍装饰工程施工的隔离剂；

③浇筑混凝土前，模板内的杂物应清理干净。

检查数量：全数检查。

检验方法：观察。

2) 固定在模板上的预埋件、预留孔和预留洞均不得遗漏，且应安装牢固，其偏差应符合表 2-7 的规定。现浇结构模板安装的偏差及检查方法应符合表 2-8 的规定。

检查数量：在同一检验批内，对梁、柱和独立基础，应抽查构件数量的 10%，且不少于 3 件；对墙和板，应按有代表性的自然间抽查 10%，且不少于 3 间；对大空间结构，墙可按相邻轴线间高度 5m 左右划分检查面，板可按纵横轴线划分检查面，抽查 10%，且均不少于 3 面。

检验方法：钢尺检查。

预埋件和预留件孔洞的允许偏差 表 2-7

项目		允许偏差（mm）
预埋板中心线位置		3
预留管、预留孔中心线位置		3
插筋	中心线位置	5
	外露长度	+10，0
预埋螺栓	中心线位置	2
	外露长度	+10，0
预留洞	中心线位置	10
	尺寸	+10，0

注：检查中心线位置时，应沿纵、横两个方向量测，并取其中的较大值。

现浇结构模板安装的允许偏差及检验方法 表 2-8

项目		允许偏差（mm）	检验方法
轴线位置		5	尺量
底模上表面标高		±5	水准仪或拉线、尺量
模板内部尺寸	基础	±10	尺量
	柱、墙、梁	±5	
	楼梯相邻踏步高差	5	
柱、墙垂直度	层高 ≤ 6m	8	经纬仪或吊线、尺量
	层高 >6m	10	
相邻模板表面高差		2	尺量
表面平整度		5	2m 靠尺和塞尺量测

注：检查轴线位置，当有纵横两个方向时，沿纵、横两个方向量测，并取其中偏差的较大值。

6. 应具备的质量记录

(1) 模板分项工程预检记录

(2) 模板分项工程质量评定资料

注：本表一式四份，建设单位、监理单位、施工单位、城建档案馆各一份。

能力测试与实践活动

【能力测试】

1. 单项选择题

（1）柱模板的清理孔应设在柱模板的（　　　）。

    A. 顶部　　　　　　　　　　　B. 中部

    C. 底部　　　　　　　　　　　D. 可不设

（2）当梁或板的跨度大于或等于（　　　）m 时，底模板应按设计要求起拱。

    A. 4　　　　　　　　　　　　B. 5

    C. 6　　　　　　　　　　　　D. 8

（3）当梁或板的跨度 ≥ 4m 时，当设计对起拱无要求时，底模板宜按全跨长度的（　　　）起拱。

    A. 1/100 ～ 3/100　　　　　　B. 5/100

    C. 1/1000 ～ 3/1000　　　　　D. 5/1000

（4）板跨度为 5m 时，底模拆除时混凝土强度不得低于设计强度的（　　　）。

    A. 50%　　　　　　　　　　　B. 75%

    C. 90%　　　　　　　　　　　D. 100%

2. 多项选择题

（1）对模板系统的要求有（　　　）。

    A. 有足够的强度、刚度和稳定性　　B. 结构宜复杂

    C. 不得漏浆　　　　　　　　　　　D. 能多次周转使用以降低成本

（2）模板系统组成部分包括（　　　）。

    A. 脱模剂　　　　　　　　　　B. 模板

    C. 支架　　　　　　　　　　　D. 紧固件

（3）模板拆除顺序应按设计方案进行。无规定时，应按照（　　　）顺序拆除混凝土模板。

    A. 先支后拆，后支先拆　　　　　　B. 先拆复杂部分，后拆简单部分

    C. 先拆非承重模板，后拆承重模板　　D. 先支先拆，后支后拆

【实践活动】

参观已经安装好的框架结构（柱、梁或楼板）模板，认识模板系统的组成及支撑系统的搭设要求。

【工作任务布置】

以 3 ～ 4 人为 1 个小组，对已经安装好的框架结构（柱、梁或楼板）模板，按验收

规范进行检查验收，并填写模板工程检验批质量验收记录表。

【活动评价】

学生自评 (20%):	规范选用	正确 □ 错误 □	
	质量检测工具使用及检测方法	正确 □ 错误 □	
	质量验收记录表填写	正确、完整、齐全 □	
		正确、齐全 □ 完整、齐全 □	
小组互评 (40%):	工作认真努力，团队协作	好 □ 一般 □ 还需努力 □	
	质量检测工具使用及检测方法	正确 □ 错误 □	
教师评价 (40%):	质量验收记录表填写	正确、完整、齐全 □	
		正确、齐全 □ 完整、齐全 □	
	完成进度	在规定时间完成 □	
		未在规定时间完成 □	

项目 2.2 钢筋工程施工

【项目描述】

钢筋是混凝土结构中的受力材料，钢筋在构件中的位置不同，所起的作用不同。钢筋在加工、制作、安装时，钢筋的位置、品种、级别、规格和数量必须符合设计要求，才能保证结构的安全性。

【学习支持】

钢筋工程施工相关规范

1.《混凝土结构工程施工质量验收规范》GB 50204-2015
2.《建筑工程施工质量验收统一标准》GB 50300-2013
3.《混凝土结构工程施工规范》GB 50666-2011
4.《钢筋焊接及验收规程》JGJ 18-2012
5.《钢筋混凝土用钢 第 1 部分：热轧光圆钢筋》GB 1499.1-2017
6.《钢筋混凝土用钢 第 2 部分：热轧带肋钢筋》GB 1499.2-2018

2.2.1 钢筋的进场验收和保管

【学习支持】

2.2.1.1 钢筋的认知

钢筋混凝土结构及预应力混凝土结构常用的钢材有热轧钢筋、钢绞线、消除应力钢丝和余热处理钢筋四类。

钢筋混凝土结构常用热轧钢筋按其强度和表面形状分为光圆钢筋和带肋钢筋，光圆钢筋牌号主要有 HPB300 级；带肋钢筋牌号主要有 HRB335、HRB400、HRB500、HRBF335、HRBF400、HRBF500 及 RRB400 级；为满足抗震设防结构要求生产的专用带肋钢筋，在牌号后加有字母"E"，其表面轧有专用标志。为便于运输，6 ~ 10mm 的钢筋常卷成圆盘，大于 10mm 的钢筋则轧成 6 ~ 12m 长的直条。

预应力混凝土结构常用的钢绞线一般由多根高强圆钢丝捻成，有 1×3 和 1×7 两种，其直径在 8.6 ~ 15.2mm。消除应力钢丝有刻痕钢丝、光面螺旋肋钢丝两类，其直径在 4 ~ 9mm。

2.2.1.2 钢筋的进场验收

钢筋进场应有产品合格证、出厂检验报告，每捆（盘）钢筋均应有标牌，进场钢筋应按国家现行相关标准的规定按进场的批次和产品的抽样检验方案抽取试样做力学性能和重量偏差检验，检验结果符合规定后方可使用。

钢筋在加工过程中出现脆断、焊接性能不良或力学性能显著不正常等现象时，还应进行化学成分检验或其他专项检验。

进场后还应进行外观检查，要求钢筋应平直、无损伤，表面不得有裂纹、油污、颗粒状或片状老锈。

2.2.1.3 钢筋的保管

钢筋在运输和储存时，必须保留标牌，并按批分别堆放整齐，堆放时应防雨、防潮，防酸碱侵蚀，避免钢筋锈蚀和污染。

【任务实施】

2.2.2 钢筋的加工

钢筋一般在钢筋车间加工，然后运至现场绑扎或安装。其加工过程一般有连接、调直、剪切、除锈、弯曲、绑扎等。

2.2.2.1 钢筋的连接

1. 钢筋的焊接

采用焊接代替绑扎，可改善结构受力性能，提高工效，节约钢材，降低成本。结构的有些部位，如轴心受拉和小偏心受拉构件中的钢筋接头，应焊接。

钢筋的焊接，应采用闪光对焊、电弧焊、电渣压力焊、气压焊和电阻点焊。钢筋与钢板的 T 形连接，宜采用埋弧压力焊或电弧焊。

钢筋焊接的接头形式、焊接工艺和质量验收，应符合现行《钢筋焊接及验收规程》JGJ 18 的规定。焊接方法及适用范围见表 2-9。

焊接方法及适用范围   表 2-9

项次	焊接方法		接头形式	适用范围	
				钢筋级别	直径（mm）
1	电阻点焊			HPB300	6 ~ 16
				HRB335、HRBF335	6 ~ 16
				HRB400、HRBF400	6 ~ 16
				CRB550	5 ~ 12
2	闪光对焊			HPB300	8 ~ 22
				HRB335、HRBF335	8 ~ 32
				HRB400、HRBF400	8 ~ 32
				HRB500、HRBF500	10 ~ 32
				RRB400	10 ~ 32
3	箍筋闪光对焊			HPB300	6 ~ 16
				HRB335、HRBF335	6 ~ 16
				HRB400、HRBF400	6 ~ 16
4	电弧焊	帮条焊	双面焊	HPB300	6 ~ 22
				HRB335、HRBF335	6 ~ 40
				HRB400、HRBF400	6 ~ 40
				HRB500、HRBF500	6 ~ 40
		帮条焊	单面焊	HPB300	6 ~ 22
				HRB335、HRBF335	6 ~ 40
				HRB400、HRBF400	6 ~ 40
				HRB500、HRBF500	6 ~ 40
		搭接焊	双面焊	HPB300	6 ~ 22
				HRB335、HRBF335	6 ~ 40
				HRB400、HRBF400	6 ~ 40
				HRB500、HRBF500	6 ~ 40
			单面焊	HPB300	6 ~ 22
				HRB335、HRBF335	6 ~ 40
				HRB400、HRBF400	6 ~ 40
				HRB500、HRBF500	6 ~ 40
		熔槽帮条焊		HPB300	20 ~ 22
				HRB335、HRBF335	20 ~ 40
				HRB400、HRBF400	20 ~ 40
				HRB500、HRBF500	20 ~ 40
		坡口焊	平焊	HPB300	18 ~ 40
				HRB335、HRBF335	18 ~ 40
				HRB400、HRBF400	18 ~ 40
				HRB500、HRBF500	18 ~ 40
			立焊	HPB300	18 ~ 40
				HRB335、HRBF335	18 ~ 40
				HRB400、HRBF400	18 ~ 40
				HRB500、HRBF500	18 ~ 40

续表

项次	焊接方法		接头形式	适用范围	
				钢筋级别	直径（mm）
4	电弧焊	钢筋与钢板搭接焊		HPB300 HRB335、HRBF335 HRB400、HRBF400 HRB500、HRBF500	8 ～ 40 8 ～ 40 8 ～ 40 8 ～ 40
		窄间隙焊		HPB300 HRB335、HRBF335 HRB400、HRBF400	16 ～ 40 16 ～ 40 16 ～ 40
		预埋件钢筋	角焊	HPB300 HRB335、HRBF335 HRB400、HRBF400 HRB500、HRBF500	6 ～ 25 6 ～ 25 6 ～ 25 6 ～ 25
			穿孔塞焊	HPB300 HRB335、HRBF335 HRB400、HRBF400 HRB500、HRBF500	20 ～ 25 20 ～ 25 20 ～ 25 20 ～ 25
			埋弧压力焊 埋弧螺栓焊	HPB300 HRB335、HRBF335 HRB400、HRBF400 HRB500、HRBF500	6 ～ 25 6 ～ 25 6 ～ 25 6 ～ 25
5	电渣压力焊			HPB300 HRB335、HRBF335 HRB400、HRBF400 HRB500、HRBF500	12 ～ 32 12 ～ 32 12 ～ 32 12 ～ 32
6	气压焊	固态 熔态		HPB300 HRB335、HRBF335 HRB400、HRBF400 HRB500、HRBF500	12 ～ 40 12 ～ 40 12 ～ 40 12 ～ 40

注：1. 电阻点焊时，适用范围的钢筋直径系指两根不同直径钢筋交叉叠接中较小钢筋的直径；

2. 电弧焊含焊条电弧焊和 CO_2 气体保护焊；

3. 在生产中，对于有较高要求的抗震结构用钢筋，在牌号后加 E（例如：HRB400E、HRBF400E），可参照同级别钢筋焊接。

（1）闪光对焊

闪光对焊广泛用于钢筋接长及预应力钢筋与螺丝端杆的焊接。热轧钢筋的焊接宜优先采用闪光对焊，条件不可能时才用电弧焊。闪光对焊适用范围见表 2-9。

钢筋闪光对焊是利用对焊机使两段钢筋接触（图 2-14），通过低电压的强电流，待钢筋被加热到一定温度变软后，进行轴向加压顶锻，形成对焊接头。

2-1 闪光对焊

钢筋闪光对焊焊接工艺应根据具体情况选择：钢筋直径较小，可采用连续闪光焊；钢筋直径较大，端面比较平整，宜采用预热闪光焊；端面不够平整，宜采用闪光－预热－闪光焊。

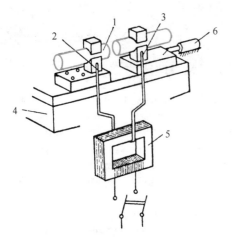

图 2-14 钢筋闪光对焊原理
1—焊接的钢筋；2—固定电极；3—可动电极；4—机座；5—变压器；6—手动顶压机构

◆ 连续闪光焊：这种焊接工艺过程是将待焊钢筋夹紧在电极钳口上后，闭合电源，使两钢筋端面轻微接触。由于钢筋端部不平，开始只有一点或数点接触，接触面小而电流密度和接触电阻很大，接触点很快熔化并产生金属蒸气飞溅，形成闪光现象。待闪光一开始，即徐徐移动钢筋，形成连续闪光过程，同时接头也被加热。待接头烧平、闪去杂质和氧化膜、白热熔化时，随即施加轴向压力迅速进行顶锻，使两根钢筋焊牢。连续闪光焊所能焊接的最大钢筋直径，应随着焊机容量的降低和钢筋级别的提高而减小（表 2-10）。

◆ 预热闪光焊：施焊时先闭合电源然后使两钢筋端面交替地接触和分开。这时钢筋端面间隙中即发出断续的闪光，形成预热过程。当钢筋达到预热温度后进入闪光阶段，随后顶锻而成。

连续闪光焊钢筋上限直径　　　　　　　　　　　表 2-10

焊机容量（kVA）	钢筋级别	钢筋直径（mm）
160 （150）	HPB300	22
	HRB335、HRBF335	22
	HRB400、HRBF400	20
	HRB500、HRBF500	20
100	HPB300	20
	HRB335、HRBF335	20
	HRB400、HRBF400	18
	HRB500、HRBF500	16
80 （75）	HPB300	16
	HRB335、HRBF335	14
	HRB400、HRBF400	12

◆ 闪光-预热-闪光焊：在预热闪光焊前加一次闪光过程，其目的是使不平整的钢筋端面烧化平整，使预热均匀，然后按预热闪光焊操作。

焊接大直径的钢筋（直径 25mm 以上），多用预热闪光焊与闪光-预热-闪光焊。

钢筋闪光对焊后，除对接头进行外观检查（无裂纹和烧伤、接头弯折不大于 4°，接头轴线偏移不大于 1/10 的钢筋直径，也不大于 2mm）外，还应按现行《钢筋焊接及验收规程》JGJ 18 的规定进行抗拉强度和冷弯的试验。

（2）电弧焊

电弧焊是利用弧焊机使焊条与焊件之间产生高温电弧，使焊条和电弧燃烧范围内的焊件熔化，待其凝固，便形成焊缝或接头。钢筋电弧焊可分搭接焊、帮条焊、坡口焊和熔槽帮条焊四种接头形式。下面介绍常见的帮条焊、搭接焊和坡口焊。

2-2 电弧焊

◆ 帮条焊接头：适用于焊接直径 10 ~ 40mm 的各级热轧钢筋。宜采用双面焊，如图 2-15（b）所示；不能进行双面焊时，也可采用单面焊，如图 2-15（b）所示。帮条宜采用与主筋同级别、同直径的钢筋制作，帮条长度 l 见表 2-11。如帮条级别与主筋相同时，帮条的直径可比主筋直径小一个规格，如帮条直径与主筋相同时，帮条钢筋的级别可比主筋低一个级别。

钢筋帮条长度   表 2-11

项次	钢筋级别	焊缝形式	帮条长度 l
1	HPB300 级	单面焊	$>8d$
		双面焊	$>4d$
2	HRB335 级	单面焊	$>10d$
		双面焊	$>5d$

注：d 为钢筋直径。

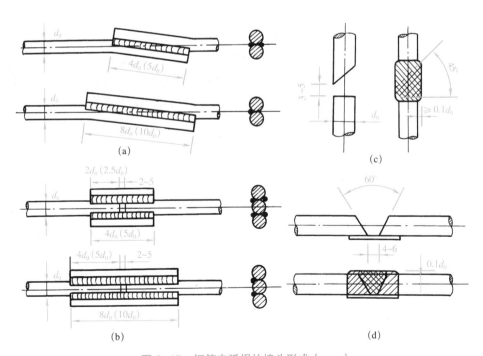

图 2-15　钢筋电弧焊的接头形式（mm）

（a）搭接焊接头；　（b）帮条焊接头；　（c）立焊的坡口焊接头；　（d）平焊的坡口焊接头

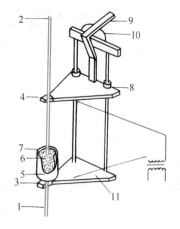

图 2-16 电渣压力焊焊接夹具构造
示意图

1、2—钢筋；3—固定电极；4—活动电极；
5—药盒；6—导电剂；7—焊药；8—滑动架；
9—手柄；10—支架；11—固定架

◆ 搭接焊接头：宜采用双面焊，如图 2-15（a）所示。不能进行双面焊时，也可采用单面焊，如图 2-15（b）所示。搭接长度应与帮条长度相同，见表 2-11。

（3）电渣压力焊

现浇钢筋混凝土框架结构中竖向钢筋的连接，宜采用自动或手工电渣压力焊进行焊接。与电弧焊比较，它工效高、节约钢材、成本低，在高层建筑施工中得到广泛应用。

2-3 电渣压力焊

电渣压力焊设备包括电源、控制箱、焊接夹具、焊剂盒。自动电渣压力焊的设备还包括控制系统及操作箱。焊接夹具（图 2-16）应具有一定刚度，要求坚固、灵巧、上下钳口同心，上下钢筋的轴线应尽量一致，其最大偏移不得超过 $0.1d$（d 为钢筋直径），同时也不得大于 2mm。焊接时，先将钢筋端部约 120mm 范围内的铁锈除尽，将夹具夹牢在下部钢筋上，并将上部钢筋扶直夹牢于活动电极中，上下钢筋间放一小块导电剂（或钢丝小球），装上药盒、装满焊药，接通电路，用手柄将电弧引燃（引弧）；稳弧一定时间使之形成渣池并使钢筋熔化（稳弧），随着钢筋的熔化，用手柄将上部钢筋缓缓下送。稳弧时间的长短视电流、电压和钢筋直径而定。如电流 850A、工作电压 40V 左右，ф30 及 ф32 钢筋的稳弧时间约为 50s。当稳弧达到规定时间后，在断电的同时用手柄进行加压顶锻以排除夹渣气泡，形成接头。待冷却一定时间后即拆除药盒，回收焊药，拆除夹具和清除焊渣。引弧、稳弧、顶锻三个过程连续进行。电渣压力焊的参数为焊接电流、渣池电压和焊接通电时间，它们均根据钢筋直径确定。

电渣压力焊的接头，应按规范规定的方法检查外观质量和进行拉力试验。

【知识拓展】

（4）气压焊

气压焊接钢筋是利用乙炔－氧混合气体燃烧的高温火焰对已有初始压力的两根钢筋端面接合处加热，使钢筋端部产生塑性变形，并促使钢筋端面的金属原子互相扩散，当钢筋加热到 1250 ~ 1350℃（相当于钢材熔点的 0.80 ~ 0.90 倍，此时钢筋加热部位呈橘黄色，有白亮闪光出现）时进行加压顶锻，使钢筋内的原子得以再结晶而焊接在一起。

2-4 气压焊

钢筋气压焊接属于热压焊。在焊接加热过程中，加热温度为钢材熔点的 0.8 ~ 0.9 倍，钢材未呈熔化液态，且加热时间较短，钢筋的热输入量较少，所以不会出现钢筋材质劣化倾向。另外，它设备轻巧、使用灵活、效率高、节省电能、焊接成本低，可进行全方位（竖向、水平和斜向）焊接，目前已在我国得到推广应用。

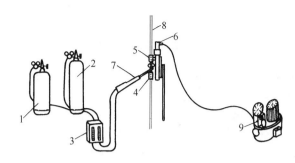

图 2-17　气压焊接设备示意图

1—乙炔；2—氧气；3—流量计；4—固定卡具；5—活动卡具；6—压接器；
7—加热器与焊炬；8—被焊接的钢筋；9—电动油泵

气压焊接设备（图 2-17）主要包括加热系统与加压系统两部分。

加热系统中的加热能源是氧和乙炔。系统中的流量计用来控制氧和乙炔的输入量，焊接不同直径的钢筋要求不同的流量。加热器用来将氧和乙炔混合后，从喷火嘴喷出火焰加热钢筋，要求火焰能均匀加热钢筋，有足够的温度和功率并且安全可靠。

加压系统中的压力源为电动油泵（或手动油泵），使加压顶锻时压力平稳。压接器是气压焊的主要设备之一，要求它能准确、方便地将两根钢筋固定在同一轴线上，并将油泵产生的压力均匀地传递给钢筋达到焊接的目的。施工时压接器需反复装拆，要求它重量轻、构造简单和装拆方便。

气压焊接的钢筋要用砂轮切割机断料，不能用钢筋切断机切断，要求端面与钢筋轴线垂直。焊接前应打磨钢筋端面，清除氧化层和污物，使之现出金属光泽，并喷涂一薄层焊接活化剂保护端面不再氧化。

钢筋加热前先对钢筋施加 30 ~ 40MPa 的初始压力，使钢筋端面贴合。当加热到缝隙密合后，上下摆动加热器适当增大钢筋加热范围，促使钢筋端面金属原子互相渗透，也便于加压顶锻。加压顶锻的压应力约为 34 ~ 40MPa，使焊接部位产生塑性变形。直径小于 22mm 的钢筋可以 1 次顶锻成形，大直径钢筋可以进行 2 次顶锻。

气压焊的接头，应按规定的方法检查外观质量和进行拉力试验。

（5）电阻点焊

电阻点焊主要用于焊接钢筋网片、钢筋骨架等，它生产效率高，节约材料，应用广泛。

【任务实施】

2. 钢筋机械连接

钢筋机械连接常用套筒挤压连接、锥螺纹套筒连接、直螺纹套筒连接 3 种形式。它是近年来大直径钢筋现场连接的主要方法。

（1）套筒钢筋挤压连接

套筒钢筋挤压连接亦称钢筋套筒冷压连接。它是将需连接的带肋钢筋插入特制钢套筒内，利用液压驱动的挤压机进行侧向加压数道，使钢套筒产生塑性变形，套筒塑性变形后即与带肋钢筋紧密咬合达到连接的效果（图 2-18）。它适用于竖向、横向及其他方

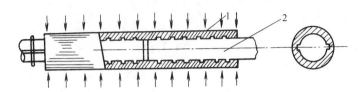

图 2-18　钢筋径向挤压连接原理图

1—钢套筒；2—被连接的钢筋

向的较大直径带肋钢筋的连接。

与焊接相比，套筒挤压连接的接头强度高，质量稳定可靠，是目前各类钢筋接头中性能好、质量稳定的接头形式。挤压连接速度快，一般每台班可挤压 φ25 钢筋接头 150～200 个。此外，挤压连接具有节省电能、不受钢筋可焊性能的影响、不受气候影响、无明火、施工简便和接头可靠度高等特点。其适用于垂直、水平、倾斜、高空及水下等各方位的钢筋连接，还特别适用于不可焊钢筋及进口钢筋的连接。

采用挤压连接的钢筋必须有材质证明书，性能应符合国标要求。钢套筒必须有材料质量证明书，其技术性能应符合钢套筒质量验收的有关规定。正式施工前，必须进行现场条件下的挤压连接试验，要求每批材料制作 3 个接头，按照套筒挤压连接质量检验标准规定，合格后，方可进行施工。

钢筋挤压连接的工艺参数，主要是压接顺序、压接力和压接道数。压接顺序从中间逐道向两端压接。压接力要能保证套筒与钢筋紧密咬合，压接力和压接道数取决于钢筋直径、套筒型号和挤压机型号。

压接前要清除钢筋压接部位的铁锈、油污、砂浆等，钢筋端部必须平直，如有弯折扭曲应予以矫直、修磨、锯切，以免影响压接后钢筋接头性能。同时应在钢筋端都做上能够准确判断钢筋伸入套筒内长度的位置标记。钢套筒必须有明显的压痕位置标记，钢套筒的尺寸必须满足有关标准的要求。压接前还应按设备操作说明书有关规定调整设备，检查设备是否正常，调整油泵的压力，根据要压接钢筋的直径，选配相应的压模。如发现设备有异常，必须排除故障后再使用。

（2）钢筋锥螺纹套筒连接

钢筋锥螺纹套筒连接是利用锥形螺纹套筒将两根钢筋端头对接在一起，利用螺纹的机械咬合力传递拉力或压力。用于这种连接的钢套筒内壁，在工厂用专用机床加工成锥螺纹，钢筋的对接端头在施工现场用套丝机上加工成与套筒匹配的螺纹。连接时，在对螺纹检查无油污和损伤后，先用手旋入钢筋，然后用扭矩扳手紧固至规定的扭矩即完成连接（图 2-19）。它施工

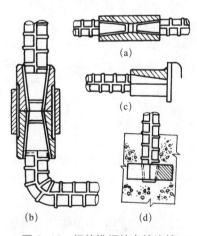

图 2-19　钢筋锥螺纹套筒连接

（a）两根直钢筋连接；　（b）一根直钢筋与一根弯钢筋连接；
（c）在金属结构上接装钢筋；（d）在混凝土构件中插接钢筋

速度快、不受气候影响、质量稳定、对中性好。

钢筋锥螺纹套筒连接施工过程有：钢筋下料→钢筋套丝→钢筋连接。

◆ 钢筋下料：钢筋下料可用钢筋切断机或砂轮锯，但不得用气割下料。钢筋下料时，要求端面要垂直于钢筋轴线，端头不得挠曲或出现马蹄形。

钢筋要有复试合格证明。钢筋的连接套必须有明显的规格标记，锥孔两端必须用密封盖封住，应有产品出厂合格证，并按规格分类包装。

◆ 钢筋套丝：钢筋套丝可以在施工现场或钢筋加工厂进行预制。为确保钢筋套丝质量，操作工人必须持证上岗作业。

要求套丝工人对其加工的每个丝头用牙形规和卡规逐个进行检查，达到质量要求的钢筋丝头，一端戴上与钢筋规格相同的塑料保护帽，另一端按规定力矩值拧紧连接套，并按规格分类堆放整齐待用。

◆ 钢筋连接：钢筋连接之前，先回收钢筋待连接端的塑料保护帽和连接套上的密封盖，并检查钢筋规格是否与连接套规格相同；检查锥螺纹丝扣是否完好无损、清洁，发现杂物或锈蚀，可用铁刷清除干净，然后把已拧好连接套的一头钢筋拧到被连接的钢筋上，用扭力扳手按表规定的力矩值紧至发出响声，并随手画上油漆标记，以防钢筋接头漏拧。连接水平钢筋时，必须将钢筋托平，再按以上方法连接。

（3）钢筋直螺纹套筒连接

为了提高螺纹套筒连接的质量，近年来又开发了直螺纹套筒连接技术。钢筋直螺纹套筒连接是将钢筋待连接的端头用滚轧加工工艺滚轧成规整的直螺纹，再用相配套的直螺纹套筒将两钢筋相对拧紧实现连接（图2-20）。根据钢材冷作硬化的原理，钢筋上滚轧出的直螺纹强度大幅提高，从而使直螺纹接头的抗拉强度一般可高于母材的抗拉强度。

图 2-20　钢筋直螺纹连接

钢筋直螺纹套筒连接专用的滚轧螺纹设备加工的钢筋直螺纹质量好，强度高；钢筋连接操作方便，速度快；钢筋滚丝可在工地的钢筋加工场地预制，不占工期；在施工面上连接钢筋时不用电，不用气，无明火作业，风雨无阻，可全天候施工；可用于水平、竖直等各种不同位置钢筋的连接。

目前钢筋直螺纹加工由"剥肋滚轧"发展到"压肋滚轧"方式。

滚压直螺纹又分为直接滚压直螺纹和挤压肋滚压直螺纹两种。采用专用滚压套丝机，先将钢筋的横肋和纵肋进行滚压或挤压处理，使钢筋滚丝前的柱体达到螺纹加工的圆度尺寸，然后再进行螺纹滚压成形，螺纹经滚压后材质发生硬化，强度提高6%～8%，全部直螺纹成形过程由专用滚压套丝机一次完成。

剥肋滚压直螺纹是将钢筋的横肋和纵肋进行剥切处理，使钢筋滚丝前的柱体圆度精度高，达到同一尺寸，然后再进行螺纹滚压成形，从剥肋到滚压直螺纹成形过程由专用套丝机一次完成。剥肋滚压直螺纹的精度高，操作简便，性能稳定，耗材量少。

直螺纹工艺流程为：钢筋平头→钢筋滚压或挤压（剥肋）→螺纹成形→丝头检验→套筒检验→钢筋就位→拧下钢筋保护帽和套筒保护帽→接头拧紧→做标记→施工质量检验。

3. 钢筋的绑扎连接

绑扎目前仍为楼板钢筋连接的主要手段之一。钢筋绑扎时，应采用铁丝扎牢；板和墙的钢筋网，除外围两行钢筋的相交点全部扎牢外，中间部分交叉点可相隔交错扎牢，保证受力钢筋位置不产生偏移；梁和柱的钢筋应与受力钢筋垂直设置。弯钩叠合处应沿受力钢筋方向错开设置。钢筋绑扎搭接接头的末端与钢筋弯起点的距离，不得小于钢筋直径的 10 倍，接头宜设在构件受力较小处。钢筋搭接处，应在中部和两端用铁丝扎牢。受拉钢筋和受压钢筋的搭接长度及接头位置要符合《混凝土结构工程施工质量验收规范》GB 50204–2015 的规定。

2.2.2.2 钢筋的加工

钢筋的加工包括调直、除锈、切断、接长、弯曲等。

1. 钢筋的调直

钢筋宜采用机械调直，也可利用冷拉进行调直。采用冷拉方法调直钢筋时，HPB300 光圆钢筋的冷拉率不宜大于 4%；HRB335、HRB400、HRB500、HRBF335、HRBF400、HRBF500 及 RRB400 带肋钢筋的冷拉率不宜大于 1%。调直后的钢筋应进行力学性能和重量偏差的检验，其强度应符合相关标准的规定。

2. 钢筋的除锈

钢筋的表面应洁净，油渍、漆污和用锤敲击时能剥落的浮皮、铁锈等应在使用前清除干净。在焊接前，焊点处的水锈应清除干净。钢筋的除锈，宜在钢筋冷拉或钢丝调直过程中进行，这对大量钢筋的除锈较为经济省工；采用电动除锈机，对钢筋的局部除锈较为方便。手工（用钢丝刷、砂盘）喷砂和酸洗等除锈，由于费工费料，现已很少采用。

3. 钢筋的切断

钢筋下料时须按下料长度切断。钢筋切断可采用钢筋切断机或手动切断器。手动切断器一般只用于小于 $\phi12$ 的钢筋；钢筋切断机可切断小于 $\phi40$ 的钢筋。切断时根据下料长度统一排料，先断长料，后断短料，减少短头，减少损耗。

4. 钢筋的弯曲成形

钢筋下料之后，应按钢筋配料单进行划线，以便将钢筋准确地加工成所规定的尺寸。当弯曲形状比较复杂的钢筋时，可先放出实样，再进行弯曲。钢筋弯曲宜采用弯曲机，弯曲机可弯 $\phi6 \sim \phi40$ 的钢筋，小于 $\phi25$ 的钢筋在无弯曲机时，也可采用板钩弯曲。

2.2.2.3 钢筋的配料

钢筋配料是钢筋工程施工的重要一环，应由识图能力强，熟悉钢筋加工工艺的人员完成。钢筋加工前应根据设计图纸和会审记录按不同构件编制配料单，然后进行备料加工。

2-5 钢筋配料

【学习支持】

1. 钢筋弯曲调整值计算

钢筋下料长度计算是钢筋配料的关键。设计图中注明的钢筋尺寸是钢筋的外轮廓尺寸（从钢筋外皮到外皮量得的尺寸），称为钢筋的外包尺寸，在钢筋加工时，也按外包尺寸进行验收。钢筋弯曲后的特点是：在钢筋弯曲处，内皮缩短，外皮延伸，而中心线尺寸不变，故钢筋的下料长度即中心线尺寸。钢筋成形后量度尺寸都是沿直线量外皮尺寸；同时弯曲处又为圆弧，因此弯曲钢筋的尺寸大于下料尺寸，两者之间的差值称为"弯曲调整值"，即在下料时，下料长度应用量度尺寸减去弯曲调整值。

钢筋弯曲常用形式及调整值计算简图如图 2-21 所示（图中标注尺寸 a、b、c 为钢筋量度尺寸）。

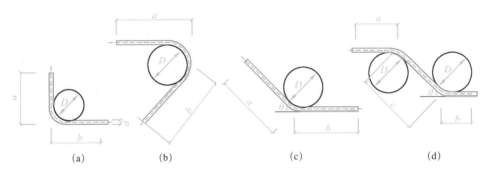

图 2-21　钢筋弯曲常见形式及调整值计算简图
(a) 钢筋弯曲90°；　(b) 钢筋弯曲135°；　(c) 钢筋一次弯曲30°、45°、60°；
(d) 钢筋弯曲30°、45°、60°

（1）钢筋弯曲直径的有关规定

◆　受力钢筋的弯钩和弯弧规定

HPB300 级钢筋末端应做 180° 弯钩，弯弧内直径 $D \geqslant 2.5d$，弯钩的弯后平直部分长度 $\geqslant 3d$（d 为钢筋直径）；当设计要求钢筋末端做 135° 弯折时，HRB335 级、HRB400 级钢筋的弯弧内直径 $D \geqslant 4d$（d 为钢筋直径），弯钩的弯后平直部分长度应符合设计要求；钢筋做不大于 90° 的弯折时，弯折处的弯弧内直径 $D \geqslant 5d$（d 为钢筋直径）。

◆　箍筋的弯钩和弯弧规定

除焊接封闭环式箍筋外，箍筋末端应做弯钩，弯钩形式应符合设计要求。当设计无要求时，应符合下面规定：箍筋弯钩的弯弧内直径除应满足上述规定外，尚应不小于受力钢筋直径；箍筋弯钩的弯折角度，对一般结构，不应小于 90°，对有抗震要求的结构，应为 135°；箍筋弯后平直部分的长度，对一般结构，不宜小于箍筋直径的 5 倍，对有抗震要求的结构，不应小于箍筋直径的 10 倍。

（2）钢筋弯折各种角度时的弯曲调整值计算

◆　钢筋弯折各种角度时的弯曲调整值：弯起钢筋弯曲调整值的计算简图如图 2-21(a)(b)(c) 所示；钢筋弯折各种角度时的弯曲调整值计算式及取值见表 2-12。

钢筋弯折各种角度时的弯曲调整值　　　表 2-12

弯折角度	钢筋级别	弯曲调整值 δ		弯弧直径
		计算式	取值	
30°	HPB300、HRB335、HRB400	$\delta = 0.006D + 0.274d$	$0.3d$	$D = 5d$
45°		$\delta = 0.022D + 0.436d$	$0.55d$	
60°		$\delta = 0.054D + 0.631d$	$0.9d$	
90°		$\delta = 0.215D + 1.215d$	$2.29d$	
135°	HPB300 HRB335、HRB400	$\delta = 0.822D - 0.178d$	$0.38d$ $0.11d$	$D = 2.5d$ $D = 4d$

◆　弯起钢筋弯曲 30°、45°、60° 的弯曲调整值：弯起钢筋弯曲调整值的计算简图如图 2-21（d）所示；弯起钢筋弯曲调整值计算式及取值见表 2-13。

弯起钢筋弯曲 30°、45°、60° 的弯曲调整值　　　表 2-13

弯折角度	钢筋级别	弯曲调整值 δ		弯弧直径
		计算式	取值	
30°	HPB300、HRB335、HRB400	$\delta = 0.012D + 0.28d$	$0.34d$	$D = 5d$
45°		$\delta = 0.043D + 0.457d$	$0.67d$	
60°		$\delta = 0.108D + 0.685d$	$1.23d$	

◆　钢筋 180° 弯钩长度增加值

HPB300 级钢筋两端做 180° 弯钩，其弯曲直径 $D = 2.5d$（d 为钢筋直径），平直部分长度为 $3d$，如图 2-22 所示。度量方法为以外包尺寸度量，其每个弯钩长度增加值为 $6.25d$。

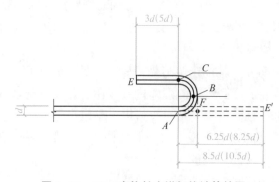

图 2-22　180° 弯钩长度增加值计算简图

箍筋做 180° 弯钩时，其平直部分长度为 $5d$，则其每个弯钩增加长度为 $8.25d$。

【任务实施】

2. 钢筋下料长度计算

（1）一般钢筋下料长度计算

◆ 直钢筋下料长度 = 构件长度 – 混凝土保护层厚度 + 弯钩增加长度（混凝土保护层厚度按教材规定查用）

◆ 弯起钢筋下料长度 = 直段长度 + 斜段长度 – 弯曲调整值 + 弯钩增加长度

◆ 箍筋下料长度 = 直段长度 + 弯钩增加长度 – 弯曲调整值

或：箍筋下料长度 = 箍筋周长 + 箍筋长度调整值

◆ 曲线钢筋（环形钢筋、螺旋箍筋、抛物线钢筋等）下料长度计算公式为：

下料长度 = 钢筋长度计算值 + 弯钩增加长度

（2）箍筋弯钩增加长度计算

由于箍筋弯钩形式较多，下料长度计算比其他类型钢筋复杂，常用的箍筋形式如图 2–23 所示，箍筋的弯钩形式有三种，即半圆弯钩（180°）、直弯钩（90°）、斜弯钩（135°）；图 2–23（a）（b）是一般形式箍筋，图 2–23（c）是有抗震要求和受扭构件的箍筋。不同箍筋形式弯钩长度增加值计算计算见表 2–14；不同形式箍筋下料长度计算式见表 2–15。

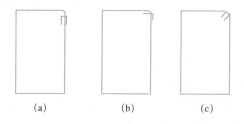

(a)   (b)   (c)

图 2–23 常用的箍筋形式

(a) 90°/180°箍筋；(b) 90°/90°箍筋；(c) 135°/135°箍筋

箍筋弯钩增加长度计算   表 2–14

弯钩形式	箍筋弯钩增加长度计算公式（l_z）	平直段长度l_p	箍筋弯钩增加长度取值（l_z）	
			HPB300	HRB335
半圆弯钩（180°）	$l_z = 1.071D + 0.571D + l_p$	$5d$	$8.25d$	—
直弯钩（90°）	$l_z = 0.285D + 0.215D + l_p$	$5d$	$6.2d$	$6.2d$
斜弯钩（135°）	$l_z = 0.678D + 0.178D + l_p$	$10d$	$12d$	—

注：表中 90°弯钩：HPB300、HRB335 级钢筋均取 $D = 5d$；135°、180°弯钩 HPB300 级钢筋取 $D = 2.5d$。

箍筋下料长度计算式 表 2-15

序号	简图	钢筋级别	弯钩类型	下料长度计算式 l_x
1			180°/180°	$l_x = (a+2b) + (6-2 \times 2.29+2 \times 8.25)d$ 或：$l_x = a+2b+17.9d$
2			90°/180°	$l_x = (2a+2b) + (8-3 \times 2.29+8.25+6.2)d$ 或：$l_x = 2a+2b+15.6d$
3		HPB300 级	90°/90°	$l_x = (2a+2b) + (8-3 \times 2.29+2 \times 6.2)d$ 或：$l_x = 2a+2b+13.5d$
4			135°/135°	$l_x = (2a+2b) + (8-3 \times 2.29+2 \times 12)d$ 或：$l_x = 2a+2b+25.1d$
5			90°/90°	$l_x = (a+2b) + (4-2 \times 2.29)d$ 或：$l_x = a+2b-0.6d$
6		HRB335 级	90°/90°	$l_x = (2a+2b) + (8-3 \times 2.29+2 \times 6.2)d$ 或：$l_x = 2a+2b+13.5d$

3. 钢筋配料单及料牌的填写

（1）钢筋配料单的作用及形式

钢筋配料单是根据施工设计图纸标定钢筋的品种、规格及外形尺寸、数量进行编号，并计算下料长度，用表格形式表达的技术文件。

◆ 钢筋配料单的作用：钢筋配料单是确定钢筋下料加工的依据，是提出材料计划，签发施工任务单和限额领料单的依据，它是钢筋施工的重要工序，合理的配料单，能节约材料、简化施工操作。

◆ 配料单的形式：钢筋配料单一般用表格的形式反映，其内容由构件名称、钢筋编号、钢筋简图、尺寸、钢号、数量、下料长度及重量等组成，见表 2-16。

钢筋配料单 表 2-16

项次	构件名称	钢筋编号	简图	直径（mm）	钢筋级别	下料长度（mm）	单位根数	合计根数	质量（kg）
1	L_1 梁共 5 根	①	6190	10	φ	6315	2	10	39.0
2		②	250 6190	25	Φ	6575	2	10	253.1

续表

项次	构件名称	钢筋编号	简图	直径（mm）	钢筋级别	下料长度（mm）	单位根数	合计根数	质量（kg）
3	L₁梁 共5根	③	250 265 4560 777	25	Φ	6962	2	10	266.1
4		④	200 550	8	φ	1701	32	160	107.5
合计		φ8：107.5kg； φ10：39.0kg； Φ25：519.2kg							

（2）钢筋配料单的编制方法及步骤

◆ 熟悉构件配筋图，了解每一编号钢筋的直径、规格、种类、形状和数量，以及在构件中的位置和相互关系。

◆ 绘制钢筋简图。

◆ 计算每种规格的钢筋下料长度。

◆ 填写钢筋配料单。

◆ 填写钢筋料牌。

（3）钢筋的标牌与标识

钢筋除填写配料单外，还需为每一编号的钢筋制作相应的标牌与标识，即料牌，作为钢筋加工的依据，并在安装中作为区别、核实工程项目钢筋的标志。钢筋料牌的形式如图 2-24 所示。

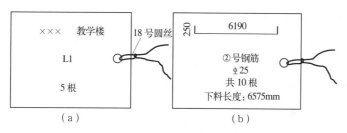

图 2-24 钢筋料牌的形式
(a) 正面；(b) 背面

【能力拓展】

2.2.2.4 钢筋配料计算案例

某教学楼第 1 层楼共有 5 根 L₁梁，梁的钢筋如图 2-25 所示，梁混凝土保护层厚度取 25mm，箍筋为 135° 斜弯钩，试编制该梁的钢筋配料单（HRB335 级钢筋末端为 90° 弯钩，弯起直段长度 250mm）。

（1）熟悉构件配筋图，绘出各钢筋简图，见表 2-16。

（2）计算各钢筋下料长度

①号钢筋为 HPB300 级钢筋，两端需做 180° 弯钩，每个弯钩长度增加值为 6.25d，

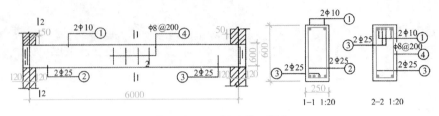

图 2-25 L1 梁（共 5 根）

端头保护层厚 25mm，则钢筋外包尺寸为：6240–2×25=6190mm，钢筋下料长度 = 构件长 – 两端保护层厚度 + 弯钩增加长度。

①号钢筋下料长度 =6190+2×6.25×10=6190+125=6315mm

②号钢筋为 HRB335 级钢筋（钢筋下料长度计算式同前），钢筋弯折调整值可查表 2-12，弯折 90° 时取 2.29d；下料长度为：

$$6240–2×25+2×250–2×2.29d=6190+500–115=6605mm$$

③号钢筋为弯起钢筋，钢筋下料长度计算式为：

弯起钢筋下料长度 = 直段长度 + 斜段长度 – 弯曲调整值 + 弯钩增加长度

分段计算其长度：

$$端部平直段长 =240+50 – 25=265mm$$

斜段长 = （梁高 –2 倍保护层厚度）×1.41= （600–2×25）×1.414=550×1.414=777mm
（其中：1.414 是钢筋弯 45° 斜长增加系数）
中间直线段长 =6240–2×25–2×265–2×550=6240–1680=4560mm
HRB335 级钢筋锚固长度为 250mm，末端无弯钩；钢筋的弯曲调整值查表 2-13，弯起 45° 时取 0.67d；钢筋的弯折调整值查表 2-12，弯折 90° 时取 2.29d；钢筋下料长度为：

$$2×（250+265+777）+4560–4×0.67d–2×2.29d=7144 –182=6962mm$$

④号钢筋为箍筋（按表 2-15，计算式为：l_x =2a+2b+25.1d），钢筋下料长度计算式为：

箍筋下料长度 = 直段长度 + 弯钩增加长度 – 弯曲调整值

箍筋两端做 135° 斜弯钩，查表 2-14，弯钩增加值取 25.1d，箍筋内包尺寸为：

$$宽度 =250–2×25=200mm$$

$$高度 =600–2×25=550mm$$

④号箍筋的下料长度 =2×（200+550）+25.1d=1500+25.1×8=1701mm

$$箍筋数量 = （构件长 – 两端保护层）÷ 箍筋间距 +1$$
$$= （6240–2×25）÷200+1=6190÷200+1$$
$$=30.95+1=31.95，取 32 根。$$

将计算结果汇总于表 2–16。

（3）填写钢筋料牌，如图 2–24 所示。图中仅填写了④号钢筋的料牌，其余同此。

2.2.3　钢筋的安装施工

【任务实施】

2.2.3.1　钢筋的绑扎安装

钢筋绑扎、安装前，应先熟悉图纸，核对钢筋配料单和钢筋加工牌，研究与有关工种的配合，确定施工方法。

钢筋的接长、钢筋骨架或钢筋网的成形应优先采用焊接或机械连接，如不能采用焊接（如缺乏电焊机或焊机功率不够）或骨架过大过重不便于运输安装时，可采用绑扎的方法。钢筋绑扎一般采用 20 ～ 22 号扎丝。绑扎时应注意钢筋位置是否准确，绑扎是否牢固，搭接长度及绑扎点位置是否符合规范要求。板和墙的钢筋网，除靠近外围两行钢筋的相交点全部扎牢外，中间部分的相交点可相隔交错扎牢，但必须保证受力钢筋不位移。双向受力的钢筋，须全部扎牢；梁和柱的箍筋，除设计有特殊要求外，应与受力钢筋垂直设置。箍筋弯钩叠合处，应沿受力钢筋方向错开设置；柱中的竖向钢筋搭接时，角部钢筋的弯钩应与模板呈 45°角（多边形柱为模板内角的平分角，圆形柱应与模板切线垂直）；弯钩与模板的角度最小不得小于 15°。

当受力钢筋采用机械连接接头或焊接接头时，设置在同一构件内的接头宜相互错开。同一构件中相邻纵向受力钢筋的绑扎搭接接头宜相互错开。钢筋搭接处，应在中心和两端用铁丝扎牢。在受拉区域内，HPB300 级钢筋绑扎接头的末端应做弯钩。绑扎搭接接头中钢筋的横向净距不应小于钢筋直径，且不应小于 25mm；钢筋绑扎搭接接头连接区段的长度为 $1.3l_i$（l_i 为搭接长度），凡搭接接头中点位于该连接区段长度内的搭接接头均属于同一连接区段。同一连接区段内，纵向钢筋搭接接头面积百分率为该区段内有搭接接头的纵向受力钢筋截面面积与全部纵向受力钢筋截面面积的比值；同一连接区段内，纵向受拉钢筋搭接接头面积百分率应符合规范要求。

钢筋绑扎搭接长度按下列规定确定：

1. 纵向受力钢筋绑扎搭接接头面积百分率不大于 25% 时，其最小搭接长度应符合表 2–17 的规定，其中 d 为钢筋直径。

纵向受拉钢筋的最小搭接长度　　　　　　　　　　表 2–17

钢 筋 类 型		混凝土强度等级			
		C15	C20 ～ C25	C30 ～ C35	≥C40
光圆钢筋	HPB300 级	45d	35d	30d	25d
带肋钢筋	HRB335 级	55d	45d	35d	30d
	HRB400 级、RRB400 级		55d	40d	35d

注：两根直径不同钢筋的搭接长度，以较细钢筋的直径计算。

2. 当纵向受拉钢筋搭接接头面积百分率大于 25%，但不大于 50% 时，其最小搭接长度应按表 2-17 中的数值乘以系数 1.2 取用；当接头面积百分率大于 50% 时，应按表 2-17 中的数值乘以系数 1.35 取用。

3. 纵向受拉钢筋的最小搭接长度根据前述第 1、2 条确定后，在下列情况时还应进行修正：带肋钢筋的直径大于 25mm 时，其最小搭接长度应按相应数值乘以系数 1.1 取用；对环氧树脂涂层的带肋钢筋，其最小搭接长度应按相应数值乘以系数 1.25 取用；当在混凝土凝固过程中受力钢筋易受扰动时（如滑模施工），其最小搭接长度应按相应数值乘以系数 1.1 取用；对末端采用机械锚固措施的带肋钢筋，其最小搭接长度可按相应数值乘以系数 0.7 取用；当带肋钢筋的混凝土保护层厚度大于搭接钢筋直径的 3 倍且配有箍筋时，其最小搭接长度可按相应数值乘以系数 0.8 取用；对有抗震设防要求的结构构件，其受力钢筋的最小搭接长度对一、二级抗震等级应按相应数值乘以系数 1.15 采用；对三级抗震等级应按相应数值乘以系数 1.05 采用。

4. 纵向受压钢筋搭接时，其最小搭接长度应根据第 1 ~ 3 条的规定确定相应数值后，乘以系数 0.7 取用。

5. 在任何情况下，受拉钢筋的搭接长度不应小于 300mm，受压钢筋的搭接长度不应小于 200mm。

在梁、柱类构件的纵向受力钢筋搭接长度范围内，应按设计要求配置箍筋。

钢筋安装或现场绑扎应与模板安装相配合。柱钢筋现场绑扎时，一般在模板安装前进行，柱钢筋采用预制安装时，可先安装钢筋骨架，然后安装柱模板，或先安装三面模板，待钢筋骨架安装后，再钉第四面模板。梁的钢筋一般在梁模板安装后，再安装或绑扎；断面高度较大（>600mm），或跨度较大、钢筋较密的大梁，可留一面侧模，待钢筋安装或绑扎完后再钉。楼板钢筋绑扎应在楼板模板安装后进行，并应按设计先划线，然后摆料、绑扎。

钢筋保护层应按设计或规范的要求确定。工地常用预制水泥垫块垫在钢筋与模板之间，以控制保护层厚度。垫块应布置成梅花形，其相互间距不大于 1m。上下双层钢筋之间的尺寸，可通过绑扎短钢筋或设置撑脚来控制。

【知识拓展】

2.2.3.2 植筋施工

植筋技术是在需连接的旧混凝土构件上根据结构的受力特点，确定钢筋的数量、规格、位置，在旧构件上经过钻孔、清孔、注入植筋胶粘剂，再插入所需钢筋，使钢筋与混凝土通过胶粘剂粘结在一起，然后浇筑新混凝土，从而完成新旧钢筋混凝土的有效连接，达到共同作用、整体受力的目的。

由于在钢筋混凝土结构上植筋锚固已不必再进行大量的开凿挖洞，而只需在植筋部位钻孔后，利用化学锚固剂作为钢筋与混凝土的胶粘剂就能保证钢筋与混凝土的良好粘接，从而减轻对原有结构构件的损伤，也减少了加固改造工程的工程量；又因植筋胶对钢筋的锚固力，使锚杆与基材有效地锚固在一起，产生的粘接强度与机械咬合力可承受受拉荷载，当植筋达到一定的锚固深度后，植入的钢筋就具有很强的抗拉力，从而保证了锚固强度。作为一种新型的加固技术，植筋方法具有工艺简单、工期短、造价省、操作方便、劳动强度低、质量易保证等优点。该方法适用于竖直孔、水平孔，因此被广泛应用于建筑结构加固及混凝土的补强工程中。

1. 植筋施工工艺流程

植筋施工工艺流程为：弹线定位→钻孔→清孔→钢筋处理→注胶→植筋→固化养护→检验→绑钢筋→浇筑混凝土。

2. 施工要点

（1）弹线定位

按设计图纸的要求，标示出植筋钻孔的位置、型号，若基体上存在受力钢筋，钻孔位置可适当调整，避免钻孔时钻到原有钢筋；植筋宜植在箍筋内侧（对梁、柱）或分布筋内侧（对板、剪力墙）。

（2）钻孔

钻孔使用配套冲击电钻。钻孔时，如遇不可切断钢筋应调整孔位避开；钻孔直径为所植钢筋直径 d +（4～10）mm（小直径钢筋取低值，大直径钢筋取高值）；孔洞间距与孔洞深度应满足设计要求。

（3）清孔

钻孔完毕，检查孔深、孔径合格后先用吹气泵清除孔洞内粉尘等，再用清孔刷清孔，要经多次吹刷完成，直至孔内无灰尘，将孔口临时封闭。若有废孔，清净后用植筋胶填实。清孔时，不能用水冲洗，以免残留在孔中的水分削弱粘合剂的作用。

（4）钢筋处理

钢筋锚固长度范围的铁锈应清除干净（新钢筋的青色外皮也应清除），并打磨出金属光泽，采用角磨机和钢丝轮片速度较快。

（5）注胶

◆ 植筋用胶的配制

植筋用胶粘剂是在使用前由两种不同化学组分按一定比例配制而成，配制比例必须严格按产品说明书确定。配胶宜采用机械搅拌，搅拌器可由电锤和搅拌齿组成，搅拌齿可采用电锤钻头端部焊接十字形 φ14 钢筋制成，也可用细钢筋棍人工搅拌。

◆ 使用植筋注射器从孔底向外均匀地把适量胶粘剂填注孔内，从里到外渐渐填孔并排出空气，注胶量为孔深的 1/3～1/2，以钢筋植入后有少许胶液溢出为宜。注意勿将空气封入孔内。

（6）植筋

按顺时针方向把钢筋平行于孔洞走向轻轻植入孔中，直至插入孔底，胶粘剂溢出。钢筋也可用手锤击打方式入孔，手锤击打时，一人应扶住钢筋，以避免回弹。锚固胶填充量应保证插入钢筋后周边有少许胶料溢出。

（7）固化养护

将钢筋外露端固定在模架上，使其不受外力作用，直至凝结，并派专人现场保护。

凝胶的化学反应时间一般为 15min，固化时间一般为 1h。植筋后夏季 12h 内（冬季 24 小时内）不得扰动钢筋，若有较大扰动宜重新植。粘接胶的固化时间与环境温度的关系按产品说明书确定。

（8）检验

采用千斤顶、锚具、反力架系统作拉拔试验。一般加载至钢筋强度的标准值。

（9）绑钢筋浇筑混凝土

在检验合格后，可按施工图开始绑筋、浇筑混凝土。

3. 注意事项

（1）包装桶内植筋用胶若有沉淀，使用前应搅拌均匀。

（2）锚固构造措施尚宜满足《混凝土结构后锚固技术规程》JGJ 145-2013 的有关规定。

（3）植筋用胶宜在阴凉处密闭保存，保存期应按使用说明执行。

（4）施工场所温度低于 5℃，可采用碘钨灯、红外线灯、电炉或水浴等增温方式在胶使用前将其预热至 20～40℃。当施工场所温度低于 -5℃ 时，建议对锚固部位也加温至 5℃ 以上，并维持 24h 以上。

（5）植筋用胶对皮肤有刺激性，个别人员有过敏反应，胶固化后也不易清除，人体直接接触后应用清水冲洗干净；如不慎溅到眼睛里，采用大量清水冲洗后立刻就医。施工人员应注意适当的劳动保护，如配备安全帽、工作服、手套等。

（6）周围环境温度越高，每次配胶量越大，可操作时间越短。预估每次的配胶量，以避免不必要的浪费。

2.2.4 钢筋工程质量检测与验收

钢筋工程属于隐蔽工程，在浇筑混凝土前应对钢筋及预埋件进行隐蔽工程验收，并按规定记好隐蔽工程记录，以便查验。其验收内容包括：纵向受力钢筋的品种、规格、数量、位置是否正确，特别是要注意检查负筋的位置；钢筋的连接方式、接头位置、接头数量、接头面积百分率是否符合规定；箍筋、横向钢筋的品种、规格、数量、间距等；预埋件的规格、数量、位置等；检查钢筋绑扎是否牢固，有无变形、松脱和开焊。

【任务实施】

2.2.4.1 钢筋工程检验批质量验收

某现浇钢筋混凝土框架结构共 7 层，在混凝土浇筑前应对钢筋安装分项工程质量进行验收。现以第 5 层⑤～⑩轴柱钢筋安装完成后的质量验收为例，说明检验批质量验收标准、验收方法和最终质量的评定方法。

1. 钢筋工程检验批划分

根据施工工艺特点，钢筋分项工程的质量控制分为：钢筋进场检验、钢筋现场加工、钢筋的连接和钢筋的安装等 4 个阶段，实际工程中钢筋分项工程检验批划分时主要考虑施工段和施工层。

如上述 7 层框架结构的钢筋工程，竖向按楼层划分为 7 个施工层，水平方向考虑工作面按每楼层①～⑤轴、⑤～⑩轴划分为 2 个施工段，施工方案为先浇柱，后浇梁和板，则该框架结构的柱钢筋安装分项工程在每 1 层上有 2 个检验批。

2. 检验批质量验收记录表填写实例

钢筋分项工程检验批的质量验收可按《混凝土结构工程施工质量验收规范》GB 50204-2015 的表格进行记录，该检验批质量验收记录见表 2-18。

钢筋安装工程检验批质量验收记录表　　　　　　　　　　表 2-18

工程名称		×××工程		分项工程名称	钢筋分项工程	验收部位		×××
施工单位		×××建筑工程公司		专业工长	×××	项目经理		×××
分包单位		/		分包项目经理	/	施工班组长		×××
施工执行标准名称及编号		《混凝土结构工程施工质量验收规范》GB 50204-2015						
施工质量验收规范的规定				施工单位检查评定记录				监理（建设）单位验收记录
主控项目	1	纵向受力钢筋的连接方式		第 5.4.1 条	✓			同意验收
	2	机械连接和焊接接头的力学性能		第 5.4.2 条	✓			
	3	机械连接的扭矩和压痕		第 5.4.3 条	✓			
	4	受力钢筋的牌号、规格和数量		第 5.5.1 条	✓			
	5	受力钢筋安装位置和固定方式		第 5.5.2 条	✓			
一般项目	1	接头位置		第 5.4.4 条	✓			同意验收
	2	机械连接、焊接的外观质量		第 5.4.5 条	✓			
	3	机械连接、焊接接头百分率		第 5.4.6 条	✓			
	4	绑扎搭接接头面积百分率		第 5.4.7 条	✓			
	5	搭接长度范围内的箍筋		第 5.4.8 条	✓			
	6	钢筋安装允许偏差（mm）	绑扎网钢筋	长、宽	±10							
				网眼尺寸	±20							
			绑扎钢筋骨架	长	±10							
				宽、高	±5							
			纵向受力钢筋	锚固长度	−20	−15	−15	10	8	6	0	3	−7
				间距	±10	+6	+6	−3	−4	−3	−3	+6	+5
				排距	±5	+3	−4	+3	+2	−1	−3	+2	+2
			纵向受力钢筋、箍筋的混凝土保护层厚度	基础	±10							
				柱、梁	±5	−1	+3	+3	−4	+3	+2	−4	+3
				板、墙、壳	±3							
			绑扎箍筋、横向钢筋间距		±20	−15	−15	+10	+8	+6	+3	−4	+3
			钢筋弯起点位置		20							
			预埋件	中心线位置	5	3	4	2	5	3	4	3	2
				水平高差	+3, 0	1	2	2	2	3	0	3
施工单位检查结果		主控项目全部合格，一般项目满足规范规定，检查评定结果为合格。 　　　　　　　　　　　　　　项目专业质量检查员：×××　　　　　　××年×月×日							
监理单位验收结论		同意验收。 　　　　　　　　　　　　　　监理工程师：×××　　　　　　××年×月×日							

【学习支持】

2.2.4.2　钢筋工程施工的质量标准及检验方法

钢筋工程的施工质量检验应按主控项目、一般项目进行验收。检验批合格质量应符合下列规定：主控项目的质量经抽样检验合格；一般项目的质量经抽样检验合格；当采用计数检验时，除有专门要求外，一般项目的合格点率应达到80%及以上，且不得有严重缺陷；具有完整的施工操作依据和质量验收记录。

1. 主控项目

（1）钢筋进场时，应按国家现行相关标准的规定抽取试件作屈服强度、抗拉强度、伸长率、弯曲性能和重量偏差检验，检验结果应符合相应标准的规定。

检查数量：接进场批次和产品的抽样检验方案确定。

检验方法：检查质量证明文件和抽样检验报告。

（2）成型钢筋进场时，应抽取试件作屈服强度、抗拉强度、伸长率和重量偏差检验，检验结果应符合国家现行有关标准的规定。

对由热轧钢筋制成的成型钢筋，当有施工单位或监理单位的代表驻厂监督生产过程，并提供原材钢筋力学性能第三方检验报告时，可仅进行重量偏差检验。

检查数量：同一厂家、同一类型、同一钢筋来源的成型钢筋，不超过30t为一批，每批中每种钢筋牌号、规格均应至少抽取1个钢筋试件，总数不应少于3个。

检验方法：检查质量证明文件和抽样检验报告。

（3）对按一、二、三级抗震等级设计的框架和斜撑构件（含梯段）中的纵向受力普通钢筋应采用HRB335E、HRB400E、HRB500E、HRBF335E、HRBF400E或HRBF500E钢筋，其强度和最大力下总伸长率的实测值应符合下列规定：

抗拉强度实测值与屈服强度实测值的比值不应小于1.25；屈服强度实测值与屈服强度标准值的比值不应大于1.30；最大力下总伸长率不应小于9%。

检查数量：按进场的批次和产品的抽样检验方案确定。

检验方法：检查抽样检验报告。

（4）钢筋弯折的弯弧内直径应符合下列规定：

光圆钢筋，不应小于钢筋直径的2.5倍；335MPa级、400MPa级带肋钢筋，不应小于钢筋直径的4倍；500MPa级带肋钢筋，当直径为28mm以下时不应小于钢筋直径的6倍，当直径为28mm及以上时不应小于钢筋直径的7倍；箍筋弯折处尚不应小于纵向受力钢筋的直径。

检查数量：同一设备加工的同一类型钢筋，每工作班抽查不应少于3件。

检验方法：尺量。

（5）纵向受力钢筋的弯折后平直段长度应符合设计要求。光圆钢筋末端做180°弯钩时，弯钩的平直段长度不应小于钢筋直径的3倍。

检查数量：同一设备加工的同一类型钢筋，每工作班抽查不应但少于3件。

检验方法：尺量。

（6）箍筋、拉筋的末端应按设计要求做弯钩，并应符合下列规定：

1）对一般结构构件，箍筋弯钩的弯折角度不应小于 90°，弯折后平直段长度不应小于箍筋直径的 5 倍；对有抗震设防要求或设计有专门要求的结构构件，箍筋弯钩的弯折角度不应小于 135°，弯折后平直段长度不应小于箍筋直径的 10 倍；

2）圆形箍筋的搭接长度不应小于其受拉锚固长度，且两末端弯钩的弯折角度不应小于 135°，弯折后平直段长度对一般结构构件不应小于箍筋直径的 5 倍，对有抗震设防要求的结构构件不应小于箍筋直径的 10 倍；

3）梁、柱复合箍筋中的单肢箍筋两端弯钩的弯折角度均不应小于 135°，弯折后平直段长度应符合（1）对箍筋的有关规定。

检查数量：同一设备加工的同一类型钢筋，每工作班抽查不应少于 3 件。

检验方法：尺量。

（7）盘卷钢筋调直后应进行力学性能和质量偏差检验，其强度应符合国家现行有关标准的规定，其断后伸长率、质量偏差应符合表 2-19 的规定。力学性能和重量偏差检验应符合下列规定：

1）应对 3 个试件先进行质量偏差检验，再取其中 2 个试件进行力学性能检验。

2）质量偏差应按下式计算：

$$\Delta = \frac{w_a - w_0}{w_0} \times 100$$

式中：Δ —— 重量偏差（%）；

w_a —— 3 个调直钢筋试件的实际质量之和（kg）；

w_0 —— 钢筋理论质量（kg），取每米理论质量（kg/m）与 3 个调直钢筋试件长度之和（m）的乘积。

3）检验重量偏差时，试件切口应平滑并与长度方向垂直，其长度不应小于 500mm；长度和质量的量测精度分别不应低于 1mm 和 1g。

采用无延伸功能的机械设备调直的钢筋，可不进行本条规定的检验。

检查数量：同一设备加工的同一牌号、同一规格的调直钢筋，重量不大于 30t 为一批，每批见证抽取 3 个试件。

检验方法：检查抽样检验报告。

盘卷钢筋调直后的断后伸长率、质量偏差要求　　　　表 2-19

钢筋牌号	断后伸长率 A（%）	不同直径钢筋单位长度质量偏差（%）	
		6 ~ 12mm	14 ~ 16mm
HPB300	≥ 21	≥ -10	—
HRB335、HRBF335	≥ 16	≥ -8	≥ -6
HRB400、HRBF 400	≥ 15		
RRB400	≥ 13		
HRB500、HRBF500	≥ 14		

注：断后伸长率 A 的量测标距为 5 倍钢筋直径。

（8）钢筋的连接方式应符合设计要求。

检查数量：全数检查。

检验方法：观察。

（9）钢筋采用机械连接或焊接连接时，钢筋机械连接接头、焊接接头的力学性能、弯曲性能应符合国家现行有关标准的规定。接头试件应从工程实体中截取。

检查数量：按现行行业标准《钢筋机械连接技术规程》JGJ 107 和《钢筋焊接及验收规程》JGJ 18 的规定确定。

检验方法：检查质量证明文件和抽样检验报告。

（10）钢筋采用机械连接时，螺纹接头应检验拧紧扭矩值，挤压接头应量测压痕直径，检验结果应符合现行行业标准《钢筋机械连接技术规程》JGJ 107 的相关规定。

检查数量：按现行行业标准《钢筋机械连接技术规程》JGJ 107 的规定确定。

检验方法：采用专用扭力扳手或专用量规检查。

（11）钢筋安装时，受力钢筋的牌号、规格和数量必须符合设计要求。

检查数量：全数检查。

检验方法：观察，尺量。

（12）钢筋应安装牢固。受力钢筋的安装位置、锚固方式应符合设计要求。

检查数量：全数检查。

检验方法：观察，尺量。

2. 一般项目

（1）钢筋应平直、无损伤，表面不得有裂纹、油污、颗粒状或片状老锈。

检查数量：全数检查。

检验方法：观察。

（2）成型钢筋的外观质量和尺寸偏差应符合国家现行有关标准的规定。

检查数量：同一厂家、同一类型的成型钢筋，不超过 30t 为一批，每批随机抽取 3 个成型钢筋。

检验方法：观察，尺量。

（3）钢筋机械连接套筒、钢筋锚固板以及预埋件等的外观质量应符合国家现行有关标准的规定。

检查数量：按国家现行有关标准的规定确定。

检验方法：检查产品质量证明文件；观察，尺量。

（4）钢筋加工的形状、尺寸应符合设计要求，其偏差应符合表 2-20 的规定。

钢筋加工的允许偏差 表 2-20

项目	允许偏差（mm）
受力钢筋沿长度方向的净尺寸	±10
弯起钢筋的弯折位置	±20
箍筋外廓尺寸	±5

检查数量：同一设备加工的同一类型钢筋，每工作班抽查不应少于 3 件。

检验方法：尺量。

（5）钢筋接头的位置应符合设计和施工方案要求。有抗震设防要求的结构中，梁端、柱端箍筋加密区范围内不应进行钢筋搭接。接头末端至钢筋弯起点的距离不应小于钢筋直径的 10 倍。

检查数量：全数检查。

检验方法：观察，尺量。

（6）钢筋机械连接接头、焊接接头的外观质量应符合现行行业标准《钢筋机械连接技术规程》JGJ 107 和《钢筋焊接及验收规程》JGJ 18 的规定。

检查数量：按现行行业标准《钢筋机械连接技术规程》JGJ 107 和《钢筋焊接及验收规程》JGJ 18 的规定确定。

检验方法：观察，尺量。

（7）当纵向受力钢筋采用机械连接接头或焊接接头时，同一连接区段内纵向受力钢筋的接头面积百分率应符合设计要求；当设计无具体要求时，应符合下列规定：

受拉接头，不宜大于 50%；受压接头，可不受限制；直接承受动力荷载的结构构件中，不宜采用焊接；当采用机械连接时，不应超过 50%。

检查数量：在同一检验批内，对梁、柱和独立基础，应抽查构件数量的 10%，且不应少于 3 件；对墙和板，应按有代表性的自然间抽查 10%，且不应少于 3 间；对大空间结构，墙可按相邻轴线间高度 5m 左右划分检查面，板可按纵横轴线划分检查面，抽查 10%，且均不应少于 3 面。

检验方法：观察，尺量。

注：1. 接头连接区段是指长度为 35d 且不小于 500mm 的区段，d 为相互连接两根钢筋的直径较小值。

2. 同一连接区段内纵向受力钢筋接头面积百分率为接头中点位于该连接区段内的纵向受力钢筋截面面积与全部纵向受力钢筋截面面积的比值。

（8）当纵向受力钢筋采用绑扎搭接接头时，接头的设置应符合下列规定：

1）接头的横向净间距不应小于钢筋直径，且不应小于 25mm。

2）同一连接区段内，纵向受拉钢筋的接头面积百分率应符合设计要求；当设计无具体要求时，应符合下列规定：

梁类、板类及墙类构件，不宜超过 25%；基础筏板，不宜超过 50%；柱类构件，不宜超过 50%；当工程中确有必要增大接头面积百分率时，对梁类构件，不应大于 50%。

检查数量：在同一检验批内，对梁、柱和独立基础，应抽查构件数量的 10%，且不应少于 3 件；对墙和板，应按有代表性的自然间抽查 10%，且不应少于 3 间；对大空间结构，墙可按相邻轴线间高度 5m 左右划分检查面，板可按纵横轴线划分检查时，抽查 10%，且均不应少于 3 面。

检验方法：观察，尺量。

注：1. 接头连接区段是指长度为 1.3 倍搭接长度的区段。搭接长度取相互连接两根钢筋中较小直径计算。

2. 同一连接区段内纵向受力钢筋接头面积百分率为接头中点位于该连接区段长度内的纵向受力钢筋截面面积与全部纵向受力钢筋截面面积的比值。

（9）梁、柱类构件的纵向受力钢筋搭接长度范围内箍筋的设置应符合设计要求；当设计无具体要求时，应符合下列规定：

箍筋直径不应小于搭接钢筋较大直径的 1/4；受拉搭接区段的箍筋间距不应大于搭接钢筋较小直径的 5 倍，且不应大于 100mm；受压搭接区段的箍筋间距不应大于搭接钢筋较小直径的 10 倍，且不应大于 200mm；当柱中纵向受力钢筋直径大于 25mm 时，应在搭接接头两个端面外 100mm 范围内各设置 2 道箍筋，其间距宜为 50mm。

检查数量：在同一检验批内，应抽查构件数量的 10%，且不应少于 3 件。

检验方法：观察，尺量。

（10）钢筋安装偏差及检验方法应符合表 2-21 的规定，受力钢筋保护层厚度的合格点率应达到 90% 及以上，且不得有超过表中数据 1.5 倍的尺寸偏差。

检查数量：在同一检验批内，对梁、柱和独立基础，应抽查构件数量的 10%，且不应少于 3 件；对墙和板，应按有代表性的自然间抽查 10%，且不应少于 3 间；对大空间结构，墙可按相邻轴线间高度 5m 左右划分检查面，板可按纵、横轴线划分检查面，抽查 10%，且均不应少于 3 面。

钢筋安装允许偏差和检验方法　　　　　　　　　表 2-21

项目		允许偏差(mm)	检验方法
绑扎钢筋网	长、宽	±10	尺量
	网眼尺寸	±20	尺量连续三档，取最大偏差值
绑扎钢筋骨架	长	±10	尺量
	宽、高	±5	
纵向受力钢筋	锚固长度	-20	尺量两端、中间各一点，取最大偏差值
	间距	±10	
	排距	±5	
纵向受力钢筋、箍筋的混凝土保护层厚度	基础	±10	尺量
	柱、梁	±5	
	板、墙、壳	±3	
绑扎箍筋、横向钢筋间距		±20	尺量连续三档，取最大偏差值
钢筋弯起点位置		20	尺量
预埋件	中心线位置	5	
	水平高差	+3，0	塞尺量测

注：检查中心线位置时，沿纵、横两个方向量测，并取其中偏差的较大值。

【知识拓展】

2.2.5 钢筋施工安全技术

2.2.5.1 钢筋加工使用的夹具、台座、机械

钢筋加工使用的夹具、台座、机械应符合以下要求：

（1）机械的安装必须坚实稳固，保持水平位置。固定式机械应有可靠的基础，移动式机械作业时应楔紧行走轮。

（2）室外作业应设置机棚，机旁应有堆放原料、半成品的场地。

（3）加工较长的钢筋时，应有专人帮扶，并听从操作人员指挥，不得随意推拉。

（4）作业后，应堆放好成品。清理场地，切断电源，锁好电闸。

对钢筋进行冷拉、冷拔及预应力筋加工，还应严格遵守有关规定。

2.2.5.2 焊接施工安全技术

焊接必须遵循以下规定：

（1）焊机必须接地，以保证操作人员安全，对于焊接导线及焊钳接导处，都应可靠的绝缘。

（2）大量焊接时，焊接变压器不得超负荷，变压器升温不得超过 60℃。

（3）点焊、对焊时，必须开放冷却水，焊机出水温度不得超过 40℃，排水量应符合要求。天冷时应放尽焊机内存水，以免冻塞。

（4）对焊机闪光区域，须设铁皮隔挡。焊接时禁止其他人员停留在闪光区范围内，以防火花烫伤。焊机工作范围内严禁堆放易燃物品，以免引起火灾。

（5）室内电弧焊时，应有排气装置。焊工操作地点相互之间应设挡板，以防弧光刺伤眼睛。

【能力拓展】

2.2.6 钢筋工程施工技术交底案例

某框架结构写字楼，在进行基础地下室钢筋绑扎施工前，项目部质检员向参与施工的钢筋施工班组人员进行技术交底（表 2-22）。

技术交底   表 2-22

工程名称	×××写字楼	建设单位	×××
监理单位	×××建设监理公司	施工单位	×××建筑工程公司
工程部位	地下室底板钢筋绑扎	交底对象	钢筋施工班组
交底人	×××	接收人	×××

参加交底人员：(参加的所有人员签字) ×××、×××、×××、×××	交底时间	×××

1. 材料及主要机具要求

(1) 钢筋：应有出厂合格证，按规定做力学性能和钢筋质量偏差检验。当加工过程中发生脆断等特殊情况，还需作化学成分检验。钢筋应无老锈及油污。

(2) 绑扎钢丝：可采用 20 ~ 22 号镀锌钢丝。钢丝的切断长度要满足使用要求。

(3) 控制混凝土保护层用的砂浆垫块、塑料卡、各种挂钩或撑杆等。

(4) 工具：钢筋钩子、撬棍、扳子、绑扎架、钢丝刷子、手推车、粉笔、尺子等。

2. 作业条件

(1) 按施工现场平面图规定的位置，将钢筋堆放场地进行清理、平整。准备好垫木，按钢筋绑扎顺序分类堆放，并将锈蚀进行清理。

(2) 核对钢筋的级别、型号、形状、尺寸及数量是否与设计图纸及加工配料单相同。

(3) 当施工现场地下水位较高时，必须有排水及降水措施。

(4) 熟悉图纸，确定钢筋穿插就位顺序，并与有关工种作好配合工作，如支模、管线、防水施工与绑扎钢筋的关系，确定施工方法，做好技术交底工作。

(5) 根据地下室防水施工方案(采用内贴法或外贴施工)，底板钢筋绑扎前做完底板下防水层及保护层；支完底板四周模板(或砌完保护墙，做好防水层)。

3. 施工要点

(1) 工艺流程

划钢筋位置线→运钢筋到使用部位→绑底板及梁钢筋

(2) 划钢筋位置线：按图纸标明的钢筋间距，算出底板实际需用的钢筋根数，一般让靠近底板模板边的那根钢筋离模板边为 5cm，在底板上弹出钢筋位置线(包括基础梁钢筋位置线)。

(3) 绑基础底板及基础梁钢筋

1) 按弹出的钢筋位置线，先铺底板下层钢筋。根据底板受力情况，决定下层钢筋哪个方向钢筋在下面，一般情况下先铺短向钢筋，再铺长向钢筋。

2) 钢筋绑扎时，靠近外围两行的相交点每点都应绑扎，中间部分的相交点可相隔交错绑扎，双向受力的钢筋必须将钢筋交叉点全部扎牢。如采用一面顺扣应交错变换方向，也可采用八字扣，但必须保证钢筋不位移。

3) 摆放底板混凝土保护层用砂浆垫块，垫块厚度等于保护层厚度，按每 1m 左右距离梅花形摆放。如基础底板较厚或基础梁底板用钢量较大，摆放距离可缩小，甚至砂浆垫块可改用铁块代替。

4) 底板如有基础梁，可分段绑扎成形，然后安装就位，或根据梁位置线就地绑扎成形。

5) 基础底板采用双层钢筋时，绑完下层钢筋后，摆放钢筋马凳或钢筋支架(间距以 1m 左右 1 个为宜)，在马凳上摆放纵横两个方向定位钢筋，钢筋上下次序及绑扣方法同底板下层钢筋。

6) 底板钢筋如有绑扎接头时，钢筋搭接长度及搭接位置应符合施工规范要求，钢筋搭接处应用铁丝在中心及两端扎牢。如采用焊接接头，除应按焊接规程规定抽取试样外，接头位置也应符合施工规范的规定。

7) 由于基础底板及基础梁受力的特殊性，上下层钢筋断料位置应符合设计要求。

8) 根据弹好的墙、柱位置线，将墙、柱伸入基础的插筋绑扎牢固，插入基础深度要符合设计要求，甩出长度不宜过长，其上端应采取措施保证甩筋垂直，不歪斜、倾倒、变位。

4. 质量标准

(1) 主控项目

钢筋安装时，受力钢筋的品种、级别、规格和数量必须符合设计要求。

检查数量：全数检查。

检验方法：观察，钢尺检查。

(2) 一般项目

1) 同一构件中相邻纵向受力钢筋的绑扎搭接接头宜相互错开。绑扎搭接接头中钢筋的横向净距不应小于钢筋直径，且不应小于 25mm。

钢筋绑扎搭接接头连接区段的长度为 1.3*l* (*l* 为搭接长度)，凡搭接接头中点位于该连接区段长度内的搭接接头均属于同一连接区段。同一连接区段内，纵向钢筋搭接接头面积百分率为该区段内有搭接接头的纵向受力钢筋截面面积与全部纵向受力钢筋截面面积的比值。

同一连接区段内，纵向受拉钢筋搭接接头面积百分率应符合设计要求。

纵向受力钢筋绑扎搭接接头的最小搭接长度应符合规范的规定。

检查数量：在同一检验批内，对梁、柱和独立基础，应抽查构件数量的 10%，且不少于 3 件；对墙和板，应按有代表性的自然间抽查 10%，且不少于 3 间；对大空间结构，墙可按相邻轴线间高度 5m 左右划分检查面，板可按纵、横轴线划分检查面，抽查 10%，且均不少于 3 面。

续表

检验方法：观察，钢尺检查。

2）钢筋安装位置的偏差应符合表 2–23 的规定。

检查数量：在同一检验批内，对梁、柱和独立基础，应抽查构件数量的 10%，且不少于 3 件；对墙和板，应按有代表性的自然间抽查 10%，且不少于 3 间。

钢筋安装允许偏差和检验方法　　　　　表 2–23

项目		允许偏差(mm)	检验方法
绑扎钢筋网	长、宽	±10	尺量
	网眼尺寸	±20	尺量连续三档，取最大偏差值
绑扎钢筋骨架	长	±10	尺量
	宽、高	±5	
纵向受力钢筋	锚固长度	−20	尺量两端、中间各一点，取最大偏差值
	间距	±10	
	排距	±5	
纵向受力钢筋、箍筋的混凝土保护层厚度	基础	±10	尺量
	柱、梁	±5	
	板、墙、壳	±3	
绑扎箍筋、横向钢筋间距		±20	尺量连续三档，取最大偏差值
钢筋弯起点位置		20	尺量
预埋件	中心线位置	5	
	水平高差	+3，0	塞尺量测

注：检查中心线位置时，沿纵、横两个方向量测，并取其中偏差的较大值。

5. 施工注意事项

（1）成形钢筋应按指定地点堆放，用垫木垫放整齐，防止钢筋变形、锈蚀、油污。

（2）绑扎墙筋时应搭临时架子，不准蹬踩钢筋。

（3）妥善保护基础四周外露的防水层，以免被钢筋碰破。

（4）底板上、下层钢筋绑扎时，支撑马凳要绑牢固，防止操作时踩变形。

（5）严禁随意割断钢筋。

（6）墙、柱预埋钢筋位移：墙、柱主筋的插筋与底板上、下筋要固定绑扎牢固，确保位置准确。必要时可附加钢筋电焊焊牢。混凝土浇筑前应有专人检查修整。

（7）保护层：墙、柱钢筋每隔 1m 左右加绑带铁丝的水泥砂浆垫块（或塑料卡）。

（8）搭接长度不够：绑扎时应对每个接头进行尺量，检查搭接长度是否符合设计和规范要求。

（9）钢筋接头位置错误：钢筋接头较多的部位时，翻样配料加工时，应根据图纸预先画出施工翻样图，注明各号钢筋搭配顺序，并避开受力钢筋的最大弯矩处。

（10）绑扎接头与焊接接头未错开：经对焊加工的钢筋，在现场进行绑扎时，对焊接头要错开搭接位置。因此加工下料时，凡钢筋端头搭接长度范围以内不得有对焊接头。

6. 应具备的质量记录

（1）钢筋出厂质量证明书或检验报告单。

（2）钢筋力学性能和钢筋质量偏差检验报告。

（3）进口钢筋应有化学成分检验报告和可焊性试验报告。国产钢筋在加工过程中发生脆断、焊接性能不良和力学性能显著不正常时，应有化学成分检验报告。

（4）钢筋焊接接头试验报告。

（5）焊条、焊剂出厂合格证。

（6）钢筋分项工程质量检验评定资料。

（7）钢筋分项隐蔽工程验收记录。

注：本表一式四份，建设单位、监理单位、施工单位、城建档案馆各一份。

能力测试与实践活动

【能力测试】

1. 单项选择题

(1) 钢筋接头末端至钢筋弯起点的距离不应小于钢筋直径的（　　）倍。

    A. 8　　　　　　　　　　　　B. 10

    C. 12　　　　　　　　　　　　D. 15

(2) 闪光对焊主要用于（　　）。

    A. 钢筋网的连接　　　　　　　B. 钢筋搭接焊

    C. 竖向钢筋连接　　　　　　　D. 水平钢筋接长

(3) 电渣压力焊主要用于（　　）。

    A. 钢筋网的连接　　　　　　　B. 钢筋搭接焊

    C. 竖向钢筋连接　　　　　　　D. 水平钢筋接长

(4) 一钢筋混凝土过梁长 1.2m，上部钢筋为 $2\phi10$ 的直钢筋，两端做 $180°$ 弯钩，保护层厚 25mm，该钢筋的下料长度为（　　）mm。

    A. 1200　　　　　　　　　　　B. 1250

    C. 1275　　　　　　　　　　　D. 1300

2. 多项选择题

(1) 下列符合钢筋在加工中弯曲与弯折要求的有（　　）。

    A. HPB300 级钢筋末端应做 $180°$ 弯钩

    B. 钢筋做小于 $90°$ 的弯折时，弯折处的弯弧内直径不应小于钢筋直径的 5 倍

    C. 箍筋弯钩的弯后平直部分长度不应小于钢筋直径的 3 倍

    D. 箍筋弯钩的弯后平直部分长度不应大于钢筋直径的 5 倍

(2) 钢筋常用的连接方法有（　　）。

    A. 闪光对焊　　　　　　　　　B. 绑扎连接

    C. 焊接连接　　　　　　　　　D. 机械连接

(3) 钢筋常用的焊接方法有（　　）。

    A. 闪光对焊　　　　　　　　　B. 熔焊

    C. 电弧焊　　　　　　　　　　D. 电渣压力焊

【实践活动】

参观已经绑扎好的框架结构（柱，梁或楼板）钢筋，对照验收规范要求进行钢筋加工、安装质量检查，并判断其是否符合要求。

【工作任务布置】

由教师在《建筑结构施工图识读》教材中指定结构构件（柱、梁或楼板）施工图，
4～6 人为 1 组完成下列工作：

（1）按照施工图完成指定构件钢筋加工；

（2）按照施工图完成指定构件钢筋绑扎、安装；

（3）对已经绑扎、安装绑扎好的构件钢筋，按验收规范要求小组交叉对钢筋进行隐
蔽工程验收；

（4）填写钢筋工程检验批质量验收记录表。

【活动评价】

学生自评 （20%）：	规范选用	正确 ☐	错误 ☐
	钢筋加工	合格 ☐	不合格 ☐
	钢筋安装、绑扎	合格 ☐	不合格 ☐
小组互评 （40%）：	钢筋加工	合格 ☐	不合格 ☐
	钢筋安装、绑扎	合格 ☐	不合格 ☐
	工作认真努力，团队协作	好 ☐	一般 ☐
		还需努力 ☐	
	质量检测工具使用及检测方法	正确 ☐	错误 ☐
教师评价 （40%）：	质量验收记录表填写	正确、完整、齐全 ☐	
		完整、齐全 ☐	正确、完整 ☐
	完成进度	在规定时间完成 ☐	
		未在规定时间完成 ☐	

项目 2.3　混凝土工程施工

【项目描述】

为了使混凝土拌合物按照设计尺寸、形状、位置在模板中成形，确保工程质量，在混凝土的制备、运输、浇筑、振捣、养护等施工过程中，必须严格按照规范施工。

【学习支持】

混凝土工程施工相关规范

1. 《混凝土结构工程施工质量验收规范》GB 50204－2015
2. 《建筑工程施工质量验收统一标准》GB 50300－2013
3. 《混凝土结构工程施工规范》GB 50666－2011
4. 《混凝土结构试验方法标准》GB/T 50152－2012
5. 《通用硅酸盐水泥》GB 175－2007
6. 《混凝土外加剂应用技术规范》GB 50119－2013

2.3.1　混凝土的组成材料及应用

【学习支持】

2.3.1.1　混凝土组成材料应用要求

1. 水泥

水泥进场时应对其品种、级别、包装或散装仓号、出厂日期等进行检查，并应对其强度、安定性及其他必要的性能指标进行复验，其质量必须符合现行国家标准《通用硅酸盐水泥》GB175 的规定。

当在使用中对水泥质量有怀疑或水泥出厂超过 3 个月（快硬硅酸盐水泥超过 1 个月）时，应进行复验，并按复验结果使用。

钢筋混凝土结构、预应力混凝土结构中，严禁使用含氯化物的水泥。

2. 骨料

普通混凝土所用的粗、细骨料的质量应符合国家现行标准《普通混凝土用砂、石质量及检验方法标准》JGJ 52 的规定。

混凝土中用的骨料必须符合设计要求，当设计无要求时，混凝土用的粗骨料，其最大颗粒粒径不得超过构件截面最小尺寸的 1/4，且不得超过钢筋最小净间距的 3/4；对混凝土实心板，骨料的最大粒径不宜超过板厚的 1/3，且不得超过 40mm。

3. 外加剂

混凝土中掺用外加剂的质量及应用技术应符合现行国家标准《混凝土外加剂》GB 8076、《混凝土外加剂应用技术规范》GB 50119 及有关环境保护的规定。

预应力混凝土结构中，严禁使用含氯化物的外加剂。钢筋混凝土结构中，当使用含氯化物的外加剂时，混凝土中氯化物的总含量应符合现行国家标准《混凝土质量控制标准》GB 50164 的规定。

4. 掺合料

混凝土中掺用矿物掺合料的质量应符合现行国家标准《用于水泥和混凝土中的粉煤灰》GB/T 1596 的规定。矿物掺合料的掺量应通过试验确定。

5. 水

拌制混凝土宜采用饮用水；当采用其他水源时，水质应符合国家现行标准《混凝土用水标准》JGJ 63 的规定。

2.3.1.2 混凝土拌合物性能

首次使用的混凝土配合比应进行开盘鉴定，其工作性应满足设计配合比的要求。开始生产时应至少留置一组标准养护试件，作为验证配合比的依据。

2.3.2 混凝土结构的施工

【学习支持】

2.3.2.1 混凝土的制备

1. 混凝土施工配合比及施工配料

混凝土制备应采用符合质量要求的原材料，按规定的配合比配料，混合料应拌合均匀，以保证结构设计所规定的混凝土强度等级，满足设计提出的特殊要求（如抗冻、抗渗等）和施工和易性要求，并应符合节约水泥、减轻劳动强度等原则。

（1）混凝土配制强度（$f_{cu,0}$）

1）当设计强度等级低于 C60 时，配制强度按下式确定：

$$f_{cu,0} \geqslant f_{cu,k} + 1.645\sigma \qquad (2-1)$$

式中　$f_{cu,0}$——混凝土的配制强度（MPa）；

　　　$f_{cu,k}$——混凝土立方体抗压强度标准值（MPa）；

　　　σ——混凝土强度标准差（MPa），按下列规定计算确定：

①当具有近期的同品种混凝土的强度资料时，其混凝土强度标准差 σ 按下式计算：

$$\sigma = \sqrt{\frac{\sum\limits_{i=1}^{n} f_{cu,i}^2 - n m_{f_{cu}}^2}{n-1}} \qquad (2-2)$$

式中　$f_{cu,i}$——第 i 组的试件强度（MPa）；

　　　$m_{f_{cu}}$——n 组试件的强度平均值（MPa）；

　　　n——试件组数，$n \geqslant 30$。

②按式（2-2）计算混凝土强度标准差时：强度等级不高于 C30 的混凝土，计算得到的 $\sigma \geqslant 3.0$MPa 时，应按计算结果取值；计算得到的 $\sigma < 3.0$MPa 时，取 $\sigma = 3.0$MPa。强度等级高于 C30 且低于 C60 的混凝土，计算得到的 $\sigma \geqslant 4.0$MPa 时，按计算结果取值；计算得到的 $\sigma < 4.0$MPa 时，取 $\sigma = 4.0$MPa。

③当没有近期的同品种混凝土强度资料时，其混凝土强度标准差 σ 可按表 2-24 取用。

混凝土强度标准差 σ 值（MPa）　　　　　　　　　　　表 2-24

混凝土强度等级	$\leqslant$ C20	C25 ~ C45	C50 ~ C55
σ	4.0	5.0	6.0

2）当设计强度等级大于等于 C60 时，配制强度按下式计算：

$$f_{cu,0} \geqslant 1.15 f_{cu,k} \qquad (2-3)$$

（2）混凝土施工配合比及施工配料

混凝土的配合比是在实验室根据混凝土的配制强度经过试配和调整而确定的，称为实验室配合比。实验室配合比所用砂、石都是不含水分的。而施工现场砂、石都有一定的含水率，且含水率大小随气温等条件不断变化。为保证混凝土的质量，施工中应按砂、石实际含水率对原配合比进行修正。根据现场砂、石含水率调整后的配合比称为施工配合比。

设实验室配合比为：水泥∶砂∶石 $= 1 : x : y$，水灰比 W/C，现场砂、石含水率分别为 W_x、W_y，则施工配合比为：

水泥∶砂∶石 $= 1 : x(1+W_x) : y(1+W_y)$，水灰比 W/C 不变，但加水量应扣除砂、石中的含水量。

施工配料是确定每拌一次需用的各种原材料用量，它根据施工配合比和搅拌机的出料容量计算。

【例题】某工程混凝土实验室配合比为 1∶2.3∶4.27，水灰比 $W/C = 0.6$，每立方米混凝土水泥用量为 300kg，现场砂石含水率分别为 3% 及 1%，求施工配合比。若采用 250L 搅拌机，求每拌一次的材料用量。

【解】

施工配合比，水泥∶砂∶石为：

$1 : x(1+W_x) : y(1+W_y) = 1 : 2.3(1+0.03) : 4.27(1+0.01) = 1 : 2.37 : 4.31$

用 250L 搅拌机，每拌一次的材料用量（施工配料）：

水泥：$300 \times 0.25 = 75$kg

砂：$75 \times 2.37 = 177.8$kg

石：$75 \times 4.31 = 323.3$kg

水：$75 \times 0.6 - 75 \times 2.3 \times 0.03 - 75 \times 4.27 \times 0.01 = 36.6$kg

2. 混凝土搅拌机械选择

混凝土制备可分为预拌混凝土和现场搅拌混凝土两种方式。现场搅拌混凝土宜采用与混凝土搅拌站相同的搅拌设备，按预拌混凝土的技术要求集中搅拌。当没有条件采用预拌混凝土，且施工现场也没有条件采用具有自动计量装置的搅拌设备进行集中搅拌时，可根据现场条件采用搅拌机搅拌。此时使用的搅拌机应符合现行国家标准《混凝土搅拌机》GB/T 9142 的有关要求，并应配备能够满足要求的计量装置。

混凝土搅拌是将各种组成材料拌制成质地均匀、颜色一致、具备一定流动性的混凝土拌合物。如混凝土搅拌得不均匀就不能获得密实的混凝土，影响混凝土的质量，所以搅拌是混凝土施工工艺中很重要的一道工序。由于人工搅拌混凝土质量差，消耗水泥多，而且劳动强度大，所以只有在工程量很小时才用人工搅拌。一般均采用机械搅拌。

混凝土搅拌机按其搅拌原理分为自落式和强制式两类（图 2-26）。

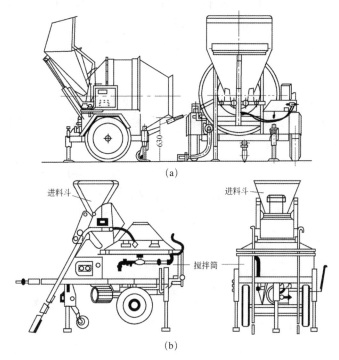

图 2-26　混凝土搅拌机
(a) 自落式搅拌；(b) 强制式搅拌

自落式搅拌机的搅拌筒内壁焊有弧形叶片，当搅拌筒绕水平轴旋转时，叶片不断将物料提升到一定高度，利用重力的作用，自由落下。由于各物料颗粒下落的时间、速度、落点和滚动距离不同，从而使物料颗粒达到混合的目的。自落式搅拌机宜于搅拌塑性混凝土和低流动性混凝土。

JZ 锥形反转出料搅拌机是自落式搅拌机中较好的一种，由于它的主副叶片分别与拌筒轴线呈 45°和 40°角，故搅拌时叶片使物料作轴向窜动，所以搅拌运动比较强烈。它正转搅拌，反转出料，功率消耗大。这种搅拌机构造简单，重量轻，搅拌效率高，出料干净，维修保养方便。

强制式搅拌机利用运动着的叶片强迫物料颗粒朝环向、径向和竖向各个方面运动，使各物料均匀混合。强制式搅拌机作用比自落式强烈，宜于搅拌干硬性混凝土和轻骨料混凝土。

混凝土搅拌机以其出料容量（m³）×1000 标定规格，现行混凝土搅拌机的系列为：50、150、250、350、500、750、1000、1500 和 3000。

选择搅拌机时，要根据工程量大小、混凝土的坍落度、骨料尺寸等而定，既要满足技术上的要求，亦要考虑经济效果和节约能源。

3. 混凝土搅拌制度

（1）混凝土原材料的计量

混凝土搅拌时应对原材料用量准确计量，并应符合下列规定：

计量设备的精度应符合现行国家标准《建筑施工机械与设备　混凝土搅拌站（楼）》GB 10171 的有关规定，并应定期校准。使用前设备应归零。

原材料的计量应按重量计，水和外加剂溶液可按体积计，其允许偏差应符合表2-25的规定。

混凝土原材料计量允许偏差（％）　　　　表 2-25

原材料品种	水泥	细骨料	粗骨料	水	外加剂	矿物掺合料
每盘计量允许偏差	±2	±3	±3	±1	±2	±1
累计计量允许偏差	±1	±2	±2	±1	±1	±1

注：1. 现场搅拌时，原材料计量允许偏差应满足每盘计量允许偏差要求；
　　2. 累计计量允许偏差指每一运输车中各盘混凝土的每种材料累计称量的偏差，该项指标仅适用于采用计算机控制计量的搅拌站；
　　3. 骨料含水率应经常测定，雨、雪天施工应增加测定次数。

（2）混凝土投料顺序

混凝土搅拌投料顺序应从提高搅拌质量，减少叶片、衬板的磨损，减少拌合物与搅拌筒的粘结，减少水泥飞扬，改善工作条件等方面综合考虑确定。常采用以下 4 种方法：

◆　一次投料法。即在上料斗中先装石子，再加水泥和砂，然后一次投入搅拌机，在鼓筒内先加水或在料斗提升进料的同时加水。这种上料顺序使水泥夹在石子和砂中间，上料时不致飞扬，又不致粘住斗底，且水泥和砂先进入搅拌筒形成水泥砂浆，可缩短包裹石子的时间。

◆　分次投料法。采用分次投料搅拌方法时，应通过试验确定投料顺序、数量及分段搅拌的时间等工艺参数。矿物掺合料宜与水泥同步投料，液体外加剂宜滞后于水和水泥投料；粉状外加剂宜溶解后再投料。

◆　水泥裹砂法。水泥裹砂法是指先将全部砂子投入搅拌机中，并加入总拌合水量70% 左右的水（包括砂子的含水量），搅拌 10 ~ 15s，再投入水泥搅拌 30 ~ 50s，最后投入全部石子、剩余水及外加剂，再搅拌 50 ~ 70s 后出罐。

◆　水泥裹砂石法。水泥裹砂石法是指先将全部的石子、砂和70% 拌合水投入搅拌机，拌合 15s，使骨料湿润，再投入全部水泥搅拌 30s 左右，然后加入30% 拌合水再搅拌 60s 左右即可。

（3）搅拌时间。混凝土应搅拌均匀，宜采用强制式搅拌机搅拌。混凝土搅拌的最短时间可按表 2-26 采用，当能保证搅拌均匀时可适当缩短搅拌时间。搅拌强度等级大于等于 C60 的混凝土时，搅拌时间应适当延长。

混凝土搅拌的最短时间（s）   表 2-26

混凝土坍落度(mm)	搅拌机机型	搅拌机出料量(L)		
		<250	250~500	>500
≤40	强制式	60	90	120
>40，且<100	强制式	60	60	90
≥100	强制式	60		

注：1. 混凝土搅拌时间指从全部材料装入搅拌筒中起，到开始卸料止的时间段；

2. 当掺有外加剂与矿物掺合料时，搅拌时间应适当延长；

3. 采用自落式搅拌机时，搅拌时间宜延长 30s；

4. 当采用其他形式的搅拌设备时，搅拌的最短时间也可按设备说明书的规定或经试验确定。

（4）对首次使用的配合比应进行开盘鉴定，开盘鉴定内容应包括：混凝土的原材料与配合比设计所采用原材料的一致性；出机混凝土工作性与配合比设计要求的一致性；混凝土强度；混凝土凝结时间；工程有要求时，尚应包括混凝土耐久性能等。

使用搅拌机时，必须注意安全。在鼓筒正常转动之后，才能装料入筒。在运转时，不得将头、手或工具伸入筒内。在因故（如停电）停机时，要立即设法将筒内的混凝土取出，以免凝结。在搅拌工作结束时，也应立即清洗鼓筒内外。叶片磨损面积如超过10% 左右，就应按原样修补或更换。

【任务实施】

2.3.2.2 混凝土的运输

对混凝土拌合物运输的要求是：运输过程中，应保持混凝土的均匀性，避免产生分层离析现象，混凝土运至浇筑地点，应符合浇筑时所规定的坍落度（表 2-27）；混凝土应以最少的中转次数，最短的时间，从搅拌地点运至浇筑地点，保证混凝土从搅拌机卸出后到浇筑完毕的延续时间不超过表 2-28 的规定；运输工作应保证混凝土的浇筑工作连续进行；运送混凝土的容器应严密，其内壁应平整光洁，不吸水，不漏浆，粘附的混凝土残渣应经常清除。

混凝土浇筑时的坍落度   表 2-27

项次	结构种类	坍落度（mm）
1	基础或地面等的垫层、无配筋的厚大结构（挡土墙、基础或厚大的块体等）或配筋稀疏的结构	10~30
2	板、梁和大型及中型截面的柱等	30~50

续表

项次	结构种类	坍落度（mm）
3	配筋密列的结构（薄壁、斗仓、筒仓、细柱等）	50 ~ 70
4	配筋特密的结构	70 ~ 90

注：1. 本表系指采用机械振捣的坍落度，采用人工捣实时可适当增大；
2. 需要配制大坍落度混凝土时，应掺用外加剂；
3. 曲面或斜面结构的混凝土，其坍落度值，应根据实际需要另行选定；
4. 轻骨料混凝土的坍落度，宜比表中数值减少 10 ~ 20mm；
5. 自密实混凝土的坍落度另行规定。

混凝土从搅拌机中卸出后到浇筑完毕的延续时间（min）　　　　表 2-28

混凝土强度等级	气温	
	不高于25℃	高于25℃
C30 及 C30 以下	120	90
C30 以上	90	60

注：1. 掺用外加剂或采用快硬水泥拌制混凝土时，应按试验确定；
2. 轻骨料混凝土的运输、浇筑延续时间应适当缩短。

混凝土运输工作分为地面运输、垂直运输和楼面运输 3 种情况。

1. 混凝土的场外运输

地面运输如运距较远时，可采用混凝土搅拌运输车或自卸汽车；工地范围内的运输多用载重 1t 的小型机动翻斗车，近距离亦可采用双轮手推车。采用混凝土搅拌运输车运输混凝土时，接料前应用水湿润罐体，但应排净积水；运输途中或等候卸料期间，应保持罐体正常运转，一般为 3 ~ 5r/min，以防止混凝土沉淀、离析和改变混凝土的施工性能；临卸料前先进行快速旋转，可使混凝土拌合物更加均匀。

采用混凝土搅拌运输车运输混凝土时，当因道路堵塞或其他意外情况造成坍落度损失过大，可在罐内加入适量减水剂以改善其工作性，但必须杜绝向混凝土内加水的违规行为，在特殊情况加入适量减水剂的做法，应事先经批准并记录，减水剂加入量应经试验确定并加以控制，加入后应搅拌均匀。

采用机动翻斗车运送混凝土，道路应经事先勘察确认通畅，路面应修筑平坦；在坡道或临时支架上运送混凝土，坡道或临时支架应搭设牢固，脚手板接头应铺设平顺，防止因颠簸、振荡造成混凝土离析或撒落。

2. 混凝土的场内运输

现场混凝土输送宜采用泵送方式。混凝土泵是一种有效的混凝土运输工具，它以泵为动力，沿管道输送混凝土，可以同时完成水平和垂直运输，将混凝土直接运送至浇筑地点，多层和高层框架建筑、基础、水下工程和隧道等都可以采用混凝土泵输送混凝土。

（1）混凝土输送泵输送

◆ 混凝土输送泵的选择及布置

输送泵的选型应根据工程特点、混凝土输送高度和距离、混凝土工作性确定；输送泵的数量应根据混凝土浇筑量和施工条件确定，必要时应设置备用泵；输送泵设置的位置应满足施工要求，场地应平整、坚实，道路应畅通；输送泵的作业范围不得有阻碍物；输送泵设置位置应有防范高空坠物的设施。

◆ 混凝土输送泵管与支架的设置

混凝土输送泵管应根据输送泵的型号、拌合物性能、总输出量、单位输出量、输送距离以及粗骨料粒径等进行选择。混凝土粗骨料最大粒径不大于 25mm 时，可采用内径不小于 125mm 的输送泵管。混凝土粗骨料最大粒径不大于 40mm 时，可采用内径不小于 150mm 的输送泵管。输送泵管安装连接应严密，输送泵管道转向宜平缓；输送泵管应采用支架固定，支架应与结构牢固连接，输送泵管转向处支架应加密；支架应通过计算确定，设置位置的结构应进行验算，必要时应采取加固措施；向上输送混凝土时，地面水平输送泵管的直管和弯管总的折算长度不宜小于竖向输送高度的 20%，且不宜小于 15m；输送泵管倾斜或垂直向下输送混凝土，且高差大于 20m 时，应在倾斜或竖向管下端设置直管或弯管，直管或弯管总的折算长度不宜小于高差的 1.5 倍；输送高度大于 100m 时，混凝土输送泵出料口处的输送泵管位置应设置截止阀；混凝土输送泵管及其支架应经常进行检查和维护。

◆ 混凝土输送布料设备的设置

布料设备的选择应与输送泵相匹配；布料设备的混凝土输送管内径宜与混凝土输送泵管内径相同；布料设备的数量及位置应根据布料设备工作半径、施工作业面大小以及施工要求确定（图 2-27）；布料设备应安装牢固，且应采取抗倾覆措施；布料设备安装位置处的结构或专用装置应进行验算，必要时应采取加固措施；应经常对布料设备的弯管壁厚进行检查，磨损较大的弯管应及时更换；布料设备作业范围不得有阻碍物，并应有防范高空坠物的设施。

输送混凝土的管道、容器、溜槽不应吸水、漏浆，并应保证输送通畅。输送混凝土

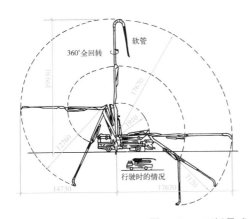

图 2-27　三折叠式布料车浇筑范围

时，应根据工程所处环境条件采取保温、隔热、防雨等措施。

◆ 输送泵输送混凝土的规定

应先进行泵水检查，并应湿润输送泵的料斗、活塞等直接与混凝土接触的部位；泵水检查后，应清除输送泵内积水；输送混凝土前，宜先输送水泥砂浆对输送泵和输送管进行润滑，然后开始输送混凝土；输送混凝土应先慢后快、逐步加速，应在系统运转顺利后再按正常速度输送；输送混凝土过程中，应设置输送泵集料斗网罩，并应保证集料斗有足够的混凝土余量。

（2）吊车配备斗容器输送混凝土

应根据不同结构类型以及混凝土浇筑方法选择不同的斗容器；斗容器的容量应根据吊车吊运能力确定；运输至施工现场的混凝土宜直接装入斗容器进行输送；斗容器宜在浇筑点直接布料。

（3）升降设备配备小车输送混凝土

升降设备和小车的配备数量、小车行走路线及卸料点位置应能满足混凝土浇筑需要；运输至施工现场的混凝土宜直接装入小车进行输送，小车宜在靠近升降设备的位置进行装料。

2.3.2.3　混凝土的浇筑

1. 混凝土浇筑的要求

浇筑混凝土前，应清除模板内或垫层上的杂物。表面干燥的地基、垫层、模板上应洒水湿润；现场环境温度高于35℃时，宜对金属模板进行洒水降温；洒水后不得留有积水。混凝土浇筑应保证混凝土的均匀性和密实性。混凝土宜一次连续浇筑。

混凝土应分层浇筑，分层厚度应符合表 2-29 的规定，上层混凝土应在下层混凝土初凝之前浇筑完毕。

混凝土分层振捣的最大厚度　　　　　　　　表 2-29

振捣方法	混凝土分层振捣最大厚度
振动棒	振动棒作用部分长度的 1.25 倍
平板振动器	200mm
附着振动器	根据设置方式，通过试验确定

混凝土浇筑的布料点宜接近浇筑位置，应采取减少混凝土下料冲击的措施；浇筑时宜先浇筑竖向结构构件，后浇筑水平结构构件；当浇筑区域结构平面有高差时，宜先浇筑低区部分，再浇筑高区部分。

2. 混凝土浇筑方法

（1）柱、墙混凝土浇筑

◆ 防止离析

柱、墙模板内的混凝土浇筑不得发生离析，倾落高度应符合表 2-30 的规定；当不能满足要求时，应加设串筒、溜管、溜槽等装置。

柱、墙模板内混凝土浇筑倾落高度限值（m）　　　　表 2-30

条件	浇筑倾落高度限值
粗骨料粒径大于 25mm	≤ 3
粗骨料粒径小于等于 25mm	≤ 6

注：当有可靠措施能保证混凝土不产生离析时，混凝土倾落高度可不受本表限制。

为避免混凝土浇筑后裸露表面产生塑性收缩裂缝，在初凝、终凝前进行抹面处理是非常关键的。每次抹面可采用铁板压光磨平两遍或用木抹子抹平搓毛两遍的工艺方法。对于梁板结构以及易产生裂缝的结构部位应适当增加抹面次数。

◆　柱、墙混凝土设计强度等级高于梁、板混凝土设计强度等级时，混凝土浇筑应符合以下要求：柱、墙混凝土设计强度比梁、板混凝土设计强度高一个等级时，柱、墙位置梁、板高度范围内的混凝土经设计单位确认，可采用与梁、板混凝土设计强度等级相同的混凝土进行浇筑；柱、墙混凝土设计强度比梁、板混凝土设计强度高两个等级及以上时，应在交界区域采取分隔措施；分隔位置应在低强度等级的构件中，且距高强度等级构件边缘不应小于 500mm；宜先浇筑强度等级高的混凝土，后浇筑强度等级低的混凝土。

◆　泵送混凝土浇筑

泵送混凝土浇筑宜根据结构形状及尺寸、混凝土供应、混凝土浇筑设备、场地内外条件等划分每台输送泵的浇筑区域及浇筑顺序；采用输送管浇筑混凝土时，宜由远而近浇筑；采用多根输送管同时浇筑时，其浇筑速度宜保持一致；润滑输送管的水泥砂浆用于湿润结构施工缝时，水泥砂浆应与混凝土浆液成分相同；接浆厚度不应大于 30mm，多余水泥砂浆应收集后运出；混凝土泵送浇筑应连续进行；当混凝土不能及时供应时，应采取间歇泵送方式；混凝土浇筑后，应清洗输送泵和输送管。

◆　施工缝或后浇带处浇筑

混凝土结构多要求整体浇筑，如因技术或组织上的原因不能连续浇筑时，且停顿时间有可能超过混凝土的初凝时间，则应事先确定在适当位置留置施工缝。由于混凝土的抗拉强度约为其抗压强度的 1/10，因而施工缝是结构中的薄弱环节，宜留在结构剪力较小的部位，同时要方便施工。柱子的施工缝宜留在基础顶面、梁或吊车梁牛腿的下面、吊车梁的上面、无梁楼盖柱帽的下面（图 2-28），与板连成整体的大截面梁应留在板底面以下 20～30mm 处，当板下有梁托时，留置在梁托下部。单向板的施工缝应留在平行于板短边的任何位置。有主次梁的楼盖宜顺着次梁方向浇筑，施工缝应留在次梁跨度的中间 1/3 长度范围内（图 2-29）。墙的施工缝可留在门洞口过梁跨中 1/3 范围内，也可留在纵横墙的交接处。双向受力的楼板、大体积混凝土结构、拱、薄壳、多层框架等及其他复杂的结构，应按设计要求留置施工缝。

施工缝或后浇带处混凝土浇筑时，结合面应为粗糙面，并应清除浮浆、松动石子、软弱混凝土层；结合面处应洒水湿润，但不得有积水；施工缝处已浇筑混凝土的强度不应小于 1.2MPa；柱、墙水平施工缝水泥砂浆接浆层厚度不应大于 30mm，接浆层水泥砂

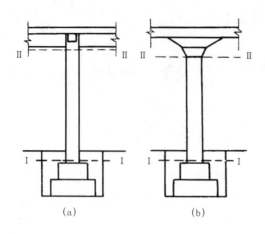

图 2-28　柱子的施工缝位置
(a) 梁板式结构；(b) 无梁楼盖结构

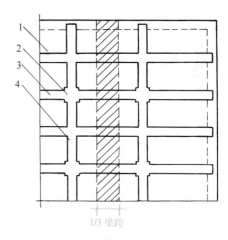

图 2-29　有主次梁楼盖的施工缝位置
1—楼板；2—柱；3—次梁；4—主梁

浆应与混凝土浆液成分相同；后浇带混凝土强度等级及性能应符合设计要求，当设计无具体要求时，后浇带混凝土强度等级宜比两侧混凝土提高一级，并宜采用减少收缩的技术措施。

（2）超长结构混凝土浇筑

超长结构混凝土浇筑时可留设施工缝分仓浇筑，分仓浇筑间隔时间不应少于 7d；当留设后浇带时，后浇带封闭时间不得少于 14d；超长整体基础中调节沉降的后浇带，混凝土封闭时间应通过监测确定，应在差异沉降稳定后封闭后浇带；后浇带的封闭时间尚应经设计单位确认。

3. 混凝土密实成形

混凝土浇入模板以后是较疏松的，里面含有空气与气泡。而混凝土的强度、抗冻性、抗渗性以及耐久性等，都与混凝土的密实程度有关。目前主要是用人工或机械捣实混凝土使混凝土密实。人工捣实是用人力的冲击来使混凝土密实成形，只有在缺乏机械、工程量不大或机械不便工作的部位采用。机械捣实的方法有多种，下面主要介绍振动捣实。

（1）混凝土振动密实原理

振动机械的振动一般是由电动机、内燃机或压缩空气马达带动偏心块转动而产生的简谐振动。产生振动的机械将振动能量通过某种方式传递给混凝土拌合物使其受到强迫振动。在振动力作用下混凝土内部的粘着力和内摩擦力显著减少，使骨料犹如悬浮在液体中，在其自重作用下向新的位置沉落，紧密排列，水泥砂浆均匀分布填充空隙，气泡被排

2-6 混凝土振捣

出，游离水被挤压上升，混凝土填满了模板的各个角落并形成密实体积。机械振实混凝土可以大大减轻工人的劳动强度，减少蜂窝麻面的发生，提高混凝土的强度和密实性，加快模板周转，节约水泥 10% ～ 15%。影响振动器的振动质量和生产率的因素是复杂的。当混凝土的配合比、骨料的粒径、水泥的稠度以及钢筋的疏密程度等因素确

定之后，振动质量和生产率取决于"振动制度"，也就是振动的频率、振幅和振动时间等。

（2）振动机械的选择

振动机械可分为内部振动器、表面振动器、外部振动器和振动台（图 2-30）。内部振动器又称插入式振动器，是建筑工地应用最多的一种振动器，多用于振实梁、柱、墙、厚板和基础等。其工作部分是一棒状空心圆柱体，内部装有偏心振子，在电动机带动下高速转动而产生高频微幅的振动。根据振动棒激振的原理，内部振动器有偏心式和

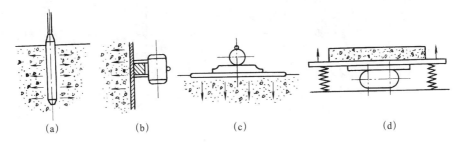

图 2-30 振动机械示意图
（a）内部振动器；（b）外部振动器；（c）表面振动器；（d）振动台

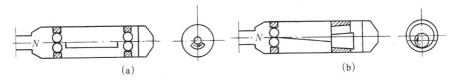

图 2-31 振动棒的激振原理图
（a）偏心轴式；（b）行星滚锥式

行星滚锥式（简称行星式）两种，其激振结构的工作原理如图 2-31 所示。

偏心轴式内部振动器是利用振动棒中心具有偏心质量的转轴产生高频振动，其振动频率为 5000 ~ 6000 次 /min。

行星滚锥式内部振动器是利用振动棒中一端空悬的转轴旋转时其下垂端圆锥部分沿棒壳内圆锥面滚动，形成滚动体的行星运动而驱动棒体产生圆振动，其振动频率为 12000 ~ 15000 次 /min，振捣效果好，且构造简单，使用寿命长，是当前常用的内部振

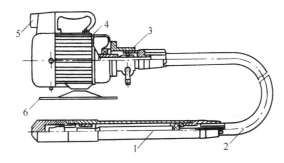

图 2-32 电动软轴行星式内部振动器
1—振动棒；2—软轴；3—防逆装置；4—电动机；5—电器开关；6—支座

动器。其构造如图 2-32 所示。

用插入式振动器振动混凝土时，应垂直插入，并插入下层混凝土 50mm，以促使上下层混凝土结合成整体。每一振点的振捣延续时间，应使混凝土捣实（即表面呈现浮浆和不再沉落为限）。采用插入式振动器捣实普通混凝土的移动间距，不宜大于作用半径的 1.5 倍。捣实轻骨料混凝土的间距，不宜大于作用半径的 1 倍；振动器与模板的距离不应大于振动器作用半径的 1/2，并应尽量避免碰撞钢筋、模板、预埋件等。插点的分

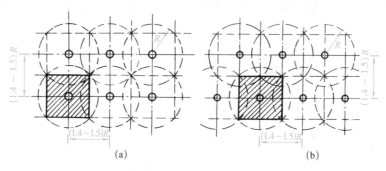

图 2-33　插点的分布
(a) 行列式；(b) 交错式

布有行列式和交错式两种，如图 2-33 所示。

表面振动器又称平板振动器，它是将电动机装上有左右两个偏心块的振动器并固定在一块平板上而成，其振动作用可直接传递到混凝土面层上。这种振动器适用于捣实楼板、地面、板形构件和薄壳等薄壁结构。在无筋或单层钢筋结构中，每次振实的厚度不大于 250mm；在双层钢筋的结构中，每次振实厚度不大于 120mm。表面振动器的移动间距，应保证振动器的平板覆盖已振实部分的边缘，以使该处的混凝土振实出浆为准；也可进行两遍振实，第 1 遍和第 2 遍的方向要互相垂直，第 1 遍主要使混凝土密实，第 2 遍则使表面平整。

附着式振动器又称外部振动器，它通过螺栓或夹钳等固定在模板外侧的横档或竖档上，偏心块旋转所产生的振动力通过模板传给混凝土，使之振实。但模板应有足够的刚度。对于小截面直立构件，插入式振动器的振动棒很难插入，可使用附着式振动器，附着式振动器的设置间距，应通过试验确定，在一般情况下，可每隔 1 ~ 1.5m 设置 1 个。

振动台是混凝土制品厂中的固定生产设备，用于振实预制构件。

2.3.2.4　混凝土养护与拆模

1. 混凝土的养护

混凝土浇筑捣实后，逐渐凝固硬化，这个过程主要由水泥的水化作用来实现，而水化作用必须在适当的温度和湿度条件下才能完成。因此，为了保证混凝土有适宜的硬化条件，使其强度不断增长，必须对混凝土进行养护。

2-7 混凝土养护

混凝土浇筑后，如气候炎热、空气干燥，不及时进行养护，混凝土中的水分蒸发过

快出现脱水现象，使已形成凝胶体的水泥颗粒不能充分水化，不能转化为稳定的结晶，缺乏足够的粘结力，从而会在混凝土表面出现片状或粉状剥落，影响混凝土的强度。此外，在混凝土尚未具备足够的强度时，水分过早蒸发，还会产生较大的变形，出现干缩裂缝，影响混凝土的整体性和耐久性。因此，混凝土养护绝不是一件可有可无的事，而是一个重要的环节，应按照要求精心养护。

混凝土养护方法分自然养护和人工养护。

自然养护是指利用平均气温高于 5℃ 的自然条件，用保水材料或草帘等对混凝土加以覆盖后适当浇水，使混凝土在一定的时间内在湿润状态下硬化。当最高气温低于 25℃ 时，混凝土浇筑完后应在 12h 以内加以覆盖和浇水；最高气温高于 25℃ 时，应在 6h 以内开始养护。浇水养护时间的长短视水泥品种定，硅酸盐水泥、普通硅酸盐水泥和矿渣硅酸盐水泥拌制的混凝土，不得少于 7 昼夜；对掺有缓凝型外加剂或有抗渗性要求的混凝土和强度等级 C60 及以上的混凝土、后浇带混凝土，不得少于 14 昼夜。浇水次数应使混凝土保持具有足够的湿润状态。养护初期，水泥的水化反应较快，需水也较多，所以要特别注意在浇筑以后前几天的养护工作。此外，在气温高，湿度低时，也应增加洒水的次数。混凝土必须养护至其强度达到 1.2MPa 以后，方准在其上踩踏和安装模板及支架。也可在构件表面喷洒养护剂来养护混凝土，适用于在不易洒水养护的高耸构筑物和大面积混凝土结构。它是将过氯乙烯树脂塑料溶液用喷枪喷洒在混凝土表面上，溶液挥发后在混凝土表面形成一层塑料薄膜，使混凝土与空气隔绝，阻止水分的蒸发以保证水化作用的正常进行。所选薄膜在养护完成后能自行老化脱落。不能自行脱落的薄膜，不宜于喷洒在要做粉刷的混凝土表面上。在夏季，薄膜成形后要防晒，否则易产生裂纹。

人工养护就是用人工来控制混凝土的养护温度和湿度，使混凝土强度强长，如蒸汽养护、热水养护、太阳能养护等。其主要用来养护预制构件，现浇构件大多用自然养护。

2. 混凝土的拆模

模板拆除日期取决于混凝土的强度、模板的用途、结构的性质及混凝土硬化时的气温。

不承重的侧模，在混凝土强度能保证其表面棱角不因拆除模板而受损坏时，即可拆除。承重模板，如梁、板等底模，应待混凝土达到规定强度后，方可拆除。结构的类型、跨度不同，其拆模强度不同，底模拆除时对混凝土强度要求见表 2-1。

已拆除承重模板的结构，应在混凝土达到规定的强度等级后，才允许承受全部设计荷载。拆模后应由监理（建设）单位、施工单位对混凝土的外观质量和尺寸偏差进行检查，并做好记录。

现浇结构的外观质量缺陷性质，应由监理（建设）单位、施工单位等各方根据其对结构性能和使用功能影响的严重程度，按表 2-31 确定。

如发现缺陷，应进行修补。对面积小、数量不多的蜂窝或露石的混凝土，先用钢丝刷或压力水洗刷基层，然后用 1∶2.5～1∶2 的水泥砂浆抹平；对较大面积的蜂窝、露石、露筋应按其全部深度凿去薄弱的混凝土层，然后用钢丝刷或压力水冲刷，再用比原混凝土强度等级高一个级别的细骨料混凝土填塞，并仔细捣实。对影响结构性能的缺陷，应与设计单位研究处理方法。

现浇结构外观质量缺陷性质 表 2-31

名称	现象	严重缺陷	一般缺陷
露筋	构件内钢筋未被混凝土包裹而外露	纵向受力钢筋有露筋	其他钢筋有少量露筋
蜂窝	混凝土表面缺少水泥砂浆而形成石子外露	构件主要受力部位有蜂窝	其他部位有少量蜂窝
孔洞	混凝土中孔穴深度和长度均超过保护层厚度	构件主要受力部位有孔洞	其他部位有少量孔洞
夹渣	混凝土中夹有杂物且深度超过保护层厚度	构件主要受力部位有夹渣	其他部位有少量夹渣
疏松	混凝土中局部不密实	构件主要受力部位有疏松	其他部位有少量疏松
裂缝	缝隙从混凝土表面延伸至混凝土内部	构件主要受力部位有影响结构性能或使用功能的裂缝	其他部位有少量不影响结构性能或使用功能的裂缝
连接部位缺陷	构件连接处混凝土缺陷及连接钢筋、连接件松动	连接部位有影响结构传力性能的缺陷	连接部位有基本不影响结构传力性能的缺陷
外形缺陷	缺棱掉角、棱角不直、翘曲不平、飞边凸肋等	清水混凝土构件有影响使用功能或装饰效果的外形缺陷	其他混凝土构件有不影响使用功能的外形缺陷
外表缺陷	构件表面麻面、掉皮、起砂、沾污等	具有重要装饰效果的清水混凝土构件有外表缺陷	其他混凝土构件有不影响使用功能的外表缺陷

【知识拓展】

2.3.3 混凝土结构季节性施工

根据当地多年气象资料统计，当室外日平均气温连续 5 日稳定低于 5℃时，应采取冬期施工措施；当室外日平均气温连续 5 日稳定高于 5℃时，可解除冬期施工措施。当混凝土未达到受冻临界强度而气温骤降至 0℃以下时，应按冬期施工的要求采取应急防护措施。工程越冬期间，应采取维护保温措施。

试验证明，混凝土的早期冻害是由于内部的水结冰所致。冬期施工时，气温低，水泥水化作用减弱，新浇混凝土强度增长明显地延缓，当温度降至 0℃以下时，水泥水化作用基本停止，混凝土强度亦停止增长。特别是温度降至混凝土冰点温度以下时，混凝土中的游离水开始结冰，结冰后的水体积膨胀约 9%。在混凝土内部产生冰胀应力，使强度尚低的混凝土结构内部产生微裂隙，同时降低了水泥与砂石和钢筋的粘结力，导致结构强度降低。受冻的混凝土在解冻后，其强度虽能继续增长，但已不能达到原设计的强度等级。混凝土在浇筑后立即受冻，抗压强度约损失 50%，抗拉强度约损失 40%。受冻前混凝土养护时间愈长，所达到的强度愈高，水化物生成愈多，能结冰的游离水就愈少，强度损失就愈低。试验还证明，混凝土遭受冻结带来的危害与遭冻的时间早晚、水胶比、水泥强度等级、养护温度等有关。

冬期浇筑的混凝土在受冻以前必须达到的最低强度称为混凝土受冻临界强度。我国现行规范规定：采用蓄热法、暖棚法、加热法等施工的普通混凝土，采用硅酸盐水泥、普通硅酸盐水泥配制时，其受冻临界强度不应小于设计混凝土强度等级值的 30%；采用矿渣硅酸盐水泥、粉煤灰硅酸盐水泥、火山灰质硅酸盐水泥、复合硅酸盐水泥时，不应小于设计混凝土强度等级值的 40%；当室外最低气温不低于 $-15℃$ 时，采用综合蓄热法、负温养护法施工的混凝土受冻临界强度不应小于 4.0MPa；当室外最低气温不低于 $-30℃$ 时，采用负温养护法施工的混凝土受冻临界强度不应小于 5.0MPa；对强度等级等于或高于 C50 的混凝土，不宜小于设计混凝土强度等级值的 30%；对有抗渗要求的混凝土，不宜小于设计混凝土强度等级值的 50%；对有抗冻耐久性要求的混凝土，不宜小于设计混凝土强度等级值的 70%；当采用暖棚法施工的混凝土中掺入早强剂时，可按综合蓄热法受冻临界强度取值；当施工需要提高混凝土强度等级时，应按提高后的强度等级确定受冻临界强度。

2.3.3.1 混凝土结构工程冬期施工的特点

1. 冬期施工的特点

（1）冬期施工期是质量事故多发期。在冬期施工中，长时间的持续负低温、大的温差、强风、降雪和反复的冰冻，经常造成建筑施工的质量事故。据资料分析，有 2/3 的工程质量事故发生在冬期，尤其是混凝土工程。

（2）冬期施工质量事故发现滞后性。冬期发生质量事故往往不易觉察，到春天解冻时，一系列质量问题才暴露出来。这种事故的滞后性给处理解决质量事故带来很大的困难。

（3）冬期施工的计划性和准备工作时间性很强。冬期施工时，常由于时间紧促，仓促施工，发生质量事故。

2. 冬期施工的原则

为了保证冬期施工的质量，凡进行冬期施工的工程项目，应编制冬期施工专项方案，冬期施工专项方案应做到技术先进、经济合理、安全适用，在确保工程质量的前提下，做到增加的措施费用最少；所需的热源及技术措施材料有可靠的来源，并使消耗的能源最少；工期能满足规定要求。

3. 冬期施工的准备工作

（1）搜集有关气象资料作为选择冬期施工技术措施的依据。

（2）进入冬期施工前一定要编制好冬期施工技术文件，主要包括：

1）冬期施工方案

冬期施工方案的主要内容有：

① 冬期施工生产任务安排及部署。根据冬期施工项目、部位，明确冬期施工中前期、中期、后期的重点及进度计划安排。

② 根据冬期施工项目、部位列出可考虑的冬期施工方法及执行的国家有关技术标准文件。

③ 热源、设备计划及供应部署。

④ 施工材料（保温材料、外加剂等）计划进场数量及供应部署。

⑤ 劳动力计划。

⑥ 冬期施工人员的技术培训计划。

⑦ 工程质量控制要点。

⑧ 冬期施工安全生产及消防要点。

2）施工组织设计或技术措施

① 工程任务概况及预期达到的生产指标。

② 工程项目的实物量和工作量，施工程序，进度安排。

③ 分项工程在各冬期施工阶段的施工方法及施工技术措施。

④ 施工现场准备方案及施工进度计划。

⑤ 主要材料、设备、机具和仪表等的需用量计划。

⑥ 工程质量控制要点及检查项目、方法。

⑦ 冬期安全生产和防火措施。

⑧ 各项经济技术控制指标及节能、环保等措施。

（3）凡进行冬期施工的工程项目，必须会同设计单位复核施工图纸，核对其是否能适应冬期施工要求。如有问题应及时提出并修改设计。

（4）根据冬期施工工程量，提前准备好施工的设备、机具、材料及劳动防护用品。

（5）冬期施工前对配制外掺剂的人员、测温保温人员、锅炉工等，应专门组织技术培训，经考试合格后方准上岗。

2.3.3.2 混凝土结构冬期施工的要求

一般情况下，混凝土冬期施工时要求在正温下浇筑，正温下养护，使混凝土强度在冰冻前达到受冻临界强度，在冬期施工时对原材料和施工过程均要求有必要的措施，来保证混凝土的施工质量。

（1）冬期施工中配制混凝土用的水泥，应优先选用活性高、水化热大的硅酸盐水泥和普通硅酸盐水泥。最小水泥用量不宜少于 280kg/m³。水胶比不应大于 0.55。使用矿渣硅酸盐水泥时，宜采用蒸汽养护，使用其他品种水泥，应注意其中掺合材料对混凝土抗冻抗渗等性能的影响。混凝土冷法施工宜优先选用含引气成分的外加剂，含气量宜控制在 3% ~ 5%。

（2）混凝土所用骨料必须清洁，不得含有冰雪等冰结物及易冻裂的矿物质。冬期骨料贮备场地应选择地势较高不积水的地方。

（3）冬期施工对组成混凝土材料的加热，应优先考虑加热水，因为水的热容量大，加热方便，但加热温度不得超过表 2-32 所规定的数值。水的常用加热方法有三种：用锅烧水，用蒸汽加热水，用电极加热水。水泥不得直接加热，使用前宜运入暖棚内存放。

冬期施工拌制混凝土的砂、石温度要符合热工计算需要温度。骨料加热的方法有：将骨料放在底下加温的铁板上面直接加热，或者通过蒸汽管、电热线加热等。但不得用火焰直接加热骨料，并应控制加热温度（表 2-32）。加热的方法可因地制宜，但以蒸汽加热法为好。其优点是加热温度均匀，热效率高；缺点是骨料中的含水量增加。

拌合水及骨料的最高温度 表 2-32

项目	水泥强度等级	拌合水（℃）	骨料（℃）
1	强度等级小于 42.5 号的普通硅酸盐水泥、矿渣硅酸盐水泥	80	60
2	强度等级大于等于 42.5 号的普通硅酸盐水泥、矿渣硅酸盐水泥	60	40

（4）钢筋调直冷拉温度不宜低于 –20℃；预应力钢筋张拉温度不宜低于 –15℃。钢筋的焊接宜在室内进行。如必须在室外焊接，其最低气温不低于 –20℃，且应有防雪和防风措施。刚焊接的接头严禁立即碰到冰雪，避免造成冷脆现象。

（5）当环境气温低于 –20℃时，不得对 HRB335、HRB400 级钢筋进行机械冷弯加工。

2.3.3.3 混凝土结构冬期施工的方法简介

1. 混凝土的搅拌

混凝土不宜露天搅拌，应尽量搭设暖棚，优先选用大容量的搅拌机，以减少混凝土的热损失。混凝土搅拌时间应根据各种材料的温度情况，考虑相互间的热平衡过程，可通过试拌确定延长的时间，一般为常温搅拌时间的 1.25 ~ 1.5 倍。拌制混凝土的最短时间应按表 2-33 采用。搅拌时为防止水泥出现"假凝"现象，应在水、砂、石搅拌一定时间后再加入水泥。搅拌混凝土时，骨料中不得带有冰、雪及冻团。

拌制混凝土的最短时间（s） 表 2-33

混凝土坍落度（mm）	搅拌机容积（L）		
	< 250	250 ~ 500	>500
≤ 80	90	135	180
>80	90	90	135

注：当采用自落式搅拌机时，搅拌时间延长 30 ~ 60s。

拌制掺用防冻剂的混凝土，当防冻剂为粉剂时，可按要求掺量直接撒在水泥上面和水泥同时投入；当防冻剂为液体时，应先配制成规定浓度溶液，然后再根据使用要求，用规定浓度溶液再配制成施工溶液。各溶液应分别置于明显标志的容器内，不得混淆，每班使用的外加剂溶液应一次配成。

配制与加入防冻剂，应设专人负责并做好记录，应严格按剂量要求掺入。混凝土拌合物的出机温度不宜低于 10℃。

2. 混凝土的运输

混凝土的运输过程是热损失的关键阶段，应采取必要的措施减少混凝土的热损失，同时应保证混凝土的和易性。常用的主要措施为减少运输时间和距离；使用大容积的运输工具并采取必要的保温措施。保证混凝土入模温度不低于 5℃。

3. 混凝土的浇筑

混凝土在浇筑前，应清除模板和钢筋上的冰雪和污垢，尽量加快混凝土的浇筑速度，防止热量散失过多。当采用加热养护时，混凝土养护前的温度不得低于2℃。

冬期不得在强冻胀性地基土上浇筑混凝土；当在弱冻胀性地基土上浇筑混凝土时，地基土应进行保温，以免遭冻。对加热养护的现浇混凝土结构，混凝土的浇筑程序和施工缝的位置，应能防止在加热养护时产生较大的温度应力。当分层浇筑厚大的整体结构时，已浇筑层的混凝土温度，在被上1层混凝土覆盖前，不得低于按热工计算的温度，且不得低于2℃。

冬期施工混凝土振捣应用机械振捣，振捣时间应比常温时有所增加。

4. 混凝土冬期施工的养护

混凝土工程冬期施工应根据自然气温条件、结构类型、工期要求，拟定混凝土在硬化过程中防止早期受冻的各种措施，确定混凝土工程冬期施工养护方法。

混凝土冬期施工养护方法有两大类，第1类是人为地创造一个正温环境，以保证新浇筑的混凝土强度能够正常地不间断地增长，甚至可以加速增长，主要方法有蓄热养护法、综合蓄热养护法、蒸汽加热养护法和电加热养护法、暖棚养护法；第2类为混凝土负温养护法，是在拌制混凝土时，加入适量的外加剂，可以降低水的冰点，使混凝土中的水在负温下保持液态，能继续与水泥进行水化作用，使得混凝土强度得以在负温环境中持续地增长。第2类方法一般不再对混凝土加热。

在选择混凝土冬期施工方法时，应保证混凝土尽快达到冬期施工临界强度，避免遭受冻害。一个理想的施工方案，首先应当在杜绝混凝土早期受冻的前提下，在最短的施工期限内，用最低的冬期施工费用，获得优良的施工质量。

下面介绍常用的混凝土工程冬期施工养护方法。

（1）蓄热养护法和综合蓄热养护法

蓄热养护法是在混凝土浇筑后，利用原材料加热及水泥水化热的热量，通过适当保温延缓混凝土冷却，使混凝土冷却到0℃以前达到预期要求强度的施工方法。

蓄热法施工方法简单，费用较低，较易保证质量。当室外最低温度不低于−15℃时，地面以下的工程或表面系数不大于$5mm^{-1}$的结构，应优先采用蓄热法养护。

（2）混凝土负温养护法

混凝土负温养护法是在混凝土中加入适量的抗冻剂、早强剂、减水剂及加气剂，使混凝土在负温下能继续水化，增长强度。

混凝土负温养护法适用于不易加热保温，且对强度增长要求不高的一般混凝土结构工程；负温养护法施工的混凝土，应以浇筑后5d内的预计日最低气温来选用防冻剂，起始养护温度不应低于5℃。混凝土浇筑后，裸露表面应采取保湿措施；同时，应根据需要采取必要的保温覆盖措施。混凝土负温养护法施工应加强测温，在达到受冻临界强度之前应每隔2h测量1次；在混凝土达到受冻临界强度后，可停止测温。当室外最低气温不低于−15℃时，采用负温养护法施工的混凝土受冻临界强度不应小于4.0MPa；当室外最低气温不低于−30℃时，采用负温养护法施工的混凝土受冻临界强度不应小于5.0MPa。

1）混凝土冬期施工中常用外加剂的种类

① 减水剂：能改善混凝土的和易性及拌合用水量，降低水胶比，提高混凝土的强度和耐久性。常用的减水剂有木质素系减水剂、萘磺酸盐系减水剂、水溶性树脂减水剂。

② 早强剂：早强剂是加速混凝土早期强度发展的外加剂，可以在常温、低温或负温（不低于 –5℃）条件下加速混凝土硬化过程。常用的早强剂主要有氯化钠、氯化钙、硫酸钠、亚硝酸钠、三乙醇胺、碳酸钾等。

大部分早强剂同时具有降低水的冰点，使混凝土在负温情况下继续水化，增长强度，起到防冻的作用。

③ 引气剂：引气剂是指在混凝土搅拌过程中，引入无数微小气泡，改善混凝土拌合物的和易性和减少用水量，并显著提高混凝土的抗冻性和耐久性。常用的引气剂有松香热聚物、松香皂、烷基苯磺酸盐等。

④ 阻锈剂：氯盐类外加剂对混凝土中的金属预埋件有锈蚀作用。阻锈剂能在金属表面形成一层氧化膜，阻止金属的锈蚀。常用的阻锈剂有亚硝酸钠、重铬酸钾等。

2）混凝土中外加剂的应用

混凝土冬期施工中外加剂的配用，应满足抗冻、早强的需要；对结构钢筋无锈蚀作用；对混凝土后期强度和其他物理力学性能无不良影响；同时应适应结构工作环境的需要。单一的外加剂常不能完全满足混凝土冬期施工的要求，一般宜采用复合配方。常用的复合配方有下面几种类型：

① 氯盐类外加剂：主要有氯化钠、氯化钙，其价廉、易购买，但对钢筋有锈蚀作用，一般钢筋混凝土中其掺量按无水状态计算不得超过水泥重量的 1%；无筋混凝土中，采用热材料拌制的混凝土，氯盐掺量不得大于水泥重量的 3%；采用冷材料拌制时，氯盐掺量不得大于拌合水重量的 15%。掺用氯盐的混凝土必须振捣密实，且不宜采用蒸汽养护。在下列工作环境中的钢筋混凝土结构中不得掺用氯盐：

a. 在高湿度空气环境中使用的结构；

b. 处于水位升降部位的结构；

c. 露天结构或经常受水淋的结构；

d. 有镀锌钢材或与铝铁相接触部位的结构，以及有外露钢筋、预埋件而无防护措施的结构；

e. 与含有酸、碱和硫酸盐等侵蚀性介质相接触的结构；

f. 使用过程中经常处于环境温度为 60℃ 以上的结构；

g. 使用冷拉钢筋或冷拔低碳钢丝的结构；

h. 薄壁结构、中级或重级工作制吊车梁、屋架、落锤或锻锤基础等结构；

i. 电解车间和直接靠近直流电源的结构；

j. 直接靠近高压（发电站、变电所）的结构；

k. 预应力混凝土结构。

② 硫酸钠 – 氯化钠复合外加剂：当气温在 –3 ～ –5℃时，氯化钠和亚硝酸钠掺量分别为 1%；当气温在 –5 ～ –8℃时，其掺量分别为 2%。这种配方的复合外加剂不能用于

高温湿热环境及预应力结构中。

③ 亚硝酸钠-硫酸钠复合外加剂：当气温分别为 –3℃、–5℃、–8℃、–10℃时，亚硝酸钠的掺量分别为水泥重量的 2%、4%、6%、8%。亚硝酸钠-硫酸钠复合外加剂在负温下有较好的促凝作用，能使混凝土强度较快增长，且对混凝土有塑化作用，对钢筋无锈蚀作用。

使用硫酸钠复合外加剂时，宜先将其溶解在 30 ~ 50℃的温水中，配成浓度不大于 20% 的溶液。施工时混凝土的出机温度不宜低于 10℃，浇筑成形后的温度不宜低于 5℃，在有条件时，应尽量提高混凝土的温度，浇筑成形后应立即覆盖保温，尽量延长混凝土的正温养护时间。

④ 三乙醇胺复合外加剂：当气温低于 –15℃时，还可掺入适量的氯化钙。三乙醇胺在早期正温条件下起早强作用，当混凝土内部温度下降到 0℃以下时，氯盐又在其中起抗冻作用使混凝土继续硬化。混凝土浇筑入仓温度应保持在 15℃以上，浇筑成形后应马上覆盖保温，使混凝土在 0℃以上温度达 72h 以上。

混凝土冬期掺外加剂法施工时，混凝土的搅拌、浇筑及外加剂的配制必须设专人负责，其掺量和使用方法严格按产品说明执行。搅拌时间应与常温条件下适当延长，按外加剂的种类及要求严格控制混凝土的出机温度，混凝土的搅拌、运输、浇筑、振捣、覆盖保温应连续作业，减少施工过程中的热量损失。

（3）蒸汽养护法

蒸汽养护法是利用低压饱和蒸汽对新浇筑的混凝土构件进行加热养护，在混凝土的周围造成湿热环境来加速混凝土硬化的方法。

蒸汽养护法应采用低压饱和蒸汽对新浇筑的混凝土构件进行加热养护。蒸汽养护混凝土的温度：采用 P·O 水泥时最高养护温度不超过 80℃，采用 P·S 水泥时可提高到 85℃。但采用内部通汽法时，最高加热温度不应超过 60℃。蒸汽养护应包括升温—恒温—降温三个阶段，各阶段加热延续时间可根据养护终了要求的强度确定。采用蒸汽养护的混凝土，可掺入早强剂或无引气型减水剂。

（4）暖棚法

暖棚法是在被养护构件或建筑的四周搭设暖棚，或在室内用草帘、草垫等将门窗堵严，采用棚（室）内生火炉；设热风机加热，安装蒸汽排管通蒸汽或热水等热源进行采暖，使混凝土在正温环境下养护至临界强度或预定设计强度。暖棚法由于需要较多的搭盖材料和保温加热设施，施工费用较高。

暖棚法适用于严寒天气施工的地下室、人防工程或建筑面积不大而混凝土工程又很集中的工程。

用暖棚法养护混凝土时，要求暖棚内的温度不得低于 5℃，并应保持混凝土表面湿润。

5. 混凝土的拆模和成熟度

（1）混凝土的拆模

混凝土养护到规定时间，应根据同条件养护的试块试压，证明混凝土达到规定拆模强度后方可拆模。对加热法施工的构件模板和保温层，应在混凝土冷却到 5℃后方可拆模。当混凝土和外界温差大于 20℃时，拆模后的混凝土应注意覆盖，使其缓慢冷却。

在拆除模板过程中发现混凝土有冻害现象，应暂停拆模，经处理后方可拆模。

（2）混凝土的成熟度

混凝土冬期施工时，由于同条件养护的试块置于与结构相同条件下进行养护，结构构件的表面散热情况与小试块的散热情况有较大的差异，内部温度状况明显不同，所以同条件养护的试块强度不能够切实反映结构的实际强度。利用结构的实际测温数据为依据的"成熟度"法估算混凝土强度，由于方法简便，实用性强，易于被接受并逐渐推广应用。

成熟度即混凝土在养护期间养护温度和养护时间的乘积。也就是混凝土强度的增长和"成熟度"之间有一定的规律。混凝土强度增长快慢与养护温度、养护时间有关，当混凝土在一定温度条件下进行养护时，混凝土的强度增长只取决养护时间长短，即龄期。但是当混凝土在养护温度变化的条件下进行养护时，强度的增长并不完全取决于龄期，而且受温度变化的影响而有波动。由于混凝土在冬期养护期间，养护温度是一个不断降温变化的过程，所以其强度增长不是简单的和龄期有关，而是和养护期间所达到的成熟度有关。

2.3.3.4 混凝土结构冬期施工的质量控制

1. 混凝土的温度测量

冬期施工测温的项目与次数为：室外气温及环境温度每昼夜不少于 4 次；搅拌机棚温度，水、水泥、砂、石及外加剂溶液温度，混凝土出罐、浇筑、入模温度每 1 工作班不少于 4 次；在冬期施工期间，还需测量每天的室外最高、最低气温。

混凝土养护期间的温度应进行定点定时测量：蓄热法或综合蓄热法养护从混凝土入模开始至混凝土达到受冻临界强度，或混凝土温度降到 0℃或设计温度以前，应至少每隔 6h 测量 1 次。掺防冻剂的混凝土强度在未达到受冻临界强度前（当室外最低气温不低于 −15℃时不得小于 $4.0N/mm^2$，当室外最低气温不低于 −30℃时不得小于 $5.0N/mm^2$）应每隔 2h 测量 1 次，达到受冻临界强度以后每隔 6h 测量 1 次。采用加热法养护混凝土时，升温和降温阶段应每隔 1h 测量 1 次，恒温阶段每隔 2h 测量 1 次。测温时，全部测温孔均应编号，并绘制布置图。测温孔应设在有代表性的结构部位和温度变化大易冷却的部位，孔深宜为 10 ~ 15cm，也可为板厚的 1/2 或墙厚的 1/2。测温时，测温仪表应采取与外界气温隔离措施，并留置在测温孔内不少于 3min。

2. 混凝土的质量检查

冬期施工时，混凝土的质量检查除应按《混凝土结构工程施工质量验收规范》GB 50204 规定留置试块外，尚应检查混凝土表面是否受冻、粘连、收缩裂缝，边角是否脱落，施工缝处有无受冻痕迹；检查同条件养护试块的养护条件是否与施工现场结构养护条件相一致；采用成熟度法检验混凝土强度时，应检查测温记录与计算公式要求是否相符，有无差错；采用电加热法养护时，应检查供电变压器二次电压和二次电流强度，每 1 工作班不应少于 2 次。

混凝土试件的试块留置：应较常规施工增加不少于两组与结构同条件养护的试件，分别用于检验受冻前的混凝土强度和转入常温养护28d的混凝土强度。与结构构件同条件养护的受冻混凝土试件，解冻后方可试压。

所有各项测量及检验结果，均应填写"混凝土工程施工记录"和"混凝土冬期施工日报"。

2.3.3.5 混凝土结构雨期施工的要求

雨期施工以防雨、防台风、防汛为对象，做好各项准备工作。

1. 雨期施工特点

（1）雨期施工的开始具有突然性。由于暴雨山洪等恶劣气象往往不期而至，这就需要雨期施工的准备和防范措施及早进行。

（2）雨期施工带有突击性。因为雨水对建筑结构和地基基础的冲刷或浸泡具有严重的破坏性，必须迅速及时地防护，才能避免给工程造成损失。

（3）雨期往往持续时间很长，阻碍了工程（主要包括土方工程、屋面工程等）顺利进行，拖延工期。对这一点应事先有充分估计并做好合理安排。

2. 雨期施工的要求

（1）编制施工组织计划时，要根据雨期施工的特点，将不宜在雨期施工的分项工程提前或拖后安排。对必须在雨期施工的工程应制定有效的保证措施。

（2）合理进行施工安排。做到晴天抓紧室外工作，雨天安排室内工作，尽量缩小雨天室外作业时间和工作面。

（3）密切注意气象预报，做好抗台防汛等准备工作，必要时应及时加固在建工程。

（4）做好建筑材料防雨防潮工作。

3. 雨期施工准备

（1）现场排水。施工现场的道路、设施必须做到排水畅通，尽量做到雨停水干。要防止地面水排入地下室、基础、地沟内。要做好对危石的处理，防止滑坡和塌方。

（2）应做好原材料、成品、半成品的防雨工作。水泥应按"先收先用""后收后用"的原则，避免久存受潮而影响水泥的性能。木门窗等易受潮变形的半成品应在室内堆放，其他材料也应注意防雨及材料堆放场地四周排水。

（3）在雨期前应做好施工现场房屋、设备的排水防雨措施。

（4）备足排水需用的水泵及有关器材，准备适量的塑料布、油毡等防雨材料。

4. 混凝土工程雨期施工注意事项

（1）模板隔离层在涂刷前要及时掌握天气预报，以防隔离层被雨水冲掉。

（2）遇到大雨应停止浇筑混凝土，已浇部位应加以覆盖。浇筑混凝土时应根据结构情况和可能，多考虑几道施工缝的留设位置。

（3）雨期施工时，应加强对混凝土粗细骨料含水量的测定，及时调整混凝土的施工配合比。

（4）大面积的混凝土浇筑前，要了解2～3d的天气预报，尽量避开大雨。混凝土浇筑现场要预备大量防雨材料，以备浇筑时突然遇雨进行覆盖。

（5）模板支撑下部回填土要夯实，并加好垫板，雨后及时检查有无下沉。

2.3.4 混凝土结构施工质量检测及验收

【任务实施】

2.3.4.1 混凝土结构检验批质量验收

某现浇钢筋混凝土框架结构共 7 层，现对混凝土分项工程的施工质量进行验收。现以第 5 层⑤～⑩轴柱混凝土施工质量验收为例，说明混凝土施工分项检验批质量验收标准、验收方法和最终质量的评定方法。

1. 混凝土结构工程检验批划分

混凝土结构工程可根据与施工方式一致且便于控制施工质量的原则，按楼层、结构缝或施工段划分为若干检验批。

上述 7 层框架结构柱的混凝土施工，采取先浇柱，后浇梁和板的施工方案。因此，框架结构柱的混凝土施工检验批划分原则为：在竖向按楼层划分为 7 个施工层，水平方向考虑工作面按每楼层①～⑤轴、⑤～⑩轴划分为 2 个施工段，则该框架结构的柱混凝土施工分项工程在每 1 层上有 2 个检验批。

2. 检验批质量验收记录表填写实例

框架结构柱的混凝土施工分项工程检验批的质量验收可按《混凝土结构工程施工质量验收规范》GB 50204 的表格进行记录，该检验批质量验收记录见表 2–34。

混凝土施工检验批质量验收记录表　　　　　　　　　表 2-34

工程名称		××工程	分项工程名称	混凝土分项工程	验收部位	5 层⑤～⑩轴
施工单位		××建筑工程公司	专业工长	××	项目经理	×××
分包单位		/	分包项目经理	/	施工班组长	×××
施工执行标准名称及编号		《混凝土结构工程施工工艺标准》QB×××				
施工质量验收规范的规定				施工单位检查评定记录	监理单位验收记录	
主控项目	1	混凝土强度等级及试件的取样和留置	第 7.4.1 条	✓	同意验收	
一般项目	1	后浇带的位置和浇筑	第 7.4.2 条		同意验收	
	2	混凝土养护	第 7.4.3 条	✓		
施工单位检查评定结果		主控项目全部合格，一般项目满足规范规定，检查评定结果为合格。 项目专业质量检查员：×××			××年×月×日	
监理（建设）单位验收结论		同意验收。 监理工程师：×××			××年×月×日	

注：表中"施工质量验收规范的规定"一栏中的主控项目和一般项目的质量标准要求见 2.3.4.2。

【学习支持】

2.3.4.2 混凝土结构施工质量标准及检验方法

混凝土工程的施工质量检验应按主控项目、一般项目以规定的检验方法进行检验。检验批合格质量应符合下列规定：主控项目的质量经抽样检验合格；一般项目的质量经抽样检验合格；当采用计数检验时，除有专门要求外，一般项目的合格点率应达到80%及以上，且不得有严重缺陷；具有完整的施工操作依据和质量验收记录。

1.混凝土分项工程

（1）主控项目

1）水泥进场时，应对其品种、代号、强度等级、包装或散装编号、出厂日期等进行检查，并应对水泥的强度、安定性和凝结时间进行检验，检验结果应符合现行国家标准《通用硅酸盐水泥》GB 175等的相关规定。

检查数量：按同一厂家、同一品种、同一代号、同一强度等级、同一批号且连续进场的水泥，袋装不超过200t为一批，散装不超过500t为一批，每批抽样数量不应少于一次。

检验方法：检查质量证明文件和抽样检验报告。

2）混凝土外加剂进场时，应对其品种、性能、出厂日期等进行检查，并应对外加剂的相关性能指标进行检验，检验结果应符合现行国家标准《混凝土外加剂》GB 8076和《混凝土外加剂应用技术规范》GB 50119等的规定。

检查数量：按同一厂家、同一品种、同一性能、同一批号且连续进场的混凝土外加剂，不超过50t为一批，每批抽样数量不应少于一次。

检验方法：检查质量证明文件和抽样检验报告。

3）预拌混凝土进场时，其质量应符合现行国家标准《预拌混凝土》GB/T 14902的规定。

检查数量：全数检查。

检验方法：检查质量证明文件。

4）混凝土拌合物不应离析。

检查数量：全数检查。

检验方法：观察。

5）混凝土中氯离子含量和碱总含量应符合现行国家标准《混凝土结构设计规范》GB 50010的规定和设计要求。

检查数量：同一配合比的混凝土检查不应少于一次。

检验方法：检查原材料试验报告和氯离子、碱的总含量计算书。

6）首次使用的混凝土配合比应进行开盘鉴定，其原材料、强度、凝结时间、稠度等应满足设计配合比的要求。

检查数量：同一配合比的混凝土检查不应少于一次。

检验方法：检查开盘鉴定资料和强度试验报告。

7）混凝土的强度等级必须符合设计要求。用于检验混凝土强度的试件应在浇筑地点随机抽取。

检查数量：对同一配合比混凝土，取样与试件留置应符合下列规定：

每拌制 100 盘且不超过 100m³ 时，取样不得少于一次；每工作班拌制不足 100 盘时，取样不得少于一次；连续浇筑超过 1000m³ 时，每 200m³ 取样不得少于一次；每一楼层取样不得少于一次；每次取样应至少留置一组试件。

检验方法：检查施工记录及混凝土强度试验报告。

（2）一般项目

1）混凝土用矿物掺合料进场时，应对其品种、技术指标、出厂日期等进行检查，并应对矿物掺合料的相关技术指标进行检验，检验结果应符合国家现行有关标准的规定。

检查数量：按同一厂家、同一品种、同一技术指标、同一批号且连续进场的矿物掺合料，粉煤灰、石灰石粉、磷渣粉和钢铁渣粉不超过 200t 为一批，粒化高炉矿渣粉和复合矿物掺合料不超过 500t 为一批，沸石粉不超过 120t 为一批，硅灰不超过 30t 为一批，每批抽样数量不应少于一次。

检验方法：检查质量证明文件和抽样检验报告。

2）混凝土原材料中的粗骨料、细骨料质量应符合现行行业标准《普通混凝土用砂、石质量及检验方法标准》JGJ 52 的规定，使用经过净化处理的海砂应符合现行行业标准《海砂混凝土应用技术规范》JGJ 206 的规定，再生混凝土骨料应符合现行国家标准《混凝土用再生粗骨料》GB/T 25177 和《混凝土和砂浆用再生细骨料》GB/T 25176 的规定。

检查数量：按现行行业标准《普通混凝土用砂、石质量及检验方法标准》JGJ 52 的规定确定。

检验方法：检查抽样检验报告。

3）混凝土拌制及养护用水应符合现行行业标准《混凝土用水标准》JGJ 63 的规定。采用饮用水时，可不检验；采用中水、搅拌站清洗水、施工现场循环水等其他水源时，应对其成分进行检验。

检查数量：同一水源检查不应少于一次。

检验方法：检查水质检验报告。

4）混凝土拌合物稠度应满足施工方案的要求。

检查数量：对同一配合比混凝土，取样应符合下列规定：

每拌制 100 盘且不超过 100m³ 时，取样不得少于一次；每工作班拌制不足 100 盘时，取样不得少于一次；连续浇筑超过 1000m³ 时，每 200m³ 取样不得少于一次；每一楼层取样不得少于一次。

检验方法：检查稠度抽样检验记录。

5）混凝土有耐久性指标要求时，应在施工现场随机抽取试件进行耐久性检验，其检验结果应符合国家现行有关标准的规定和设计要求。

检查数量：同一配合比的混凝土，取样不应少于一次，留置试件数量应符合国家现行标准《普通混凝土长期性能和耐久性能试验方法标准》GB/T 50082 和《混凝土耐久性检验评定标准》JGJ/T 193 的规定。

检验方法：检查试件耐久性试验报告。

6）混凝土有抗冻要求时，应在施工现场进行混凝土含气量检验，其检验结果应符合国家现行有关标准的规定和设计要求。

检查数量：同一配合比的混凝土，取样不应少于一次，取样数量应符合现行国家标准《普通混凝土拌合物性能试验方法标准》GB/T 50080 的规定。

检验方法：检查混凝土含气量试验报告。

7）后浇带的留设位置应符合设计要求。后浇带和施工缝的留设及处理方法应符合施工方案要求。

检查数量：全数检查。

检验方法：观察。

8）混凝土浇筑完毕后应及时进行养护，养护时间以及养护方法应符合施工方案要求。

检查数量：全数检查。

检验方法：观察，检查混凝土养护记录。

2. 现浇混凝土结构分项工程

（1）主控项目

1）现浇结构的外观质量不应有严重缺陷。对已经出现的严重缺陷，应由施工单位提出技术处理方案，并经监理单位认可后进行处理；对裂缝或连接部位的严重缺陷及其他影响结构安全的严重缺陷，技术处理方案尚应经设计单位认可。对经处理的部位应重新验收。

检查数量：全数检查。

检验方法：观察，检查处理记录。

2）现浇结构不应有影响结构性能或使用功能的尺寸偏差；混凝土设备基础不应有影响结构性能或设备安装的尺寸偏差。

对超过尺寸允许偏差且影响结构性能或安装、使用功能的部位，应由施工单位提出技术处理方案，并经监理、设计单位认可后进行处理。对经处理的部位应重新验收。

检查数量：全数检查。

检验方法：量测，检查处理记录。

（2）一般项目

1）现浇结构的外观质量不应有一般缺陷。对已经出现的一般缺陷，应由施工单位按技术处理方案进行处理。对经处理的部位应重新验收。

检查数量：全数检查。

检验方法：观察，检查处理记录。

2）现浇结构的位置和尺寸偏差及检验方法应符合表 2-35 的规定。

检查数量：按楼层、结构缝或施工段划分检验批。在同一检验批内，对梁、柱和独立基础，应抽查构件数量的 10%，且不应少于 3 件；对墙和板，应按有代表性的自然间抽查 10%，且不应少于 3 间；对大空间结构，墙可按相邻轴线间高度 5m 左右划分检查面，板可按纵、横轴线划分检查面，抽查 10%，且均不应少于 3 面；对电梯井，应全数检查。

现浇结构位置和尺寸允许偏差及检验方法　　　　　　表 2-35

项目			允许偏差（mm）	检验方法
轴线位置	整体基础		15	经纬仪及尺量
	独立基础		10	
	柱、墙、梁		8	尺量
垂直度	层高	≤ 6m	10	经纬仪或吊线、尺量
		>6m	12	
	全高（H）≤ 300m		$H/30000+20$	经纬仪、尺量
	全高（H）>300m		$H/10000$ 且 ≤ 80	
标高	层高		±10	水准仪或拉线、尺量
	全高		±30	
截面尺寸	基础		+15，-10	尺量
	柱、梁、板、墙		+10，-5	
	楼梯相邻踏步高差		6	
电梯井	中心位置		10	尺量
	长、宽尺寸		+25，0	
表面平整度			8	2m 靠尺和塞尺量测
预埋件中心位置	预埋板		10	尺量
	预埋螺栓		5	
	预埋管		5	
	其他		10	
预留洞、孔中心线位置			15	尺量

注：1. 检查柱轴线、中心线位置时，沿纵、横两个方向测量，并取其中偏差的较大值。
　　2. H 为全高，单位为 mm。

3）现浇设备基础的位置和尺寸应符合设计和设备安装的要求。其位置和尺寸偏差及检验方法应符合表 2-36 的规定。

检查数量：全数检查。

现浇设备基础位置和尺寸允许偏差及检验方法　　　　　　表 2-36

项目	允许偏差（mm）	检验方法
坐标位置	20	经纬仪及尺量
不同平面标高	0，-20	水准仪或拉线、尺量
平面外形尺寸	±20	尺量
凸台上平面外形尺寸	0，-20	
凹槽尺寸	+20，0	

续表

项目		允许偏差（mm）	检验方法
平面水平度	每米	5	水平尺、塞尺量测
	全长	10	水准仪或拉线、尺量
垂直度	每米	5	经纬仪或吊线、尺量
	全高	10	
预埋地脚螺栓	中心位置	2	尺量
	顶标高	+20，0	水准仪或拉线、尺量
	中心距	±20	尺量
	垂直度	5	吊线、尺量
预埋地脚螺栓孔	中心线位置	10	尺量
	截面尺寸	+20，0	
	深度	+20，0	
	垂直度	$h/100$ 且 $\leqslant 10$	吊线、尺量
预埋活动地脚螺栓锚板	中心线位置	5	尺量
	标高	+20，0	水准仪或拉线、尺量
	带槽锚板平整度	5	直尺、塞尺量测
	带螺纹孔锚板平整度	2	

注 1. 检查坐标、中心线位置时，应沿纵、横两个方向测量，并取其中偏差的较大值。

2. h 为预埋地脚螺栓孔孔深，单位为 mm。

3. 混凝土强度的评定

评定混凝土强度的试块，必须按《混凝土强度检验评定标准》GB/T 50107—2010 的规定取样、制作、养护和试验，其强度必须符合下列规定：

（1）用统计方法评定混凝土强度时，其强度应同时符合下列两式的规定：

$$m_{f_{cu}} - \lambda_1 S_{f_{cu}} \geqslant 0.9 f_{cu,k} \tag{2-4}$$

$$f_{cu,min} \geqslant \lambda_2 f_{cu,k} \tag{2-5}$$

（2）用非统计方法评定混凝土强度时，其强度应同时符合下列两式的规定：

$$m_{f_{cu}} \geqslant 1.15 f_{cu,k} \tag{2-6}$$

$$f_{f_{cu},min} \geqslant 0.95 f_{cu,k} \tag{2-7}$$

式中 $m_{f_{cu}}$——同一检验批混凝土立方体抗压强度的平均值（N/mm²）；

$S_{f_{cu}}$——同一检验批混凝土强度的标准差（N/mm²）；当 $S_{f_{cu}}$ 的计算值小于 $0.06 f_{cu,k}$ 时，取 $S_{f_{cu}} = 0.06 f_{cu,k}$；

$f_{cu,k}$ —— 设计的混凝土立方体抗压强度标准（N/mm^2）；

$f_{cu,min}$ —— 同一检验批混凝土立方体抗压强度的最小值（N/mm^2）；

λ_1、λ_2 —— 合格判定系数，按表 2-37 取用。

合格判定系数   表 2-37

合格判定系数	试块组数		
	10 ~ 14	15 ~ 24	≥25
λ_1	1.70	1.65	1.60
λ_2	0.90	0.85	0.85

注：混凝土强度按单位工程内强度等级、龄期相同及生产工艺条件、配合比基本相同的混凝土为同一检验批评定。但单位工程中仅有 1 组试块时，其强度不应低于 $1.15 f_{cu,k}$。

【知识拓展】

2.3.5 混凝土施工安全技术

2.3.5.1 垂直运输设备的规定

1. 垂直运输设备，应有完善可靠的安全保护装置（如起重量及提升高度的限制，制动、防滑、信号等装置及紧急开关等），严禁使用安全保护装置不完善的垂直运输设备。

2. 垂直运输设备安装完毕后，应按出厂说明书要求进行无负荷、静负荷、动负荷试验及安全保护装置的可靠性实验。

3. 对垂直运输设备应建立定期检修和保养责任制。

4. 操作垂直运输设备的司机，必须通过专业培训。考核合格后持证上岗，严禁无证人员操作垂直运输设备。

5. 操作垂直运输设备，在有下列情况之一时，不得操作设备。

（1）司机与起重机之间视线不清、夜间照明不足，而又无可靠的信号和自动停车、限位等安全装置；

（2）设备的传动机构、制动机构、安全保护装置有故障，问题不清，动作不灵；

（3）电气设备无接地或接地不良，电气线路有漏电；

（4）超负荷或超定员；

（5）无明确统一信号和操作规程。

2.3.5.2 混凝土机械

1. 混凝土搅拌机的安全规定

（1）进料时，严禁将头或手伸入料斗与机架之间察看或探摸进料情况，运转中不得用手或工具等物伸入搅拌筒内扒料出料。

（2）料斗升起时，严禁在其下方工作或穿行。料坑底部要设料斗枕垫，清理料坑时必须将料斗用链条扣牢。

（3）向搅拌筒内加料应在运转中进行；添加新料必须先将搅拌机内原有的混凝土全部卸出来才能进行。不得中途停机或在满载荷时启动搅拌机，反转出料者除外。

（4）作业中，如发生故障不能继续运转时，应立即切断电源，将筒内的混凝土清除干净，然后进行检修。

2. 混凝土泵送设备作业的安全事项

（1）支腿应全部伸出并支固，未支固前不得启动布料杆。布料杆升离支架后方可回转。布料杆伸出时应按顺序进行。严禁用布料杆起吊或拖拉物件。

（2）当布料杆处于全伸状态时，严禁移动车身。作业中需要移动时，应将上段布料杆折叠固定，移动速度不超过 10km/h。布料杆不得使用超过规定直径的配管，装接的软管应系防脱安全绳带。

（3）应随时监视各种仪表和指示灯，发现不正常应及时调整或处理。如出现输送管道堵塞时，应进行逆向运转使混凝土返回料斗，必要时应拆管排除堵塞。

（4）泵送工作应连续作业，必须暂停时应每隔 5～10min（冬季 3～5min）泵送 1 次。若停止较长时间后泵送时，应逆向运转 1～2 个行程，然后顺向泵送。泵送时料斗内应保持一定量的混凝土，不得吸空。

（5）应保持储满清水，发现水质混浊并有较多砂粒时应及时检查处理。

（6）泵送系统受压力时，不得开启任何输送管道和液压管道。液压系统的安全阀不得任意调整，蓄能器只能充入氮气。

3. 混凝土振捣器的使用规定

（1）使用前应检查各部件是否连接牢固，旋转方向是否正确。

（2）振捣器不得放在初凝的混凝土、地板、脚手架、道路和干硬的地面上进行试振。维修或作业间断时，应切断电源。

（3）插入式振捣器软轴的弯曲半径不得小于 50cm，并不多于两个弯，操作时振动棒应自然垂直地沉入混凝土，不得用力硬插、斜推或使钢筋夹住棒头，也不得全部插入混凝土中。

（4）振捣器应保持清洁，不得有混凝土粘接在电动机外壳上妨碍散热。

（5）作业转移时，电动机的导线应保持有足够的长度和松度。严禁用电源线拖拉振捣器。

（6）用绳拉平板振捣器时，绳应干燥绝缘，移动或转向时不得用脚踢电动机。

（7）振捣器与平板应保持紧固，电源线必须固定在平板上，电器开关应装在手把上。

（8）在 1 个构件上同时使用几台附着式振捣器工作时，所有振捣器的频率必须相同。

（9）操作人员必须穿戴绝缘手套。

（10）作业后，必须做好清洗、保养工作。振捣器要放在干燥处。

【能力拓展】

2.3.6　混凝土工程施工技术交底案例

某框架结构写字楼，在进行框架柱混凝土浇筑前，项目部质检员向参与施工的混凝土施工班组人员进行技术交底（表 2-38）。

技术交底　　　　　　　　　　　　　　表 2-38

工程名称	×××写字楼	建设单位	×××
监理单位	×××建设监理公司	施工单位	×××建筑工程公司
工程部位	框架柱混凝土浇筑	交底对象	混凝土施工班组
交底人	×××	接收人	×××
参加交底人员：（参加的所有人员签字） ×××、×××、×××、×××		交底时间	×××

1. 框架柱混凝土浇筑施工准备

（1）提出材料计划，组织材料进场并检验。

（2）熟悉图纸，进行图纸会审，确定施工顺序。

（3）施工机具组织进场，到位安装。

（4）对工人进行三级安全教育和技术安全交底。

2. 操作工艺要点

（1）柱浇筑前，或新浇混凝土与下层混凝土结合处，应在底面上均匀浇筑 50mm 厚与混凝土配比相同的水泥砂浆。砂浆应用铁铲入模，不应用料斗直接倒入模内。

（2）柱混凝土应分层浇捣，每层浇筑厚度控制在 500 mm 左右。混凝土下料点应分散布置循环推进，连续进行，并应控制好混凝土浇筑的延续时间。

（3）施工缝设置：柱子水平缝留置于主梁下面。

3. 安全规定

（1）浇筑混凝土必须搭设临时桥道才准车辆行走，桥道搭设要用桥凳架空，不允许桥道压在钢筋面上，也不允许手推车在钢筋面上行走和踏低面筋。

（2）禁止在混凝土初凝前在上面行走车辆或堆放物品。

（3）混凝土自由倾落度不宜超过 2m，如超过要用串筒进行送浆捣固。

（4）浇捣混凝土时应有木工及电工值班检查顶架及电器安全。

4. 本交底无规定者按有关施工规范和《建筑施工安全检查标准》JGJ 59-2011 执行。

5. 本项目的特殊要求：无。

6. 应具备的质量记录

（1）钢筋出厂质量证明书或检验报告单。

（2）钢筋力学性能和钢筋质量偏差检验报告。

（3）进口钢筋应有化学成分检验报告和可焊性试验报告。国产钢筋在加工过程中发生脆断、焊接性能不良和力学性能显著不正常时，应有化学成分检验报告。

（4）钢筋焊接接头试验报告。

（5）焊条、焊剂出厂合格证。

（6）钢筋分项工程质量检验评定资料。

（7）钢筋分项隐蔽工程验收记录。

注：本表一式四份，建设单位、监理单位、施工单位、城建档案馆各一份。

能力测试与实践活动

【能力测试】

1. 单项选择题

(1) 某混凝土实验室配合比为 1∶2∶4，测的施工现场砂的含水量为 W_x=2%，石子含水量为 W_y=1%，则该混凝土的施工配合比为（　　）。

　A. 1∶2.00∶4.00　　　　　　B. 1∶2.04∶4.04

　C. 1∶2.20∶4.10　　　　　　D. 1∶2.02∶4.01

(2) 混凝土搅拌一次投料法的投料顺序应在料斗中（　　）。

　A. 先装砂，再加水泥和石子　B. 先装石子，再加水泥和砂

　C. 先装水泥，再加石子和砂　D. 先装石子，再加砂和水泥

(3) 混凝土入仓时，为了防止混凝土产生离析，其自由倾落高度应小于（　　）m。

　A. 1　　　　　　　　　　　B. 2

　C. 3　　　　　　　　　　　D. 4

(4) 施工缝一般应留设在（　　）较小，且方便施工的部位。

　A. 弯矩　　　　　　　　　　B. 剪力

　C. 轴力　　　　　　　　　　D. 扭矩

(5) 施工缝处继续浇筑混凝土时，其混凝土的抗压强度应不小于（　　）MPa。

　A. 1　　　　　　　　　　　B. 1.2

　C. 1.5　　　　　　　　　　D. 2

(6) 对掺有缓凝型外加剂或有抗渗要求的混凝土，其养护时间不得小于（　　）d。

　A. 7　　　　　　　　　　　B. 14

　C. 21　　　　　　　　　　D. 28

2. 多项选择题

(1) 对混凝土运输的基本要求有（　　）。

　A. 运输过程中不漏浆　　　　B. 运到后要保证混凝土的均匀性、坍落度

　C. 保证混凝土浇筑的连续性　D. 保证混凝土的强度

(2) 混凝土浇筑施工缝留设位置正确的是（　　）。

　A. 柱子宜留在基础顶面、梁的下面

　B. 有主次梁的楼盖施工缝应留在次梁跨中 1/3 跨度范围内

　C. 单向板应留在平行于板短边的任何位置

　D. 有主次梁的楼盖施工缝应留在主梁跨度的中间 1/3 长度范围内

(3) 在施工缝处继续浇筑混凝土时，正确的处理方法有（　　）。

　A. 除掉施工缝处的水泥浮浆和松动石子

　B. 用水冲洗干净

C. 待已浇筑的混凝土的强度不低于 1.2MPa 时才允许继续浇筑

D. 在结合面应先铺抹一层水泥浆或与混凝土砂浆成分相同的砂浆

【实践活动】

参观已经浇筑完成的框架结构（柱、梁或楼板），对照验收规范要求对混凝土构件施工质量检查，并判断其是否符合要求。

【工作任务布置】

对框架结构现浇钢筋混凝土楼梯的混凝土浇筑进行施工技术交底，并编写施工技术交底单。以小组为单位模拟技术交底。

【活动评价】

学生自评 （20%）：	规范选用	正确 ☐		错误 ☐				
	内容齐全、措施完整	优 ☐		良 ☐		中 ☐	差 ☐	
	施工机具选择	正确 ☐	基本正确 ☐	错误 ☐				
小组互评 （40%）：	施工机具选择	正确 ☐	基本正确 ☐	错误 ☐				
	内容齐全、措施完整	优 ☐		良 ☐		中 ☐	差 ☐	
	施工工艺符合规范要求		符合要求 ☐		不符合要求 ☐			
教师评价 （40%）：	施工技术交底单编写	优 ☐		良 ☐		中 ☐	差 ☐	
	完成进度		在规定时间完成 ☐					
			未在规定时间完成 ☐					

模块 3
预应力混凝土工程施工

【模块描述】

> 预应力混凝土结构是目前广泛使用的结构形式。与普通混凝土相比，在混凝土结构中使用高强钢筋，能提高构件的抗裂度和刚度，减轻构件自重，增加构件的耐久性，降低造价。预应力混凝土按施工方法的不同可分为先张法和后张法两大类。
>
> 本模块着重讨论预应力混凝土结构的施工方法、质量标准及检测验收方法。

【学习目标】

> 通过学习，你将能够：
> （1）了解先张法、后张法施工机具、设备的特点；
> （2）掌握先张法施工工艺、质量标准及要求；
> （3）理解预应力筋的制作要求；掌握后张法施工工艺、质量标准及要求；
> （4）理解无粘结预应力筋制作方法，熟悉无粘结预应力筋的张拉施工工艺、质量标准及要求；
> （5）参与预应力混凝土施工质量检查；
> （6）协助进行预应力混凝土结构工程施工技术交底。

项目 3.1 预应力混凝土先张法施工

【项目描述】

先张法是在浇筑混凝土前，先张拉预应力钢筋，并将预应力筋临时固定在台座或钢模上，待混凝土达到一定强度使混凝土与预应力筋具有一定的粘结力时，放松预应力筋，混凝土在预应力筋的反弹力作用下，使构件受拉区的混凝土承受预压应力，从而使结构（构件）在使用阶段产生的拉应力首先抵消预压应力，从而推迟了裂缝的出现和限制裂缝的开展，提高了结构（构件）的抗裂度和刚度。

【学习支持】

预应力工程施工相关规范

1.《混凝土结构工程施工质量验收规范》GB 50204－2015
2.《建筑工程施工质量验收统一标准》GB 50300－2013·
3.《预应力混凝土用钢绞线》GB/T 5224－2014
4.《预应力筋用锚具、夹具和连接器》GB/T 14370－2015

【学习支持】

3.1.1 先张法施工的机具设备

先张法生产可采用台座法和机组流水法。台座法是构件在台座上生产，即预应力筋的张拉、固定、混凝土浇筑、养护和预应力筋的放松等工序均在台座上进行。机组流水法是利用钢模板作为固定预应力筋的承力架，构件连同模板通过固定的机组，按流水方式完成其生产过程。

先张法适用于生产定型的中小型构件，如空心板、屋面板、吊车梁、檩条等。先张法施工中常用的预应力筋有钢丝和钢筋两类。

图 3-1 为预应力混凝土构件先张法台座示意图。

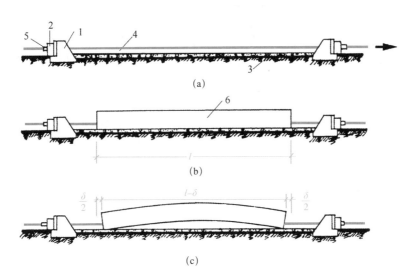

图 3-1 先张法台座示意图
(a) 预应力筋张拉；(b) 混凝土浇筑与养护；(c) 放松预应力筋
1—台座承力结构；2—横梁；3—台面；4—预应力筋；5—锚固夹具；6—混凝土构件

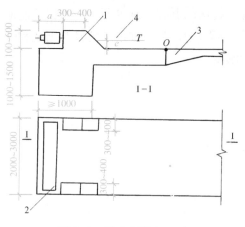

图 3-2 墩式台座（mm）

1—台墩；2—横梁；3—台面；4—预应力筋

3.1.1.1 台座

台座是先张法施工张拉和临时固定预应力筋的支撑结构，它承受预应力筋的全部张拉力，因此要求台座具有足够的强度、刚度和稳定性。台座按构造形式分为墩式台座和槽式台座。

1. 墩式台座

墩式台座由承力台墩、台面和横梁组成，如图 3-2 所示。目前常用现浇钢筋混凝土制成的由承力台墩与台面共同受力的台座。

台座的长度和宽度由场地大小、构件类型和产量而定，一般长度宜为 100 ~ 150m，宽度为 2 ~ 4m，这样既可利用钢丝长的特点，张拉 1 次可生产多根（块）构件，又可以减少因钢丝滑动或台座横梁变形引起的预应力损失。

2. 槽式台座

槽式台座是由端柱，传力柱，上、下横梁及砖墙组成的，如图 3-3 所示。端柱和传力柱是槽式台座的主要受力结构，采用钢筋混凝土结构。砖墙一般为 1 砖厚，起挡土作用，同时又是蒸汽养护的保温侧墙。

槽式台座适用于张拉吨位较大的构件，如吊车梁、屋架、薄腹梁等。

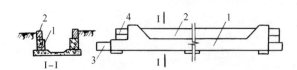

图 3-3 槽式台座

1—传力柱；2—砖墙；3—下横梁；4—上横梁

3.1.1.2 夹具

夹具是预应力筋张拉和临时固定的锚固装置，用在先张法施工中。按其用途不同，可分为锚固夹具和张拉夹具。

1. 对夹具的要求

（1）夹具的静载锚固性能，应由预应力筋夹具组装件静载试验测定的夹具效率系数 η_s 确定。要求夹具的静载锚固性能应满足：$\eta_s \geq 0.95$。

（2）当预应力夹具组装件达到实际极限拉力时，全部零件不应出现肉眼可见的裂缝和破坏。

（3）有良好的自锚性能。

（4）有良好的松锚性能。

（5）能多次重复使用。

2. 锚固夹具

（1）钢质锥形夹具

钢质锥形夹具主要用来锚固直径为 3 ～ 5mm 的单根钢丝夹具，如图 3-4 所示。

（2）墩头夹具

墩头夹具适用于预应力钢丝固定端的锚固，如图 3-5 所示。

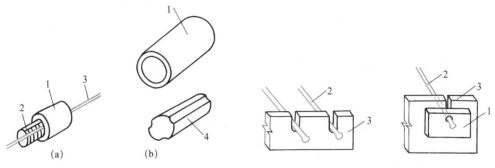

图 3-4　钢质锥形夹具

(a) 圆锥齿板式；(b) 圆锥式

1—套筒；2—齿板；3—钢丝；4—锥塞

图 3-5　固定端墩头夹具

1—垫片；2—墩头钢丝；3—承力板

3. 张拉夹具

张拉夹具是将预应力筋与张拉机械连接起来进行预应力张拉的工具。常用的张拉夹具有月牙形夹具、偏心式夹具和楔形夹具等，如图 3-6 所示。

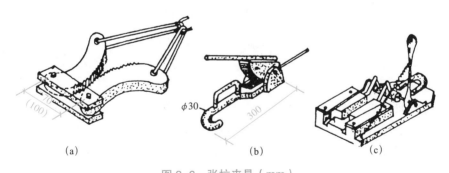

图 3-6　张拉夹具（mm）

(a) 月牙形夹具；(b) 偏心式夹具；(c) 楔形夹具

3.1.1.3　张拉设备

张拉设备要求工作可靠，控制应力准确，能以稳定的速率加大拉力。常用的张拉设备有油压千斤顶、卷扬机、电动螺杆张拉机等。

1. 油压千斤顶

油压千斤顶可用来张拉单根或多根成组的预应力筋。可直接从油压表的读数求得张拉应力值，图 3-7 为 YC-20 型穿心式千斤顶张拉过程示意图。成组张拉时，由于拉力较大，一般用油压千斤顶张拉，如图 3-8 所示。

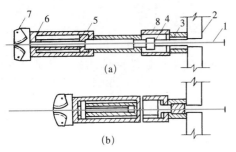

(a)

(b)

图 3-7　YC-20 型穿心式千斤顶

(a) 张拉；(b) 暂时锚固，回油

1—钢筋；2—台座；3—穿心式夹具；4—弹性顶压
头；5、6—油嘴；7—偏心式夹具；8—弹簧

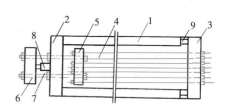

图 3-8　油压千斤顶成组张拉

1—台座；2、3—前后横梁；4—钢筋；
5、6—拉力架横梁；7—大螺丝杆；
8—油压千斤顶；9—放松装置

2. 卷扬机

在长线台座上张拉钢筋时，由于千斤顶行程不能满足要求，小直径钢筋可采用卷扬机张拉，用杠杆或弹簧测力。弹簧测力时，宜设行程开关，在张拉到规定的应力时，能自行停机，如图 3-9 所示。

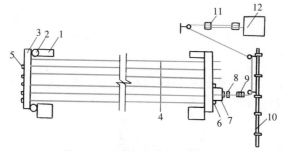

图 3-9　用卷扬机张拉预应力筋

1—台座；2—放松装置；3—横梁；4—钢筋；5—镦头；6—垫块；7—销片夹具；8—张拉夹具；
9—弹簧测力计；10—固定梁；11—滑轮组；12—卷扬机

3. 电动螺杆张拉机

电动螺杆张拉机由螺杆、电动机、变速箱、测力计及顶杆等组成，可单根张拉预应力钢丝或钢筋。张拉时，顶杆支于台座横梁上，用张拉夹具夹紧钢筋后，开动电动机，由皮带、齿轮传动系统使螺杆做直线运动，从而张拉钢筋。这种张拉的特点是运行稳定，螺杆有自锁性能，故张拉机恒载性能好，速度快，张拉行程大，如图 3-10 所示。

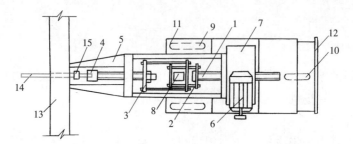

图 3-10　电动螺杆张拉机

1—螺杆；2、3—拉力架；4—张拉夹具；5—顶杆；6—电动机；7—齿轮减速箱；
8—测力计；9、10—车轮；11—底盘；12—手把；13—横梁；14—钢筋；15—锚固夹具

【任务实施】

3.1.2 预应力混凝土先张法施工

3-1 先张法施工

3.1.2.1 先张法施工工艺流程

先张法施工工艺流程如图 3-11 所示。

图 3-11 先张法施工工艺流程图

3.1.2.2 预应力筋的铺设和张拉

1. 预应力筋的铺设

预应力筋铺设前先做好台面的隔离层，隔离剂应选用非油质类模板隔离剂，不得使预应力筋受污，以免影响预应力筋与混凝土的粘结。

碳素钢丝因强度高，表面光滑，与混凝土粘结力较差，必要时可采取表面刻痕和压痕措施，以提高钢丝与混凝土的粘结力。

钢丝接长可借助钢丝拼接器用 20 ~ 22 号钢丝密排绑扎，如图 3-12 所示。

2. 预应力筋的张拉

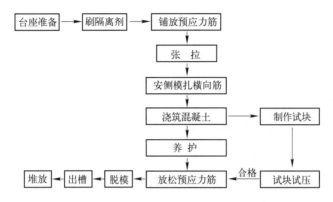

图 3-12 钢丝拼接器（mm）
1—拼接器；2—钢丝

（1）预应力筋张拉应力的确定

预应力筋的张拉控制应力，应符合设计要求。施工如采用超张拉，可比设计要求提高 5%，但其最大张拉控制应力不得超过表 3-1 的规定。

	张拉控制应力值	表 3-1

钢种	张拉控制应力值 σ_{con}
消除应力钢丝、钢绞线	$\leqslant 0.8 f_{ptk}$
刻痕钢丝、中强度预应力钢丝	$\leqslant 0.75 f_{ptk}$

钢种	张拉控制应力值 σ_{con}
预应力螺纹钢筋	$\leqslant 0.90 f_{pyk}$

注：σ_{con}：预应力筋张拉控制应力；f_{ptk}：预应力筋极限强度标准值；f_{pyk}：预应力筋屈服强度标准值。

（2）预应力筋张拉力的计算

预应力筋张拉力 P 按下式计算：

$$P = (1+m) \, \sigma_{con} A_p \quad (kN)$$

式中 m ——超张拉百分率（%）；

    σ_{con} ——张拉控制应力；

    A_p ——预应力筋截面面积。

（3）张拉程序

预应力筋可按下列程序之一进行张拉。

$$0 \longrightarrow 103\%\sigma_{con}$$

或

$$0 \xrightarrow{\text{持荷 2 分钟}} 105\%\sigma_{con} \longrightarrow \sigma_{con}$$

第 1 种张拉程序中，超张拉 3% 是为了弥补预应力筋的松弛损失，这种张拉程序施工简便，一般多采用。

第 2 种张拉程序中，超张拉 5% 并持荷 2 分钟其目的是为了减少预应力筋的松弛损失。钢筋松弛的数值与控制应力和延续时间有关，控制应力越高松弛越大，同时还随着时间的延续而增加，但在第 1 分钟内完成损失总值的 50% 左右，24 小时内则完成 80%。上述程序中，超张拉 5%σ_{con}，并持荷 2 分钟可以减少 50% 以上的松弛损失。

（4）预应力筋伸长值与应力的测定

预应力筋张拉后，一般应校核预应力筋的伸长值。如实际伸长值与计算伸长值的偏差超过 ±6% 时，应暂停张拉，查明原因并采取措施予以调整后，方可继续张拉。预应力筋的伸长值 ΔL 按下式计算：

$$\Delta L = \frac{F_p \cdot L}{A_p \cdot E_s} \tag{3-1}$$

式中 F_p ——预应力筋张拉力；

    L ——预应力筋长度；

    A_p ——预应力筋截面面积；

    E_s ——预应力筋的弹性模量。

预应力筋的实际伸长值，宜在初应力约为 10% σ_{con} 时开始测量，但必须加上初应力以下的推算伸长值。

预应力筋的位置不允许有过大偏差，对设计位置的偏差不得大于 5mm，也不得大于构件截面最短边长的 4%。

采用钢丝作为预应力筋时，不做伸长值校核，但应在钢丝锚固后，用钢丝测力计测定钢丝应力。其偏差不得大于或小于 1 个构件全部钢丝预应力总值的 5%。

多根钢丝同时张拉时，必须事先调整初应力使其相互间的应力一致。断丝和滑脱钢丝的数量不得大于钢丝总数的 3%，但 1 束钢丝中只允许断丝 1 根。构件在浇筑混凝土前发生断丝或滑脱的预应力钢丝必须予以更换。

3.1.2.3 混凝土浇筑与养护

1. 混凝土的浇筑

为了减少预应力损失，在设计配合比时应考虑减少混凝土的收缩和徐变。应采用低水灰比，控制水泥用量，采用良好的级配并振捣密实。

振捣混凝土时，振动器不得碰撞预应力钢筋。混凝土未达到一定强度前不允许碰撞和踩踏预应力钢筋，以保证预应力筋与混凝土有良好的粘结力。

2. 混凝土的养护

预应力混凝土可采用自然养护和湿热养护。当采用湿热养护时应采取正确的养护制度，以减少由于温差引起的预应力损失。在台座生产的构件采用湿热法养护时，由于温度升高后，预应力筋膨胀而台座长度并无变化，因而预应力筋的应力减少。在这种情况下混凝土逐渐硬结，则在混凝土硬化前预应力筋由于温度升高而引起的应力降低将无法恢复，形成温差应力损失。因此，为了减少温差应力损失，应在混凝土达到一定强度（100N/mm^2）前，将温度升高限制在一定范围内（一般不超过 20℃），用机组流水法钢模制作预应力构件，因温热养护时钢模与预应力筋同样伸缩，所以不存在因温差引起的预应力损失。

3.1.2.4 预应力筋的放张

1. 放张要求

放张预应力筋时，混凝土应达到设计要求的强度。如设计无要求时，应不得低于设计混凝土强度等级的 75%。

放张预应力筋前应拆除构件的侧模使放张时构件能自由压缩，以免模板损坏或造成构件开裂。对有横肋的构件（如大型屋面板），其横肋断面应有适宜的斜度，也可以采用活动模板以免放张时构件端肋开裂。

2. 放张方法

配筋不多的中小型构件，钢丝可用砂轮锯或切断机等方法放张。配筋多的钢丝混凝土构件，钢丝应同时放张。如逐根放张，最后几根钢丝将由于承受过大的拉力而突然断裂，且构件端部容易开裂。

消除应力钢丝、钢绞线、热处理钢筋不得用电弧切割，宜用砂轮锯或切断机切断。预应力钢筋数量较多时，可用千斤顶、砂箱、楔块等装置同时放张，如图 3-13 所示。

3. 放张顺序

先张法预应力筋放张时，宜缓慢放松锚固装置，使各根预应力筋同时缓慢放松。预

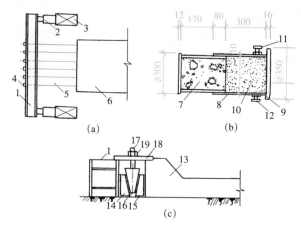

图 3-13　预应力筋放张装置（mm）

(a) 千斤顶放张装置；(b) 砂箱放张装置；(c) 楔块放张装置

1—横梁；2—千斤顶；3—承力架；4—夹具；5—钢丝；6—构件；7—活塞；8—套箱；9—套箱底板；10—砂；
11—进砂口；12—出砂口；13—台座；14、15—固定楔块；16—滑动楔块；17—螺杆；18—承力板；19—螺母

应力筋的放张顺序，应满足设计要求，如设计无要求时应满足下列规定：

（1）宜采取缓慢放张工艺进行逐根或整体放张；

（2）对轴心受预压构件（如压杆、桩等）所有预应力筋宜同时放张。

（3）对偏心受预压构件（如梁等）先同时放张预压力较小区域的预应力筋，再同时放张预压力较大区域的预应力筋。

（4）如不能按上述规定放张时，应分阶段、对称、相互交错的放张，以防止在放张过程中构件发生翘曲、裂纹及预应力筋断裂等现象。

（5）放张后，预应力筋的切断顺序，宜从张拉端开始依次切向另一端。

能力测试与实践活动

【能力测试】

填空题

（1）预应力螺纹钢筋最大张拉控制应力不得超过_____f_{ptk}。

（2）放张预应力筋时，混凝土应达到设计要求的强度。如设计无要求时，应不得低于设计混凝土强度等级的_____%。

（3）配筋不多的中小型构件，钢丝可用_____或_____等方法放张。

（4）配筋多的钢筋混凝土构件，钢丝应_____。

（5）消除应力钢丝、钢绞线最大张拉控制应力不得超过_____f_{ptk}。

（6）放张后，预应力筋的切断顺序，宜从_____开始依次切向另一端。

【实践活动】

参观预制构件生产厂，了解先张法预应力构件生产工艺。

项目 3.2　预应力混凝土后张法施工

【项目描述】

后张法是先制作混凝土构件，并预留孔道，待构件混凝土强度达到设计规定的数值后，在孔道内穿入预应力筋进行张拉，并用锚具在构件端部将预应力筋锚固，最后进行孔道灌浆。预应力筋的张拉力主要是靠构件端部的锚具传递给混凝土，使混凝土产生预压应力，从而推迟了裂缝的出现和限制裂缝的开展，提高了结构（构件）的抗裂度和刚度。

【学习支持】

后张法预应力工程施工相关规范

1.《混凝土结构工程施工质量验收规范》GB 50204–2015
2.《建筑工程施工质量验收统一标准》GB 50300–2013
3.《预应力混凝土用钢绞线》GB/T 5224–2014
4.《预应力筋用锚具、夹具和连接器》GB/T 14370–2015
5.《预应力混凝土用金属波纹管》JG/T 225–2020
6.《通用硅酸盐水泥》GB 175–2007

【学习支持】

3.2.1　预应力混凝土结构对材料的要求

3.2.1.1　预应力混凝土结构对预应力筋的要求

预应力筋进场时，除检查其产品合格证、出厂检验报告外，还应按进场的批次和产品的抽样检验方案，按照《预应力混凝土用钢绞线》GB/T 5224 的规定抽取试件做力学性能检验，其质量必须符合有关标准的规定。

预应力筋使用前应进行外观检查，要求预应力筋展开后应平顺，不得有弯折，表面不应有裂纹、小刺、机械损伤、锈蚀和油污等。

3.2.1.2　预应力混凝土结构对金属波纹管的要求

预应力混凝土用金属波纹管进场时，除检查其产品合格证、出厂检验报告外，还应按规定抽取试件做尺寸和性能检验，其尺寸和性能应符合现行行业标准《预应力混凝土用金属波纹管》JG/T 225 的规定。

对金属波纹管用量较少的一般工程，当有可靠依据时，可不作径向刚度、抗渗漏性能的进场复验。

预应力混凝土用金属波纹管在使用前应进行外观检查，其内外表面应清洁，无锈蚀，不应有油污、孔洞和不规则的褶皱，咬口不应有开裂或脱扣。

3.2.1.3 预应力混凝土结构对锚具、夹具和连接器的要求

预应力筋用的锚具、夹具和连接器进场时，除检查其产品合格证、出厂检验报告外，还应按进场的批次和产品的抽样检验方案，按照《预应力筋用锚具、夹具和连接器》GB/T 14370 等的规定抽取试件做性能检验，其性能应符合现行国家标准的要求。

预应力筋用锚具、夹具和连接器使用前应进行外观检查，其表面应无污物、锈蚀、机械损伤和裂纹。

3.2.1.4 预应力混凝土结构对水泥、外加剂的要求

1. 水泥

预应力混凝土所用的水泥进场时应对其品种、级别、包装或散装仓号、出厂日期等进行检查，除检查其产品合格证、出厂检验报告外，还应按规定取样对其强度、安定性及其他必要的性能指标进行复验，其质量必须符合现行国家标准《通用硅酸盐水泥》GB 175 的规定。当在使用中对水泥质量有怀疑或水泥出厂超过 3 个月（快硬硅酸盐水泥超过 1 个月）时，应进行复验，并按复验结果使用。

2. 外加剂

混凝土中掺用的外加剂进场时，除检查其产品合格证、出厂检验报告外，还应按规定取样对其质量及性能进行复验，其质量及性能应符合现行国家标准《混凝土外加剂》GB 8076、《混凝土外加剂应用技术规范》GB 50119 及有关环境保护的规定。

对孔道灌浆用水泥和外加剂用量较少的一般工程，当有可靠依据时，可不做材料性能的进场复验。

预应力混凝土结构中，严禁使用含氯化物的水泥和外加剂。

3.2.2 后张法施工的机具设备

3.2.2.1 后张法施工的锚具

1. 对锚具的要求

锚具是预应力筋张拉和永久固定在预应力混凝土构件上的传递预应力的工具。按锚固性能不同，可分为 I 类锚具和 II 类锚具。I 类锚具适用于承受动载、静载的预应力混凝土结构；II 类锚具仅适用于有粘结预应力混凝土结构，且锚具只能处于预应力筋应力变化不大的部位。

锚具的静载锚固性能，应由预应力锚具组装件静载试验测定的锚具效率系数 η_a 和达到实测极限拉力时的总应变 ε_{apu} 确定，其值应符合表 3-2 的规定。

锚具效率系数与总应变

表 3-2

锚具类型	锚具效率系数 η_a	实测极限拉力时的总应变 ε_{apu}（%）
I	≥ 0.95	≥ 2.0
II	≥ 0.90	≥ 1.7

对于重要预应力混凝土结构工程使用的锚具，预应筋的效率系数 η_p 应按国家现行标准《预应力筋用锚具、夹具和连接器》GB/T 14370 的规定进行计算。

对于一般预应力混凝土结构工程使用的锚具，当预应力筋为钢丝、钢绞线或热处理钢筋时，预应力筋的效率系数 η_p 取 0.97。

除满足上述要求，锚具尚应满足下列规定：

（1）当预应力筋锚具组装件达到实测极限拉力时，除锚具设计允许的现象外，全部零件均不得出现肉眼可见的裂缝或破坏。

（2）除能满足分级张拉及补张拉工艺外，宜具有能放松预应力筋的性能。

（3）锚具或其附件上宜设置灌浆孔道，灌浆孔道应有使浆液通畅的截面积。

2. 锚具的种类及应用

后张法所用锚具根据其锚固原理和构造形式不同，分为螺杆锚具、夹片锚具、锥销式锚具和镦头锚具四种体系；在预应力筋张拉过程中，按锚具所在位置与作用不同，又可分为张拉端锚具和固定端锚具；按锚具锚固钢筋（或钢丝）的类型与数量不同，可分为单根粗钢筋锚具、钢丝锚具和钢筋束、钢绞线束锚具。

钢筋束和钢绞线束目前使用的锚具有 JM 型、KT-Z 型、XM 型、QM 型和镦头锚具等。

（1）单根粗钢筋锚具

◆ 螺丝端杆锚具

螺丝端杆锚具由螺丝端杆、垫板和螺母组成，适用于锚固直径不大于 36mm 的热处理钢筋，如图 3-14（a）所示。

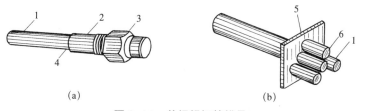

图 3-14 单根粗钢筋锚具
(a) 螺丝端杆锚具；(b) 帮条锚具
1—钢筋；2—螺丝端杆；3—螺母；4—焊接接头；5—衬板；6—帮条

螺丝端杆可用同类的热处理钢筋或热处理 45 号钢制作。

螺丝端杆锚具与预应力筋对焊，用张拉设备张拉螺丝端杆，然后用螺母锚固。

◆ 帮条锚具

帮条锚具由 1 块方形衬板与 3 根帮条组成（图 3-14b）。衬板采用普通低碳钢板，帮条采用与预应力筋同类型的钢筋。帮条安装时，3 根帮条与衬板相接触的截面应在 1 个垂直平面上，以免受力时产生扭曲。

帮条锚具一般用在单根粗钢筋做预应力筋的固定端。

【知识拓展】

（2）钢筋束、钢绞线束锚具

151

◆ JM 型锚具

JM 型锚具由锚环与六夹片组成，如图 3-15 所示，夹片呈扇形，靠两侧的半圆槽锚固预应力钢筋。为增加夹片与预应力筋之间的摩擦力，在半圆槽内刻有截面为梯形的齿痕，夹片背面的坡度与锚环一致。锚环分甲型和乙型两种，甲型锚环为 1 个具有锥形内孔的圆柱体，外形比较简单，使用时直接放置在构件端部的垫板上。乙型锚环在圆柱体外部增添正方形肋板，使用时锚环预埋在构件端部不另设垫板。锚环和夹片均用 45 号钢制造，甲型锚环和夹片必须经过热处理，乙型锚环可不必进行热处理。

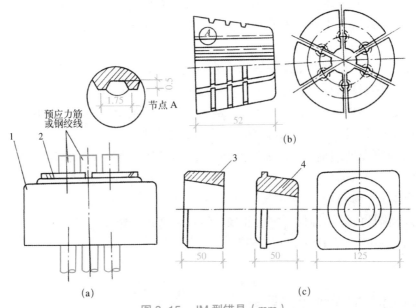

图 3-15 JM 型锚具（mm）

(a) JM 型锚具；(b) JM 型锚具的夹片；(c) JM 型锚具的锚环
1—锚环；2—夹片；3—圆锚环；4—方锚环

JM 型锚具可用于锚固 3 ～ 6 根直径为 12mm 的光圆或变形钢筋束，也可以用于锚固 5 ～ 6 根 12mm 的钢绞线束。它可以作为张拉端或固定端锚具，也可作为重复使用的工具锚。

◆ KT-Z 型锚（图 3-16）

KT-Z 型锚具是 1 种可锻铸铁锥形锚具，由锚环和锚塞组成，分为 A 型和 B 型两种，当预应力筋的最大张拉力超过 450kN 时采用 A 型，小于 450kN 时采用 B 型。KT-Z 型锚具适用锚固 3 ～ 6 根直径为 12mm 的钢筋束或钢绞线束。该锚具为半埋式，使用时先将锚环小头嵌入承压钢板中，并用断续焊缝焊牢，然后共同预埋在构件端部。预应力筋的锚固需借千斤顶将锚塞顶入锚环，其顶压力为预应力筋张拉力的 50% ～ 60%。使用 KT-Z 型锚具时，预应力筋在锚环小口处形成弯折，因而产生摩擦损失。预应力筋的损失值为：钢筋束约 4% σ_{con}；钢绞线约 2% σ_{con}。

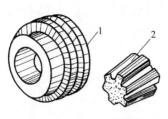

图 3-16 KT-Z 型锚具
1—锚环；2—锚塞

◆ XM 型锚具

XM 型锚具属新型大吨位群锚体系锚具，它由锚环和夹片组成。3 个夹片为 1 组，夹持 1 根预应力筋形成 1 锚固单元。由 1 个锚固单元组成的锚具称为单孔锚具，由 2 个或 2 个以上的锚固单元组成的锚具称为多孔锚具，如图 3-17 所示。

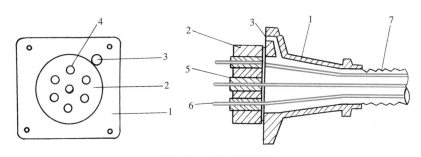

图 3-17 XM 型锚具

1—喇叭管；2—锚环；3—灌浆孔；4—圆锥孔；5—夹片；6—钢绞线；7—波纹管

XM 型锚具的夹片为斜开缝，以确保夹片能夹紧钢绞线或钢丝束中每一根外围钢丝，形成可靠的锚固。夹片开缝宽度一般为 1.5 mm。

XM 型锚具既可作为工作锚，又可兼作工具锚。

◆ QM 型锚具

QM 型锚具与 XM 型锚具相似，它也是由锚板和夹片组成。但锚孔是直的，锚板顶面是平的，夹片垂直开缝；此外，备有配套喇叭形铸铁垫板与弹簧圈等。这种锚具适用于锚固 4 ~ 31ϕ^j12 和 3 ~ 9ϕ^j15 钢绞线束，如图 3-18 所示。

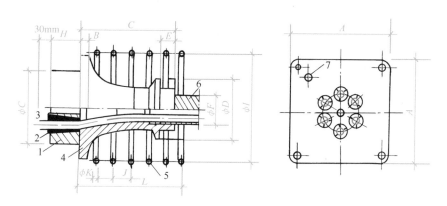

图 3-18 QM 型锚具及配件

1—锚板；2—夹片；3—钢绞线；4—喇叭形铸铁垫板；5—弹簧圈；6—预留孔道用的波纹管；7—灌浆孔

◆ 镦头锚具

镦头锚具用于固定端，如图 3-19 所示，它由锚固板和带镦头的预应力筋组成。

（3）钢丝束锚具

钢丝束常用锚具有钢质锥形锚具、锥形螺杆锚具、钢丝束镦头锚具、XM 型锚具和 QM 型锚具。

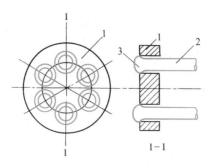

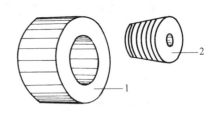

图 3-19　固定端用镦头锚具图
1—锚固板；2—预应力筋；3—镦头

图 3-20　钢质锥形锚具
1—锚环；2—锚塞

◆　钢质锥形锚具

钢质锥形锚具由锚环和锚塞组成，如图 3-20 所示。其用于锚固以锥锚式双作用千斤顶张拉的钢丝束。钢丝分布在锚环锥孔内侧，由锚塞塞紧锚固。锚环内孔的锥度应与锚塞的锥度一致。锚塞上刻有细齿槽，夹紧钢丝防止滑移。

锥形锚具的缺点是当钢丝直径误差较大时，易产生单根滑丝现象，且很难补救。如用加大顶锚力的办法来防止滑丝，又易使钢丝被咬伤。此外，锚固钢丝时呈辐射状态，弯折处受力较大。目前已很少采用此类锚具。

◆　锥形螺杆锚具

锥形螺杆锚具适用于锚固 14 ~ 28 根 φ^{s}5 组成的钢丝束，由锥形螺杆、套筒、螺母、垫板组成，如图 3-21 所示。

◆　钢丝束镦头锚具

钢丝束镦头锚具用于锚固 12 ~ 54 根 φ^{s}5 碳素钢丝束，分 DM5A 型和 DM5B 型两种。A 型用于张拉端，由锚杯和螺母组成，B 型用于固定端，仅有一块锚板，如图 3-22 所示。

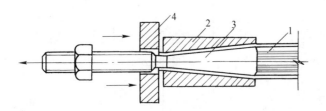

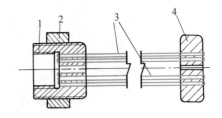

图 3-21　锥形螺杆锚具
1—钢丝；2—套筒；3—锥形螺杆；4—垫板

图 3-22　钢丝束镦头锚具
1—A 型锚杯；2—螺母；3—钢丝束；4—锚板

锚杯的内外壁均有丝扣，内丝扣用于连接张拉螺杆，外丝扣用拧紧螺母锚固钢丝束。锚杯和锚板四周钻孔，以固定镦头的钢丝。孔数和间距由钢丝根数确定。钢丝可用液压冷镦器进行镦头。钢丝束一端可在制束时将头镦好，另一端则待穿束后镦头，但构件孔道端部要设置扩孔。

张拉时，张拉螺丝杆一端与锚杯内丝扣连接，另一端与拉杆式千斤顶的拉头连接，当张拉到控制应力时，锚杯被拉出，则拧紧锚杯外丝扣上的螺母加以锚固。

【学习支持】

3.2.2.2　先张法施工的张拉设备

后张法主要张拉设备有千斤顶和高压油泵。

1. 拉杆式千斤顶（YL 型）

拉杆式千斤顶主要用于张拉带有螺丝端杆锚具的粗钢筋、锥形螺杆锚具钢丝束及镦头锚具钢丝束。

拉杆式千斤顶构造组成如图 3-23 所示。张拉预应力筋时，首先使连接器 7 与预应力筋 11 的螺丝端杆 14 连接，并使顶杆 8 支承在构件端部的预埋钢板 13 上。当高压油泵将油液从主缸油嘴 3 进入主缸时，推动主缸活塞向左移动，带动拉杆 9 和连接在拉杆末端的螺丝端杆，预应力筋即被拉伸，当达到张拉力后，拧紧预应力筋端部的螺母 10，使预应力筋锚固在构件端部。锚固完毕后，改用副油嘴 6 进油，推动副缸活塞和拉杆向右移动，回到开始张拉时的位置，与此同时，主缸 1 的高压油也回到油泵中。目前常用的为 600kN 拉杆式千斤顶，其主要技术性能见表 3-3。

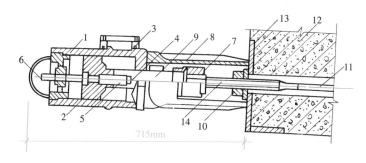

图 3-23　拉伸机构造示意图

1—主缸；2—主缸活塞；3—主缸油嘴；4—副缸；5—副缸活塞；6—副缸油嘴；7—连接器；
8—顶杆；9—拉杆；10—螺母；11—预应力筋；12—混凝土构件；13—预埋钢板；14—螺线端杆

拉杆式千斤顶主要性能　　　　　　　　　　表 3-3

项　目	单　位	技术性能
最大张拉力	kN	600
张拉行程	mm	150
主缸活塞面积	cm^2	152
最大工作油压	MPa	40
质量	kg	68

2. 锥锚式千斤顶（YZ 型）

锥锚式千斤顶主要用于张拉 KT-Z 型锚具锚固的钢筋束或钢绞线束和使用锥形锚具

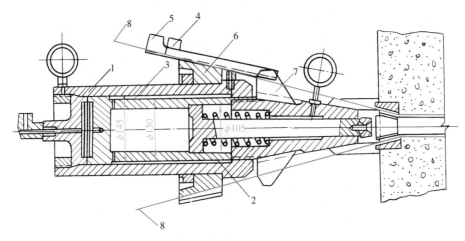

图 3-24　锥锚式千斤顶构造图

1—主缸；2—副缸；3—退楔缸；4—楔块（张拉时位置）；5—楔块（退出时位置）；
6—锥形卡环；7—退楔翼片；8—预应力筋

的预应力钢丝束。其张拉油缸用以张拉预应力筋，顶压油缸用以顶压锥塞，因此又称双作用千斤顶，如图 3-24 所示。

张拉预应力筋时，主缸进油，主缸被压移，使固定在其上的钢筋被张拉。钢筋张拉后，改由副缸进油，随即由副缸活塞将锚塞顶入锚圈中。主、副缸的回油则是借助设置在主缸和副缸中的弹簧作用来进行的。

3. 穿心式千斤顶（YC 型）

穿心式千斤顶适用性很强，它适用于张拉采用 JM12 型、QM 型、XM 型的预应力钢丝束、钢筋束和钢绞线束。其配置撑脚和拉杆等附件后，又可作为拉杆式千斤顶使用。在千斤顶前端装上分束顶压器，并在千斤顶与撑套之间用钢管接长后可作为 YZ 型千斤顶使用，张拉钢质锥形锚具，穿心式千斤顶的特点是千斤顶中心有穿通的孔道，以便预应力筋或拉杆穿过后用工具锚临时固定在千斤顶的端部进行张拉。根据张拉力和构造不同，有 YC60、YC20D、YCD120、YCD200 和无顶压机构的 YCQ 型千斤顶。现以 YC60 型千斤顶为例，说明其工作原理（图 3-25）。

张拉前，先把装好锚具的预应力筋穿入千斤顶的中心孔道，并在张拉油缸 1 的端部用工具锚 6 加以锚固。张拉时，用高压油泵将高压油液由张拉缸油嘴 16 进入张拉工作油室 13，由于张拉活塞 2 顶在构件 9 上，因而张拉油缸 1 逐渐向左移动而张拉预应力筋。在张拉过程中，由于张拉油缸 1 向左移动而使张拉回程油室 15 的容积逐渐减小，所以需将顶压缸油嘴 17 开启以便回油。张拉完毕立即进行顶压锚固。顶压锚固时，高压油液由顶压油嘴 17 经油孔 18 进入顶压油室 14，由于顶压油缸 2 顶在构件 9 上，且张拉工作油室中的高压油液尚未回油，因此顶压活塞 3 向左移动顶压 JM12 型锚具的夹片，按规定的顶压力将夹片压入锚环 8 内，将预应力筋锚固。张拉和顶压完成后。开启缸油嘴 16，同时油嘴 17 继续进油，由于顶压活塞 3 仍顶住夹片，油室 14 的容积不变，进入的高压油液全部进入油室 15，因而张拉油缸 1 逐渐向左移动进行复位，然后油泵停止工作，开启油嘴门，利用弹簧 4 使顶压活塞 3 复位，并使油室 14、15 回油卸荷。

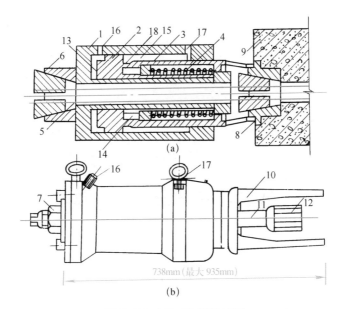

图 3-25　YC-60 型千斤顶

（a）构造与工作原理图；（b）加撑脚后的外貌图

1—张拉油缸；2—顶压油缸（即张拉活塞）；3—顶压活塞；4—弹簧；5—预应力筋；6—工具锚；
7—螺母；8—锚环；9—构件；10—撑脚；11—张拉杆；12—连接器；13—张拉工作油室；
14—顶压工作油室；15—张拉回程油室；16—张拉缸油嘴；17—顶压缸油嘴；18—油孔

4. 高压油泵

高压油泵与液压千斤顶配套使用，它的作用是向液压千斤顶各个油缸供油，使其活塞按照一定速度伸出或回缩。

高压油泵按驱动方式分为手动和电动两种。一般采用电动高压油泵。油泵型号有：ZB0.8/500、ZB0.6/630、ZB4/500、ZB10/500（分数线上数字表每分钟的流量，分数线下数字表工作油压 kg/cm²）等数种。选用时，应使油泵的额定压力等于或大于千斤顶的额定压力。

5. 张拉设备的校正

预应力筋张拉机具设备及仪表，应定期维护和校验。张拉设备应配套标定，并配套使用。张拉设备的标定期限不应超过半年。当在使用过程中出现反常现象时或在千斤顶检修后，应重新标定。张拉设备标定时，千斤顶活塞的运行方向应与实际张拉工作状态一致；压力表的精度不应低于 1.5 级，标定张拉设备用的试验机或测力计精度不应低于 ±2%。

3.2.3　预应力混凝土后张法施工

3.2.3.1　后张法预应力工艺施工原理和施工工艺流程

1. 后张法预应力施工工艺原理

后张法是先制作钢筋混凝土构件，在制作钢筋混凝土构件的同时预留孔道，待构件混凝土强度达到设计规定的数值后，在孔道内穿入预应力筋进行张拉，并用锚具在构件端部

3-2 后张法施工

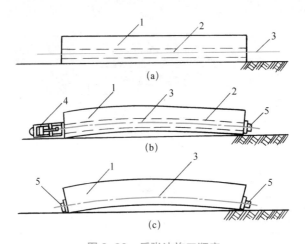

图 3-26　后张法施工顺序

(a) 制作构件，预留孔道；(b) 穿入预应力钢筋进行张拉并锚固；(c) 孔道灌浆

1—混凝土构件；2—预留孔道；3—预应力筋；4—千斤顶；5—锚具

将预应力筋锚固，最后进行孔道灌浆。预应力筋的张拉力主要是靠构件端部的锚具传递给混凝土，使混凝土产生预压应力。图 3-26 为预应力混凝土后张法施工顺序示意图。

2. 后张法预应力混凝土构件施工工艺流程

后张法预应力混凝土构件施工工艺流程如图 3-27 所示。

后张法预应力施工的模板制作、安装，钢筋骨架制作、安装，混凝土浇筑和养护与普通混凝土施工相同，在模块 2 中已经阐述，在此就不重复。本节主要讨论后张法预应力混凝土构件施工与普通混凝土构件施工不同之处和一些特殊要求。

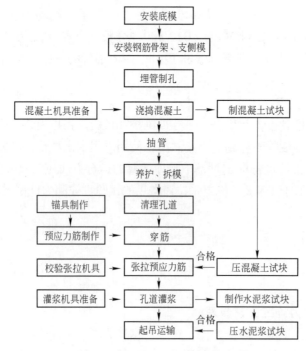

图 3-27　后张法施工工艺流程图

后张法预应力工程的施工应由具有相应资质等级的预应力专业施工单位承担。

后张法预应力混凝土施工与普通混凝土施工不同点有预应力筋的制作、孔道留设、预应力筋张拉和孔道灌浆等内容。

【任务实施】

3.2.3.2 预应力筋的制作

1. 单根预应力筋制作

单根粗预应力钢筋一般用热处理钢筋，其制作包括配料、对焊、冷拉等工序。为保证质量，宜采用控制应力的方法进行冷拉；钢筋配料时应根据钢筋的品种测定冷拉率，如果在一批钢筋中冷拉率变化较大时，应尽可能把冷拉率相近的钢筋对焊在一起进行冷拉，以保证钢筋冷拉力的均匀性。

钢筋对焊接长应在钢筋冷拉前进行。钢筋的下料长度由计算确定。

当构件两端均采用螺丝端杆锚具时（图 3-28）预应力筋下料长度为：

$$L = \frac{l + 2l_2 - 2l_1}{1 + \gamma - \delta} + n\Delta \tag{3-2}$$

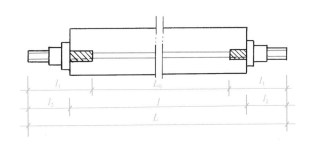

图 3-28　预应力筋下料长度计算示意图

当一端采用螺丝端杆锚具，另一端采用帮条锚具或镦头锚具时，预应力筋下料长度为：

$$L = \frac{l + l_2 + l_3 - l_1}{1 + \gamma - \delta} + n\Delta \tag{3-3}$$

式中　l——构件的孔道长度；

　　　l_1——螺丝端杆长度，一般为 320mm；

　　　l_2——螺丝端杆伸出构件外的长度，一般为 120 ～ 150mm 或按下式计算：

张拉端：$l_2 = 2H + h + 5$mm；

锚固端：$l_2 = H + h + 10$mm；

　　　l_3——帮条或镦头锚具所需钢筋长度；

γ ——预应力筋的冷拉率（由试验确定）；

δ ——预应力筋的冷拉回弹率，一般为 $0.4\% \sim 0.6\%$；

n ——对焊接头数量；

$\varDelta$ ——每个对焊接头的压缩量，取 1 倍钢筋直径；

H ——螺母高度；

h ——垫板厚度。

2. 钢筋束及钢绞线束制作

钢筋束由直径 10mm 的热处理钢筋编束而成，钢绞线束由直径为 12mm 或 15mm 的钢绞线束编束而成。预应力筋的制作一般包括开盘冷拉、下料和编束等工序。每束 3 ～ 6 根，一般不需对焊接长，下料是在钢筋冷拉后进行。钢绞线下料前应在切割口两侧各 50mm 处用铁丝绑扎，切割后对切割口应立即焊牢，以免松散。

为了保证构件孔道穿入筋和张拉时不发生扭结，应对预应力筋进行编束。编束时一般把预应力筋理顺后，用 18 ～ 22 号钢丝，每隔 1m 左右绑扎 1 道，形成束状。

预应力钢筋束或钢绞线束的下料长度 L 可按下式计算：

$$一端张拉时：L = l + a + b \tag{3-4}$$

$$两端张拉时：L = l + 2a \tag{3-5}$$

式中　l ——构件孔道长度；

　　　a ——张拉端留量，与锚具和张拉千斤顶尺寸有关；

　　　b ——固定端留量，一般为 80mm。

3. 钢丝束制作

钢丝束制作随锚具的不同而异，一般需经调直、下料、编束和安装锚具等工序。

（1）下料

当采用 XM 型锚具、QM 型锚具、钢质锥形锚具时，预应力钢丝束的制作和下料长度计算基本与预应力钢筋束、钢绞线束相同。

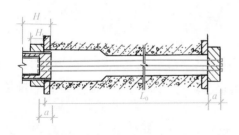

图 3-29　用镦头锚具时钢丝下料长度计算简图

当采用镦头锚具时，一端张拉，应考虑钢丝束张拉锚固后螺母位于锚环中部，钢丝下料长度 L，如图 3-29 所示，用下式计算：

$$L = L_0 + 2a + 2b - 0.5 (H - H_1) - \Delta L - C \tag{3-6}$$

式中　L_0 ——孔道长度；

　　　a ——锚板厚度；

　　　b ——钢丝镦头留量，取钢丝直径 2 倍；

　　　H ——锚杯高度；

　　　H_1 ——螺母高度；

ΔL——张拉时钢丝伸长值；

C——混凝土弹性压缩（很小时可忽略不计）。

为了保证张拉时各钢丝应力均匀，当钢丝束两端采用镦头锚具时，同一束中各根钢丝长度的极差不应大于钢丝长度的 1/5000，且不应大于 5mm。当成组张拉长度不大于 10m 的钢丝时，同组钢丝长度的极差不得大于 2mm。因此，下料时应在应力状态下切断下料，下料的控制应力为 300MPa。

预应力筋应采用砂轮锯或切断机切断，不得采用电弧切割，避免电火花损伤预应力筋；受损伤的预应力筋应予以更换。

（2）编束

为了保证钢丝不发生扭结，必须进行编束。编束前应对钢丝直径进行测量，直径相对误差不得超过 0.1mm，以保证成束钢丝与锚具可靠连接。采用锥形螺杆锚具时，编束工作在平整的场地上把钢丝理顺放平，用 22 号铁丝将钢丝每隔 1m 编成帘子状，然后每隔 1m 放置 1 个螺旋衬圈，再将编好的钢丝帘绕衬圈围成圆束，用铁丝绑扎牢固，如图 3-30 所示。

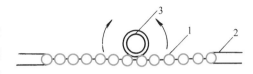

图 3-30　钢丝束的编束
1—钢丝；2—铁丝；3—衬圈

当采用镦头锚具时，根据钢丝分圈布置的特点，编束时首先将内圈和外圈钢丝分别用铁丝顺序编扎，然后将内圈钢丝放在外圈钢丝内扎牢。编束好后，先在一端安装锚杯并完成镦头工作，另一端钢丝的镦头，待钢丝束穿过孔道安装上锚板后再进行。

（3）安装锚具

预应力筋端部采用挤压锚具制作时，压力表油压应符合操作说明书的规定，挤压后预应力筋外端应露出挤压套筒 1 ~ 5mm；预应力筋端部采用钢绞线压花锚成形时，表面应清洁、无油污，梨形头尺寸和直线段长度应符合设计要求；钢丝镦头的强度不得低于钢丝强度标准值的 98%。

3.2.3.3　孔道留设

后张法构件中孔道留设方法有：钢管抽芯法、胶管抽芯法、预埋管法。预应力筋的孔道形状有直线、曲线和折线三种。钢管抽芯法只用于直线孔道，胶管抽芯法和预埋管法则适用于直线、曲线和折线孔道。

孔道的留设是后张法构件制作的关键工序之一。有粘结预应力筋预留孔道的规格、数量、位置和形状应符合设计要求；预留孔道的定位应牢固，浇筑混凝土时不应出现移位和变形；孔道应平顺，端部的预埋锚垫板应垂直于孔道中心线；成孔用管道应密封良好，接头应严密且不得漏浆；灌浆孔的间距：对预埋金属波纹管不宜大于 30m，对抽芯成形孔道不宜大于 12m；在曲线孔道的曲线波峰部位应设置排气兼泌水管，必要时可在最低点设置排水孔；灌浆孔及泌水管的孔径应能保证浆液畅通。

1. 钢管抽芯法

将钢管预先埋设在模板内孔道位置，在混凝土浇筑完成后，每隔一定时间慢慢转动钢管1次，以防止混凝土与钢管粘结。在混凝土初凝后终凝前抽出钢管在构件中形成孔道。为保证预留孔道质量，施工中应注意以下几点：

（1）钢管要平直，表面光滑，安放位置准确。钢管不直，在转动及拔管时易将混凝土管壁挤裂。钢管预埋前应除锈、刷油，以便抽管。钢管的位置固定一般用钢筋井字架，井字架间距一般为 1 ~ 2m。在灌筑混凝土时，应防止振动器直接接触钢管，以免产生位移。

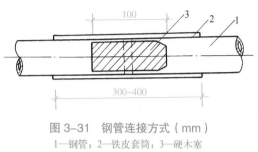

图 3–31　钢管连接方式（mm）
1—钢管；2—铁皮套筒；3—硬木塞

（2）钢管每根长度不宜超过15m，以便旋转和抽管。钢管两端应各伸出构件500mm左右。较长构件可用两根钢管接长，两根钢管接头处可用0.5mm厚铁皮做成的套管连接，如图3–31所示。套管内表面要与钢管外表面紧密结合，以防漏浆堵塞孔道。

（3）恰当地掌握抽管时间。抽管时间与水泥品种、施工温度和养护条件有关。抽管宜在混凝土初凝后终凝前进行，以用手指按压混凝土表面不显指纹时为宜。常温下抽管时间约在混凝土浇筑后 3 ~ 6h。抽管时间过早，会造成坍孔事故；抽管时间太晚，混凝土与钢管粘结牢固，抽管困难，甚至抽不出来。

（4）抽管顺序和方法。抽管顺序宜先上后下。抽管时速度要均匀，边抽边转，并与孔道保持在一直线上。抽管后，应及时检查孔道，并做好孔道清理工作，以免增加以后穿筋的困难。

（5）灌浆孔和排气孔的留设。由于孔道灌浆需要，每个构件与孔道垂直的方向应留设若干个灌浆孔和排气孔，孔距一般不大于12m，孔径为20mm，可用木塞或白铁皮管成孔。

2. 胶管抽芯法

留设孔道用的胶管一般用5层或7层夹布胶管和供预应力混凝土专用的钢丝网橡皮管。前者必须在管内充气（或充水）后才能使用。后者质硬，且有一定弹性，预留孔道时与钢管一样使用。下面介绍常用的夹布胶管留设孔道的方法。

胶管的固定用钢筋井字架，间距不宜大于0.5m，并与钢筋骨架绑扎牢；然后充水（或充气）加压到 $0.5 ~ 0.8N/mm^2$，此时胶管直径可增大约3mm。待混凝土初凝后，放出压缩空气或压力水，胶管直径变小并与混凝土脱离，以便于抽出形成孔道。为了保证留设孔道质量，使用时应注意以下几个问题：

（1）胶管必须有良好的密封装置，勿漏水、漏气。密封的方法是将胶管一端外表面削去 1 ~ 3 层胶皮及帆布，然后将外表面带有粗丝扣的钢管（钢管一端用铁板密封焊牢）插入胶管端头孔内，再用20号铅丝与胶管外表面密缠牢固。铅丝头用锡焊牢。胶管另一端接上阀门，其方法与密封端基本相同。

（2）胶管接头处理，如图3–32所示为胶管接头方法。图中1mm厚钢管用无缝钢管制成。其内径等于或略小于胶管外径，以便于打入硬木塞后起到密封作用。铁皮套管与

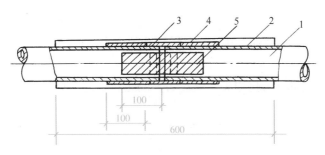

图 3-32　胶管接头（mm）

1—胶管；2—白铁皮套筒；3—钉子；4—1mm厚的钢管；5—硬木塞

胶管外径相等或稍大（0.5mm 左右），以防止在振捣混凝土时胶管受振外移。

（3）抽管时间和顺序。抽管时间比钢管略迟。一般可参照气温和浇筑后的小时数的乘积达 200℃·h 左右。抽管顺序一般为先上后下，先曲后直。

3. 预埋管法

预埋管法是将与孔道直径相同的金属波纹管埋在构件中，无需抽出。预埋管法因省去抽管工序，且孔道留设的位置，形状也易保证，故目前应用较为普遍。金属波纹管重量轻，刚度好，弯折方便且与混凝土粘结好。金属波纹管每根长 4～6m，也可根据需要，现场制作，长度不限。波纹管在 1kN 径向力作用下不变形，使用前应作灌水试验，检查有无渗漏现象。

波纹管的固定，采用钢筋井字架，间距不宜大于 0.8m，曲线孔道时应加密，并用铁丝绑扎牢。波纹管的连接，可采用大一号同型波纹管，接头管长度应大于 200mm，用密封胶带或塑料热塑管封口。

3.2.3.4　预应力筋的张拉

用后张法张拉预应力筋时，混凝土强度应符合设计要求，如设计无规定时，不应低于设计强度等级的 75%；预应力筋的张拉力、张拉或放张顺序及张拉工艺应符合设计及施工技术方案的要求。

1. 张拉端的设置

为了减少预应力筋与预留孔壁摩擦引起的预应力损失，后张预应力筋应根据设计和专项施工方案的要求采用一端或两端张拉。采用两端张拉时，宜两端同时张拉，也可一端先张拉锚固，另一端补张拉。当设计对张拉端设置无具体要求时，可按下列规定设置：

有粘结预应力筋长度不大于 20m 时，可一端张拉，大于 20m 时，宜两端张拉；预应力筋为直线形时，一端张拉的长度可延长至 35m。

2. 张拉应力控制

张拉控制应力越高，建立的预应力值就越大，构件抗裂性越好。但是张拉控制应力过高，构件使用过程经常处于高应力状态，构件出现裂缝的荷载与破坏荷载很接近，往往构件破坏前没有明显预告，而且当控制应力过高，构件混凝土预压应力过大而导致混凝土的徐变应力损失增加。因此控制应力应符合设计规定。在施工中预应力筋需要超张拉时，可比设计要求提高5%，但其最大张拉控制应力不得超过表3-1的规定。

3. 张拉程序

为了减少预应力筋的松弛损失，预应力筋的张拉程序一般为：

$$0 \longrightarrow 1.5\sigma_{con} \xrightarrow{\text{持荷 2min}} \sigma_{con}$$

或：

$$0 \longrightarrow 1.03\sigma_{con}$$

4. 张拉顺序

张拉顺序应使构件不扭转与侧弯，不产生过大偏心力，预应力筋一般应对称张拉。对配有多根预应力筋的构件，不能同时张拉时，应分批、分阶段对称张拉。张拉顺序应符合设计要求。

5. 叠层构件的张拉

对叠浇生产的预应力混凝土构件，上层构件产生的水平摩阻力会阻止下层构件预应力筋张拉时混凝土弹性压缩的自由变形，当上层构件吊起后，由于摩阻力影响消失，将增加混凝土弹性压缩变形，因而引起预应力损失。该损失值与构件形式、隔离层和张拉方式有关。为了减少和弥补该项预应力损失，可自上而下逐层加大张拉力，底层张拉力不宜比顶层张拉力大5%（钢丝、钢绞线、热处理钢筋），且不得超过表3-1的规定。

6. 预应力值的校核和伸长值的测定

为了了解预应力值建立的可靠性，需对预应力筋的应力及损失进行检验和测定，以便使张拉时补足和调整预应力值。检验应力损失最方便的办法是：在预应力筋张拉24小时后孔道灌浆前重拉1次，测读前后两次应力值之差，即为钢筋预应力损失（并非应力损失全部，但已完成很大部分）。预应力筋张拉锚固后，实际预应力值与工程设计规定检验值的相对允许偏差为 ±5%。

在测定预应力筋伸长值时，须先建立10%σ_{con}的初应力，预应力筋的伸长值也应从建立初应力后开始测量，但须加上初应力的推算伸长值，推算伸长值可根据预应力弹性变形呈直线变化的规律求得。例如某筋应力自 $0.2\sigma_{con}$ 增至 $0.3\sigma_{con}$ 时，其变形为4mm，即应力每增加 $0.1\sigma_{con}$ 变形增加4mm，故该筋初应力10%σ_{con}时的伸长值为4mm。对后张法尚应扣除混凝土构件在张拉过程中的弹性压缩值。预应力筋在张拉时，通过伸长值的校核，可以综合反映出张拉应力是否满足，孔道摩阻损失是否偏大，以及预应力筋是否有异常现象等。如实际伸长值与计算伸长值的偏差超过±6% 时，应暂停张拉，分析原因后采取措施。

预应力筋张拉或放张时，混凝土强度应符合设计要求；当设计无具体要求时，不应低于设计的混凝土立方体抗压强度标准值的75%。

后张法施工中，当预应力筋是逐根或逐束张拉时，应保证各阶段不出现对结构不利的应力状态；同时宜考虑后1批张拉预应力筋所产生的结构构件的弹性压缩对前一批张拉预应力筋的影响，确定张拉力；当采用应力控制方法张拉时，应校核预应力筋的伸长值。实际伸长值与设计计算理论伸长值的相对允许偏差为 ±6%。

3.2.3.5 孔道灌浆

后张法有粘结预应力筋张拉完毕并经检查合格后，应尽早进行孔道灌浆，防止钢筋锈蚀，增加结构的整体性和耐久性，提高结构抗裂性和承载力。

灌浆前，应将后张法预应力筋锚固后的外露多余长度采用机械方法切割（或用氧 – 乙炔焰切割），其外露长度不宜小于预应力筋直径的 1.5 倍，且不应小于 30mm。

孔道灌浆前应确认孔道、排气兼泌水管及灌浆孔畅通；对预埋管成形孔道，可采用压缩空气清孔，并应采用水泥浆、水泥砂浆等材料封闭端部锚具缝隙，也可采用封锚罩封闭外露锚具；对采用真空灌浆工艺时，应确认孔道系统的密封性。

配制水泥浆用的水泥宜采用普通硅酸盐水泥或硅酸盐水泥；拌合用水和掺加的外加剂中不应含有对预应力筋或水泥有害的成分；外加剂应与水泥做配合比试验并确定掺量；其配制材料应符合国家现行相关标准的规定。

采用普通灌浆工艺时，灌浆用水泥浆稠度宜控制在 12 ~ 20s，采用真空灌浆工艺时，稠度宜控制在 18 ~ 25s；灌浆用水泥浆的水灰比不应大于 0.45，搅拌后 3h 泌水率不宜大于 2%，且不应大于 3%。泌水应能在 24h 内全部重新被水泥浆吸收。当泌水较大时，宜进行 2 次灌浆和对泌水孔进行补浆；因故中途停止灌浆时，应用压力水将未灌注完孔道内已注入的水泥浆冲洗干净。

灌浆用水泥浆的 24h 自由膨胀率，采用普通灌浆工艺时不应大于 6%，采用真空灌浆工艺时不应大于 3%；水泥浆中氯离子含量不应超过水泥重量的 0.06%；28d 标准养护的边长为 70.7mm 的立方体水泥浆试块抗压强度不应低于 30MPa。

灌浆用的水泥浆宜采用高速搅拌机进行搅拌，搅拌时间不应超过 5min；水泥浆使用前应经筛孔尺寸不大于 1.2mm×1.2mm 的筛网过滤；搅拌后不能在短时间内灌入孔道的水泥浆，应保持缓慢搅动；水泥浆应在初凝前灌入孔道，搅拌后至灌浆完毕的时间不宜超过 30min。

灌浆施工时宜先灌注下层孔道，后灌注上层孔道；灌浆应连续进行，直至排气管排出的浆体稠度与注浆孔处相同且无气泡后，再顺浆体流动方向依次封闭排气孔，全部出浆口封闭后，宜继续加压 0.5 ~ 0.7MPa，并应稳压 1 ~ 2min 后封闭灌浆口；孔道内水泥浆应饱满、密实。

孔道灌浆应填写灌浆记录。外露锚具及预应力筋应按设计要求采取可靠的保护措施。当灰浆强度达到 15N/mm² 时，方能移动构件，灰浆强度达到 100% 设计强度时，才允许吊装。

【能力拓展】

3.2.3.6 后张法预应力混凝土工程施工技术交底案例

某钢筋混凝土排架式单层工业厂房，跨度 18m，长 54m，柱距 6m，共 9 个节间，建筑面积 1002.36m²。主要承重结构采用装配式钢筋混凝土工字形柱、预应力混凝土折线形屋架、1.5m×6m 大型屋面板、T 形吊车梁。预应力混凝土折线形屋架采用后张法现场制作，预应力张拉前，项目部质检员向参与施工的班组人员进行技术交底（表 3-4）。

技术交底　　　　　　　　　　　　　　　　　　表 3-4

工程名称	×××排架式单层工业厂房	建设单位	×××
监理单位	×××建设监理公司	施工单位	×××建筑工程公司
工程部位	预应力混凝土折线形屋架预应力张拉	交底对象	预应力施工班组
交底人	×××	接收人	×××
参加交底人员：（参加的所有人员签字） ×××、×××、×××、×××		交底时间	×××

1. 施工准备

（1）材料准备

◆ 预应力筋：预应力钢筋的品种、规格、直径必须符合设计要求及国家标准，应有出厂质量证明书及进场复检报告。

◆ 预应力筋的锚具、夹具和连接器的形式，应符合设计及应用技术规程的要求，应有出厂合格证，进入施工现场应按《混凝土结构工程施工质量验收规范》的规定进行验收和组装件的静载试验。

◆ 灌浆用的水泥不得低于 42.5 号、普通硅酸盐水泥或按设计要求选用，应有出厂合格证书和复试报告单。

（2）主要机具

液压拉伸机、电动高压油泵、灌浆机具、试模等。

施加预应力的拉伸机已经过校验并有记录。张拉前应试车检查张拉机具与设备是否正常、可靠，如发现有异常情况，修理好后才能使用。灌浆机具准备就绪。

2. 作业条件

（1）混凝土构件的强度必须达到设计要求，如设计无要求时，不应低于设计强度的 75%。构件的几何尺寸、外观质量、预留孔道及预埋件应经检查验收合格。

（2）锚具、夹具和连接器应准备齐全，并经过检查验收。

（3）预应力筋或预应力钢丝束已制作完毕。

（4）灌浆用的水泥浆（或砂浆）的配合比以及封端混凝土的配合比已经由试验确定。

（5）张拉场地已经平整、通畅，张拉的两端有安全防护措施。

（6）已进行技术交底，并应将预应力筋的张拉吨位与相应的压力表指针读数、钢筋计算伸长值写在牌上，并挂在明显位置处，以便操作时观察掌握。

（7）对工人进行三级安全教育和技术安全交底。

3. 操作工艺要点

（1）工艺流程

检查构件→穿预应力筋→安装锚具及张拉设备→张拉→孔道灌浆→养护

（2）施工要点

1）检查构件：重点是检查预应力筋的孔道。其孔道必须保证尺寸与位置正确，平顺畅通，无局部弯曲；孔道端部的预埋钢板应垂直于孔道轴线，孔道接头处不得漏浆，灌浆孔和排气孔应符合设计要求的位置。孔道不符合要求时，要清理或做处理。

2）穿预应力筋：穿筋前，应检查钢筋（或束）的规格、长度是否符合要求。穿筋时，带有螺丝端杆的预应力筋，应将丝扣保护好，以免损坏。钢筋束或钢丝束应按顺序编号，并套上穿束器。先把钢筋或穿束器的引线由一端穿入孔道，在另一端穿出，然后逐渐将钢筋或钢丝束拉出到另一端。钢筋穿好后将束号在构件上注明，以便核对。

3）安装锚具及张拉设备：安装锚具及张拉设备时，对直线预应力筋，应使张拉力的作用线与孔道中心线在张拉过程中相互重合。

4）张拉

a. 采取下列程序进行张拉：$0 \longrightarrow 1.03\sigma_{con}$。

b. 张拉顺序：采取分批、分阶段对称张拉。采用分批张拉时，应计算分批张拉的预应力损失值，分别加到先张拉预应力筋的张拉控制应力值内，或采用同一张值逐根复位补足。

c. 单根预应力粗钢筋：采用拉伸机张拉，螺丝端杆锚固；张拉时，应先少许加力，将垫板位置按设计规定找准，然后按规定张拉程序张拉。张拉完毕，用扳手拧紧螺母，将钢筋锚固，测出钢筋实际伸长值。

5）按规定填写预应力张拉记录。

6）孔道灌浆：预应力筋张拉完检测合格后应尽早进行孔道灌浆，以减少预应力损失。

　　灌浆孔道应用压力水清洗干净，并检查灌浆孔、出气孔是否与预应力筋孔道连通，否则，应事先处理；灌浆压力为 0.4～0.7MPa；灌浆顺序应先下后上，避免上层孔道漏浆把下层孔道堵住，待排气孔冒出浓浆后，即封堵排气孔，再压浆至 0.7MPa，保持 1～2min 后，即可堵塞灌浆孔。灌浆的同时应制作试块并注意养护。

　　7）浇筑封端混凝土或端部防护处理，并加强混凝土养护。

　　4. 质量标准

　　（1）主控项目

　　◆　预应力筋进场时，应按现行国家标准《预应力混凝土用钢绞线》GB/T 5224 的规定抽取试件做力学性能检验，其质量必须符合有关标准的规定。

　　检查数量：按进场的批次和产品的抽样检验方案确定。

　　检验方法：检查产品合格证、出厂检验报告和进场复检报告。

　　◆　预应力筋用锚具、夹具和连接器应按设计要求采用，其性能应符合现行国家标准《预应力筋用锚具、夹具和连接器》GB/T 14370 的规定。

　　孔道灌浆用水泥应采用普通硅酸盐水泥，其质量应符合有关规范的规定。孔道灌浆用外加剂的质量应符合有关规范的规定。

　　检查数量：按进场批次和产品的抽样检验方案确定。

　　检验方法：检查产品合格证、出厂检验报告和进场复验报告。

　　◆　预应力筋安装时，其品种、级别、规格、数量必须符合设计要求。施工过程中应避免电火花损伤预应力筋；受损伤的预应力筋应予以更换。

　　检查数量：全数检查。

　　检验方法：观察，钢尺检查。

　　◆　预应力筋张拉或放张时，混凝土强度应符合设计要求；当设计无具体要求时，不应低于设计的混凝土立方体抗压强度标准值的 75%。

　　检查数量：全数检查。

　　检验方法：检查同条件养护试件试验报告。

　　◆　预应力筋的张拉力、张拉或放张顺序及张拉工艺应符合设计及施工技术方案的要求，并应符合《混凝土结构施工质量验收规范》GB 50204 的规定。

　　检查数量：全数检查。

　　检验方法：检查张拉记录。

　　◆　预应力筋张拉锚固后实际建立的预应力值与工程设计规定检验值的相对允许偏差为 ±5%。

　　检查数量：对后张法施工，在同一检验批内，抽查预应力筋总数的 3%，且不少于 5 束。

　　检验方法：对后张法施工，检查见证张拉记录。

　　◆　张拉过程中应避免预应力筋断裂或滑脱，当发生断裂或滑脱时，必须符合下列规定：对后张预应力结构构件，断裂或滑脱的数量严禁超过同一截面预应力筋总根数的 3%，且每束钢丝不得超过 1 根。

　　检查数量：全数检查。

　　检验方法：观察，检查张拉记录。

　　◆　后张法有粘结预应力筋张拉后应尽早进行孔道灌浆，孔道内水泥浆应饱满、密实。

　　检查数量：全数检查。

　　检验方法：观察，检查灌浆记录。

　　◆　锚具的封闭保护应符合设计要求；当设计无具体要求时，应符合下列规定：应采取防止锚具腐蚀和遭受机械损伤的有效措施；凸出式锚固端锚具的保护层厚度不应小于 50mm；外露预应力筋的保护层厚度：处于正常环境时，不应小于 20mm，处于易受腐蚀的环境时，不应小于 50mm。

　　检查数量：在同一检验批内，抽查预应力筋总数的 5%，且不少于 5 处。

　　检验方法：观察，钢尺检查。

　　（2）一般项目

　　◆　预应力筋使用前应进行外观检查，要求：有粘结预应力筋展开后应平顺，不得有弯折，表面不应有裂纹、小刺、机械损伤、锈蚀和油污等。

　　预应力筋用锚具、夹具和连接器使用前应进行外观检查，其表面应无污物、锈蚀、机械损伤和裂纹。

　　预应力混凝土用金属波纹管在使用前应进行外观检查，其内外表面应清洁，无锈蚀，不应有油污、孔洞和不规则的褶皱，咬口不应有开裂或脱扣。

　　检查数量：全数检查。

　　检验方法：观察。

　　◆　预应力筋应采用砂轮锯或切断机切断，不得采用电弧切割；当钢丝束两端采用镦头锚具时，同一束中各根钢丝长度的极差不应大于钢丝长度的 1/5000，且不应大于 5mm；成组张拉长度不大于 10m 的钢丝时，同组钢丝长度的极差不得大于 2mm。

检查数量：每工作班抽查预应力筋总数的 3%，且不少于 3 束。

检验方法：观察，钢尺检查。

◆ 预应力筋端部锚具的制作质量应符合下列要求：挤压锚具制作时压力表油压应符合操作说明书的规定，挤压后预应力筋外端应露出挤压套筒 1 ～ 5mm；钢绞线压花锚成形时，表面应清洁、无油污，梨形头尺寸和直线段长度应符合设计要求；钢丝镦头的强度不得低于钢丝强度标准值的 98%。

检查数量：对挤压锚，每工作班抽查 5%，且不应少于 5 件；对压花锚，每工作班抽查 3 件；对钢丝镦头强度，每批钢丝检查 6 个镦头试件。

检验方法：观察，钢尺检查，检查镦头强度试验报告。

◆ 后张法有粘结预应力筋预留孔道的规格、数量、位置和形状应符合设计要求和规范规定。

检查数量：全数检查。

检验方法：观察，钢尺检查。

◆ 浇筑混凝土前穿入孔道的后张法有粘结预应力筋，宜采取防止锈蚀的措施。

检查数量：全数检查。

检验方法：观察。

◆ 后张法预应力筋锚固后的外露部分宜采用机械方法切割，其外露长度不宜小于预应力筋直径的 1.5 倍，且不宜小于 30mm。

检查数量：在同一检验批内，抽查预应力筋总数的 3%，且不少于 5 束。

检验方法：观察，钢尺检查。

◆ 灌浆用水泥浆的水灰比不应大于 0.45，搅拌后 3h 泌水率不宜大于 2%，且不应大于 3%。泌水应能在 24h 内全部重新被水泥浆吸收。

检查数量：同一配合比检查 1 次。

检验方法：检查水泥浆性能试验报告。

◆ 灌浆用水泥浆的抗压强度不应小于 $30N/mm^2$。

检查数量：每工作班留置一组边长为 70.7mm 的立方体试件。

检验方法：检查水泥浆试件强度试验报告。

5. 应具备的质量记录

(1) 混凝土构件张拉强度试件试压报告单。

(2) 预应力筋的出厂质量证明和进场复检报告单。

(3) 预应力筋的冷拉记录。

(4) 冷拉预应力筋的机械性能试验报告。

(5) 冷拉预应力筋的焊接接头试验报告。

(6) 预应力筋锚具和连接器的合格证和进场复检报告单。

(7) 预应力张拉设备校验记录。

(8) 预应力张拉记录。

(9) 预应力孔道灌浆试块强度试压报告单及水泥出厂合格证。

(10) 混凝土构件标准试块强度试压报告。

注：本表一式四份，建设单位、监理单位、施工单位、城建档案馆各一份。

能力测试

填空题

(1) 后张法孔道留设方法有_____、_____、_____三种。

(2) 后张法孔道灌浆后，灰浆强度达到_____ N/mm^2 时，方能移动构件，灰浆强度达到设计强度的_____ % 时，才允许吊装。

(3) 有粘结预应力筋长度大于_____ m 时，宜两端张拉。

(4) 灌浆用水泥浆的水灰比不应大于_____。

(5) 后张法预应力筋张拉时，混凝土的强度应达到设计强度的_____ % 方可开始张拉。

(6) 后张法孔道灌浆施工时宜先灌注_____层孔道，后灌注_____层孔道。

项目 3.3　无粘结预应力施工

【项目描述】

无粘结预应力是指预应力构件中的预应力筋与混凝土没有粘结力，预应力筋表面刷涂料并包塑料布（管）后，将其铺设并固定在支好的构件模板后浇筑混凝土，待混凝土达到规定强度后进行张拉锚固。预应力筋张拉力依靠构件两端的锚具传递给构件。

无粘结预应力具有不需要预留孔道、穿筋、灌浆等复杂工序，施工程序简单，加快了施工速度；且易弯成多跨曲线型，张拉时摩擦力小，特别适用于大跨度的单、双向连续多跨曲线配筋梁板结构和屋盖。

【学习支持】

预应力工程施工相关规范

1.《混凝土结构工程施工质量验收规范》GB 50204－2015
2.《建筑工程施工质量验收统一标准》GB 50300－2013
3.《预应力混凝土用钢绞线》GB/T 5224－2014
4.《预应力筋用锚具、夹具和连接器》GB/T 14370－2015
5.《无粘结预应力混凝土结构技术规程》JGJ 92－2016

【学习支持】

3.3.1　无粘结预应力筋的制作

3.3.1.1　无粘结预应力筋的组成及要求

1.无粘结预应力筋的组成

无粘结预应力筋主要由预应力钢材、涂料层、外包层和锚具组成，如图 3-33 所示。

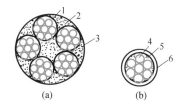

图 3-33　无粘结预应力筋横截面示意图
(a) 无粘结钢绞线束；(b) 无粘结钢丝束或单根钢绞线
1—钢绞线；2—沥青涂料；3—塑料布外包层；4—钢丝；5—油脂涂料；6—塑料管、外包层

2.对材料的要求

无粘结预应力筋所用钢材主要有消除应力钢丝和钢绞线。

涂料层的作用是使预应力筋与混凝土隔离，减少张拉时的摩擦损失，防止预应力筋腐蚀等。常用的涂料有防腐沥青和防腐油脂。涂料应有较好的化学稳定性、韧性；在 –20℃ ～ +70℃ 温度范围内具有不开裂、不变脆、不流淌，能较好地粘附在钢筋上；涂料层应不透水，不吸湿，润滑性好，摩擦阻力小。

外包层主要由塑料带或高压聚乙烯塑料管制作。外包层应具有在 –20℃ ～ +70℃ 温度范围内不脆化，化学稳定性高；具有抗破损性强和足够的韧性；防水性好且对周围材料无侵蚀作用。塑料使用前必须烘干或晒干，避免成形过程中由于气泡引起塑料表面开裂。

单根无粘结筋制作时，宜优先选用防腐油脂作涂料层，外包层应用塑料注塑机注塑成形。防腐油脂应充足饱满，外包层与涂油预应力筋之间有一定的间隙，使预应力筋能在塑料套管中任意滑动。成束无粘结预应力筋可用防腐沥青或防腐油脂作涂料层。当使用防腐沥青时，应用密缠塑料带作外包层，塑料带各圈之间的搭接宽度应不小于带宽的 1/2，缠绕层数不小于 4 层。

3. 锚具

无粘结预应力构件中，预应力筋的张拉力主要是靠锚具传递给混凝土的。因此，无粘结预应力筋的锚具不仅受力比有粘结预应力筋的锚具大，而且承受的是重复荷载。无粘结预应力筋的锚具性能应符合 I 类锚具的规定。

预应力筋为高强钢丝时，主要是采用镦头锚具；预应筋为钢绞线时，可采用 XM 型锚具和 QM 型锚具，XM 型和 QM 型锚具可夹持多根 ϕ15、ϕ12 钢绞线，或 7×5mm、7×4mm 平行钢丝束，以适应不同结构的要求。

【任务实施】

3.3.1.2　无粘结预应力筋的制作

钢丝和钢绞线不得有死弯，有死弯时必须切断，每根钢丝必须通长，不得有连接点。预应力筋的下料长度计算，应考虑构件长度、千斤顶长度、镦头的预留量、弹性回弹值、张拉伸长值、钢材品种和施工方法等因素。具体计算方法与有粘结预应力筋计算方法相同。

预应力筋下料时，宜采用砂轮锯或切断机切断，不得采用电弧切割。钢丝束的钢丝下料应采用等长下料。钢绞线下料时，应在切口两侧用 20 号或 22 号钢丝预先绑扎牢固，以免切割后松散。

1. 涂包成形工艺

涂包成形工艺可以采用手工操作完成内涂刷防腐沥青或防腐油脂，外包塑料布。也可以在缠纸机上连续作业，完成编束、涂油、镦头、缠塑料布和切断等工序。缠纸机的工艺流程如图 3-34 所示。

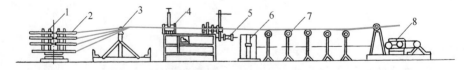

图 3-34　无粘结预应力筋缠纸机工艺流程图
1—放线盘；2—盘圆钢丝；3—梳子板；4—油枪；5—塑料布卷；6—切断机；7—滚道台；8—牵引装置

无粘结预应力筋制作时，钢丝放在放线盘上，穿过梳子板汇成钢丝束，通过油枪均匀涂油后穿入锚杯用冷镦机冷镦锚头，带有锚杯的成束钢丝用牵引机向前牵引，同时开动装有塑料条的缠纸转盘，钢丝束一边前进一边进行缠绕塑料布条工作。当钢丝束达到需要长度后，进行切割，成为一完整的无粘结预应力筋。

2. 挤压涂塑工艺

挤压涂塑工艺主要是钢丝通过涂油装置涂油，涂油钢丝束通过塑料挤压机涂刷聚乙烯或聚丙烯塑料薄膜，再经冷却筒模成形塑料套管。此法涂包质量好，生产效率高，适用于大规模生产的单根钢绞线和钢丝束。挤压涂塑流水工艺如图 3-35 所示。

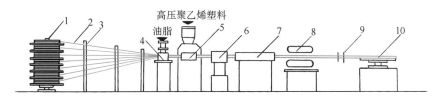

图 3-35　挤压涂层工艺流水线图
1—放线盘；2—钢丝；3—梳子板；4—给油装置；5—塑料挤压机机头；
6—风冷装置；7—水冷装置；8—牵引机；9—定位支架；10—收线盘

3. 存放和保管

制作好的预应力筋可以采用直线或盘圆运输、堆放。存放地点应设遮盖棚，以免日晒雨淋。装卸堆放时，应采用软钢绳绑扎并在吊点处垫上橡胶衬垫，避免塑料套管外包层遭到损坏。

3.3.2　无粘结预应力混凝土施工

3.3.2.1　无粘结预应力筋的铺设

无粘结预应力筋铺设前应检查外包层完好程度，对有轻微破损者，用塑料带补包好，对破损严重者应予以报废。双向预应力筋铺设时，应先铺设下面的预应力筋，再铺设上面的预应力筋，以免预应力筋相互穿插。

无粘结预应力筋应严格按设计要求的曲线形状就位固定牢固。可用短钢筋或混凝土垫块等架起控制标高，再用铁丝绑扎在非预应力筋上。绑扎点间距不大于 1m，钢丝束的曲率控制可用铁马凳控制，马凳间距不宜大于 2m。

3.3.2.2　无粘结预应力筋的张拉

预应力筋张拉时，混凝土强度应符合设计要求，当设计无要求时，混凝土的强度应达到设计强度的 75% 方可开始张拉。

张拉程序一般采用 $0 \longrightarrow 103\%\sigma_{con}$，以减少无粘结预应力筋的松弛损失。

张拉顺序应根据预应力筋的铺设顺序进行，先铺设的先张拉，后铺设的后张拉。

3-3 无粘结预应力施工

当预应力筋的长度超过 40m 时，宜采用两端张拉；长度超过 60m 时，宜采取分段张拉。预应力平板结构中，预应力筋往往很长，如何减少其摩阻损失值是一个重要的问题。

影响摩阻损失值的主要因素是润滑介质、外包层和预应力筋截面形式。其中润滑介质和外包层的摩阻损失值，对一定的预应力束而言是个定值，相对稳定。而截面形式则影响较大，不同截面形式其离散性是不同，但如能保证截面形状在全长内一致，则其摩阻损失值就只能在很小范围内波动。否则，局部阻塞就可能导致其损失值无法测定。摩阻损失值，可用标准测力计或传感器等测力装置进行测定。施工时，为降低摩阻损失值，宜采用多次重复张拉工艺。成束无粘结筋正式张拉前，一般先用千斤顶往复抽动1～2次。张拉过程中，严防钢丝被拉断，要控制同一截面的断裂根数不得大于 2%。

预应力筋的张拉伸长值应按设计要求进行控制。

3.3.2.3 无粘结预应力筋的端部处理

1. 张拉端处理

预应力筋端部处理取决于无粘结筋和锚具种类。

锚具的位置通常从混凝土的端面缩进一定的距离，前面做成 1 个凹槽，待预应力筋张拉锚固后，将外伸在锚具外的钢绞线切割到规定的长度，要求露出夹片锚具外长度不小于 30mm，然后在槽内壁涂以环氧树脂类胶粘剂，以加强新老材料间的粘结，再用后浇膨胀混凝土或低收缩防水砂浆或环氧砂浆密封。

在对凹槽填砂浆或混凝土前，应预先对无粘结筋端部和锚具夹持部分进行防潮、防腐封闭处理。

无粘结预应力筋采用钢丝束镦头锚具时，其张拉端头处理如图 3-36 所示，其中塑料套筒供钢丝束张拉时锚环从混凝土中拉出来用，软塑料管用来保护无粘结钢丝末端部因穿锚具而损坏的塑料管。无粘结钢丝的锚头防腐处理，应特别重视。当锚环被拉出后，塑料套筒内产生空隙，必须用油枪通过锚环的注油孔向套筒内注满防腐油脂，灌油后将外露锚具封闭好，避免长期与大气接触造成锈蚀。

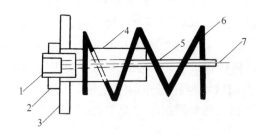

图 3-36　镦头锚固系统张拉端

1—锚环；2—螺母；3—承压板；4—塑料套筒；5—软塑料管；6—螺旋筋；7—无粘结筋

采用无粘结钢绞线夹片式锚具时，张拉端头构造简单，无须另加设施。张拉端头钢绞线预留长度不小于 150mm，多余的应割掉，然后在锚具及承压板表面涂以防水涂料，再进行封闭。锚固区可以用后浇的钢筋混凝土圈梁封闭，将锚具外伸的钢绞线散开打

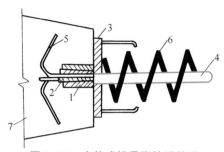

图 3-37　夹片式锚具张拉端处理
1—锚环；2—夹片；3—承压板；4—无粘结筋；5—散开打弯钢丝；6—螺旋筋；7—后浇混凝土

弯，埋在圈梁内加强锚固，如图 3-37 所示。

2. 固定端处理

无粘结筋的固定端可设置在构件内。当采用无粘结钢丝束时固定端可采用扩大的镦头锚板，并用螺旋筋加强，如图 3-38（a）所示。施工中如端头无结构配筋时，需要配置构造钢筋，使固定端板与混凝土之间有可靠锚固性能。当采用无粘结钢绞线时，锚固端可采用压花成形埋置在设计部位，如图 3-38（b）所示。这种做法的关键是张拉前锚固端的混凝土强度等级必须达到设计强度（或 ≥ C30），这样才能形成可靠的粘结式锚头。

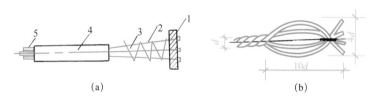

　　　　　　（a）　　　　　　　　　　　　　　　　（b）

图 3-38　无粘结筋固定端构造
（a）无粘结钢丝束固定端；（b）钢绞线固定端
1—锚板；2—钢丝；3—螺旋筋；4—软塑料管；5—无粘结钢丝束

能力测试

填空题

（1）无粘结预应力筋主要由_____、_____、外包层和_____组成。

（2）无粘结预应力筋张拉时，混凝土的强度应达到设计强度的_____％ 方可开始张拉。

（3）当预应力筋的长度小于_____ m 时，宜采用一端张拉；长度超过_____ m 时，宜采取分段张拉。

（4）无粘结预应力筋钢丝束的曲率控制可用铁马凳控制，马凳间距不宜大于_____ m。

（5）无粘结预应力筋可用短钢筋或混凝土垫块等架起控制标高，再用铁丝绑扎在非预应力筋上；绑扎点间距不大于_____ m。

（6）无粘结预应力筋张拉采用 0 → 103%σ_{con} 张拉程序的目的是为了减少_____。

（7）无粘结预应力筋张拉顺序为，先铺设的_____张拉，后铺设的_____张拉。

项目 3.4 预应力混凝土施工质量验收与安全技术

【项目描述】

预应力混凝土结构工程从原材料、预应力制作与安装、张拉和放张、灌浆机封锚等主要施工过程按主控项目、一般项目进行验收。

检验批合格质量应符合下列规定：检验批的主控项目的质量经抽样检验合格；一般项目的质量经抽样检验合格，当采用计数检验时，除有专门要求外，一般项目的合格点率应达到80%及以上，且不得有严重缺陷，并具有完整的施工操作依据和质量验收记录。

【学习支持】

预应力工程施工相关规范

1.《混凝土结构工程施工质量验收规范》GB 50204-2015

2.《建筑工程施工质量验收统一标准》GB 50300-2013

【学习支持】

3.4.1 预应力混凝土施工质量检测与验收

浇筑混凝土之前，应进行预应力隐蔽工程验收。隐蔽工程验收主要内容包括：预应力筋的品种、规格、级别、数量和位置；成孔管道的规格、数量、位置、形状、连接以及灌浆孔、排气兼泌水孔；局部加强钢筋的牌号、规格、数量和位置；预应力筋锚具和连接器及锚垫板的品种、规格、数量和位置。

3.4.1.1 预应力筋材料的检测与验收

1. 主控项目

（1）预应力筋进场时，应按国家现行相关标准的规定抽取试件做抗拉强度、伸长率检验，其检验结果应符合相应标准的规定。

检查数量：按进场的批次和产品的抽样检验方案确定。

检验方法：检查质量证明文件和抽样检验报告。

（2）无粘结预应力钢绞线进场时，应进行防腐润滑脂量和护套厚度的检验，检验结果应符合现行行业标准《无粘结预应力钢绞线》JG/T 161 的规定。

经观察认为涂包质量有保证时，无粘结预应力筋可不作油脂量和护套厚度的抽样检验。

检查数量：按现行行业标准《无粘结预应力钢绞线》JG/T 161 的规定确定。

检验方法：观察，检查质量证明文件和抽样检验报告。

（3）预应力筋用锚具应和锚垫板、局部加强钢筋配套使用，锚具、夹具和连接器进场时，应按现行行业标准《预应力筋用锚具、夹具和连接器应用技术规程》JGJ 85 的相关规定对其性能进行检验，检验结果应符合该标准的规定。

锚具、夹具和连接器用量不足检验批规定数量的 50%，且供货方提供有效的检验报告时，可不作静载锚固性能检验。

检查数量：按现行行业标准《预应力筋用锚具、夹具和连接器应用技术规程》JGJ 85 的规定确定。

检验方法：检查质量证明文件、锚固区传力性能试验报告和抽样检验报告。

（4）处于三 a、三 b 类环境条件下的无粘结预应力筋用锚具系统，应按现行行业标准《无粘结预应力混凝土结构技术规程》JGJ 92 的相关规定检验其防水性能，检验结果应符合该标准的规定。

检查数量：同一品种、同一规格的锚具系统为一批，每批抽取三套。

检验方法：检查质量证明文件和抽样检验报告。

（5）孔道灌浆用水泥应采用硅酸盐水泥或普通硅酸盐水泥，水泥、外加剂的质量应分别符合相关规范的规定；成品灌浆材料的质量应符合现行国家标准《水泥基灌浆材料应用技术规范》GB/T 50448 的规定。

检查数量：按进场批次和产品的抽样检验方案确定。

检验方法：检查质量证明文件和抽样检验报告。

2. 一般项目

（1）预应力筋进场时，应进行外观检查，其外观质量应符合下列规定：

1）有粘结预应力筋的表面不应有裂纹、小刺、机械损伤、氧化铁皮和油污等，展开后应平顺、不应有弯折；

2）无粘结预应力钢绞线护套应光滑、无裂缝，无明显褶皱；轻微破损处应外包防水塑料胶带修补，严重破损者不得使用。

检查数量：全数检查。

检验方法：观察。

（2）预应力筋用锚具、夹具和连接器进场时，应进行外观检查，其表面应无污物、锈蚀、机械损伤和裂纹。

检查数量：全数检查。

检验方法：观察。

（3）预应力成孔管道进场时，应进行管道外观质量检查、径向刚度和抗渗漏性能检验，其检验结果应符合下列规定：

1）金属管道外观应清洁，内外表面应无锈蚀、油污、附着物、孔洞，金属波纹管不应有不规则褶皱，咬口应无开裂、脱扣，钢管焊缝应连续；

2）塑料波纹管的外观应光滑、色泽均匀，内外壁不应有气泡、裂口、硬块、油污、附着物、孔洞及影响使用的划伤；

3）径向刚度和抗渗漏性能应符合现行行业标准《预应力混凝土桥梁用塑料波纹管》JT/T 529 或《预应力混凝土用金属波纹管》JG/T 225 的规定。

检查数量：外观应全数检查；径向刚度和抗渗漏性能的检查检查数量应按进场的批

次和产品的抽样检验方案确定。

检验方法：观察，检查质量证明文件和抽样检验报告。

3.4.1.2　预应力筋制作与安装质量的检测与验收

1. 主控项目

（1）预应力筋安装时，其品种、规格、级别和数量必须符合设计要求。

检查数量：全数检查。

检验方法：观察，尺量。

（2）应力筋的安装位置应符合设计要求。

检查数量：全数检查。

检验方法：观察，尺量。

2. 一般项目

（1）应力筋端部锚具的制作质量应符合下列规定：

1）钢绞线挤压锚具挤压完成后，预应力筋外端露出挤压套筒的长度不应小于1mm；

2）钢绞线压花锚具的梨形头尺寸和直线锚固段长度不应小于设计值；

3）钢丝墩头不应出现横向裂纹，墩头的强度不得低于钢丝强度标准值的98%。

检查数量：对挤压锚，每工作班抽查5%，且不应少于5件；对压花锚，每工作班抽查3件；对钢丝墩头强度，每批钢丝检查6个墩头试件。

检验方法：观察，尺量，检查墩头强度试验报告。

（2）预应力筋或成孔管道的安装质量应符合下列规定：

1）成孔管道的连接应密封；

2）预应力筋或成孔管道应平顺，并应与定位支撑钢筋绑扎牢固；

3）当后张有粘结预应力筋曲线孔道波峰和波谷的高差大于300mm，且采用普通灌浆工艺时，应在孔道波峰设置排气孔；

4）锚垫板的承压面应与预应力筋或孔道曲线末端垂直，预应力筋或孔道曲线末端直线段长度应符合表3-5规定。

检查数量：第1～3款应全数检查；第4款应抽查预应力筋总数的10%，且不少于5束。

检验方法：观察，尺量。

预应力筋曲线起始点与张拉锚固点之间直线段最小长度　　　　　表3-5

预应力筋张拉控制力N（kN）	N≤1500	1500<N≤6000	N>6000
直线段最小长度（mm）	400	500	600

（3）预应力筋或成孔管道定位控制点的竖向位置偏差应符合表3-6的规定，其合格点率应达到90%及以上，且不得有超过表中数值1.5倍的尺寸偏差。

检查数量：在同一检验批内，应抽查各类型构件总数的10%，且不少于3个构件，每个构件不应少于 5 处。

检验方法：尺量。

预应力筋或成孔管道定位控制点的竖向位置允许偏差   表 3-6

构件截面高（厚）度（mm）	$h \leqslant 300$	$300 < h \leqslant 1500$	$h > 1500$
允许偏差（mm）	±5	±10	±15

3.4.1.3　预应力筋张拉和放张质量的检测与验收

1. 主控项目

（1）预应力筋张拉或放张前，应对构件混凝土强度进行检验。同条件养护的混凝土立方体试件抗压强度应符合设计要求，当设计无具体要求时应符合下列规定：

1）应达到配套锚固产品技术要求的混凝土最低强度且不应低于设计混凝土强度等级值的 75%；

2）对采用消除应力钢丝或钢绞线作为预应力筋的先张法构件，不应低于 30MPa。

检查数量：全数检查。

检验方法：检查同条件养护试件抗压强度试验报告。

（2）对后张法预应力结构构件，钢绞线出现断裂或滑脱的数量不应超过同一截面钢绞线总根数的 3%，且每根断裂的钢绞线断丝不得超过一丝；对多跨双向连续板，其同一截面应按每跨计算。

检查数量：全数检查。

检验方法：观察，检查张拉记录。

（3）先张法预应力筋张拉锚固后，实际建立的预应力值与工程设计规定检验值的相对允许偏差为 ±5%。

检查数量：每工作班抽查预应力筋总数的 1%，且不应少于 3 根。

检验方法：检查预应力筋应力检测记录。

2. 一般项目

（1）预应力筋张拉质量应符合下列规定：

1）采用应力控制方法张拉时，张拉力下预应力筋的实测伸长值与计算伸长值的相对允许偏差为 ±6%；

2）最大张拉应力应符合现行国家标准《混凝土结构工程施工规范》GB 50666 的规定。

检查数量：全数检查。

检验方法：检查张拉记录。

（2）先张法预应力构件，应检查预应力筋张拉后的位置偏差，张拉后预应力筋的位置与设计位置的偏差不应大于 5mm，且不应大于构件截面短边边长的 4%。

检查数量：每工作班抽查预应力筋总数的 3%，且不应少于 3 束。

检验方法：尺量。

（3）锚固阶段张拉端预应力筋的内缩量应符合设计要求；当设计无具体要求时，应符合表 3-7 的规定。

检查数量：每工作班抽查预应力筋总数的 3%，且不少于 3 束。

检验方法：尺量。

张拉端预应力筋的内缩量限值 表 3-7

锚具类别		内缩量限值（mm）
支承式锚具（镦头锚具等）	螺帽缝隙	1
	每块后加垫板的缝隙	1
锥塞式锚具		5
夹片式锚具	有顶压	5
	无顶压	6～8

3.4.1.4 预应力筋灌浆及封锚质量的检测与验收

1. 主控项目

（1）预留孔道灌浆后，孔道内水泥浆应饱满、密实。

检查数量：全数检查。

检验方法：观察，检查灌浆记录。

（2）灌浆用水泥浆的性能应符合下列规定：

1）3h 自由泌水率宜为 0，且不应大于 1%，泌水应在 24h 内全部被水泥浆吸收；

2）水泥浆中氯离子含量不应超过水泥重量的 0.06%；

3）当采用普通灌浆工艺时，24h 自由膨胀率不应大于 6%；当采用真空灌浆工艺时，24h 自由膨胀率不应大于 3%。

检查数量：同一配合比检查一次。

检验方法：检查水泥浆性能试验报告。

（3）现场留置的灌浆用水泥浆试件的抗压强度不应低于 30MPa。

试件抗压强度检验应符合下列规定：

1）每组应留取 6 个边长为 70.7mm 的立方体试件，并应标准养护 28d；

2）试件抗压强度应取 6 个试件的平均值；当一组试件中抗压强度最大值或最小值与平均值相差超过 20% 时，应取中间 4 个强度的平均值。

检查数量：每工作班留置一组。

检验方法：检查试件强度试验报告。

（4）锚具的封闭保护措施应符合设计要求。当设计无具体要求时，外露锚具和预应力筋的混凝土保护层厚度不应小于：一类环境时 20mm，二 a、二 b 类环境时 50mm，三 a、三 b 类环境时 80mm。

检查数量：在同一检验批内，抽查预应力筋总数的 5%，且不应少于 5 处。

检验方法：观察，尺量。

2. 一般项目

后张法预应力筋锚固后，锚具外预应力筋的外露长度不应小于其直径的 1.5 倍，且不应小于 30mm。

检查数量：在同一检验批内，抽查预应力筋总数的 3%，且不应少于 5 束。

检验方法：观察，尺量。

3.4.2　预应力混凝土结构施工安全措施

1. 所用张拉设备仪表，应由专人负责使用与管理，并定期进行维护与检验，设备的测定期不超过半年，否则必须重新测定。施工时，根据预应力筋种类等合理选择张拉设备，预应力筋的张拉力不应大于设备额定张拉力，严禁在负荷时拆换油管或压力表。按电源时，机壳必须接地，经检查绝缘可靠后，才可试运转。

2. 先张法施工中，张拉机具与预应力筋应在一条直线上；顶紧锚塞时，用力不要过猛，以防钢丝折断。台座法生产，其两端应设有防护设施，并在张拉预应力筋时，沿台座长度方向每隔 4 ～ 5m 设置一个防护架，两端严禁站人，更不准进入台座。

3. 后张法施工中，张拉预应力筋时，任何人不得站在预应力筋两端，同时在千斤顶后面设立防护装置。操作千斤顶的人员应严格遵守操作规程，应站在千斤顶侧面工作。在油泵开动过程，不得擅自离开岗位，如需离开，应将油阀全部松开或切断电路。

模块 4
装配式结构及钢结构工程施工

【模块概述】

  预制混凝土装配式建筑是将整栋建筑物的各部分分解成为单个预制构件，如柱、梁、墙、楼板、楼梯、阳台等，利用工厂工业化的生产方式，制作成各类钢筋混凝土构件，用运输工具将成品构件运输至施工现场，再用起重机在施工现场按照图纸设计的要求，安装成一幢建筑物或构筑物的施工过程。

  本模块着重讨论结构安装常用吊装机具设备的特性、装配式结构构件的制作、安装施工工艺、质量验收标准以及安全技术要求。

【学习目标】

  通过学习，你将能够：

（1）认知结构安装工程常用的起重机械的种类、特性以及配套索具设备；

（2）理解装配式结构构件的制作工艺及要求；

（3）掌握装配式结构安装的施工工艺和要求；

（4）掌握装配式结构施工质量验收标准和方法；

（5）理解结构安装施工安全技术要求。

项目 4.1　装配式建筑施工

【项目描述】

  为了保证施工质量和安全，我们应了解结构安装工程常用施工机械设备的性能特点；理解装配式结构构件的制作；掌握装配式结构安装的施工工艺；掌握装配式结构施工质量验收标准和方法；理解结构安装施工安全技术要求。

通过学习能参与编制预制装配式建筑施工专项安装方案；能参与并执行施工技术交底；能参与预制装配式建筑施工质量检查与验收。

【学习支持】

装配式建筑施工相关规范
1.《建筑工程施工质量验收统一标准》GB 50300-2013
2.《混凝土结构工程施工质量验收规范》GB 50204-2015
3.《装配式混凝土结构技术规程》JGJ 1-2014
4.《装配式建筑评价标准》GB/T 51129-2017

4.1.1 结构安装常用机具设备

结构安装工程的施工机具设备主要有起重机械和配套的索具设备，是能否保证结构安装工程安全、顺利实施的重要条件。

4.1.1.1 常用起重机的性能及应用

结构安装工程中常用的起重机械有：自行式起重机和塔式起重机等。其中塔式起重机的优点是具有较大的工作空间，适用各种起重高度和起重重量，广泛应用于多层及高层建筑施工中，缺点是移动受到限制，灵活性较差。

1. 自行式起重机

自行式起重机可分为履带式起重机、汽车式起重机和轮胎式起重机三种。

（1）履带式起重机

履带式起重机是一种具有履带行走装置的全回转起重机，它利用两条面积较大的履带着地行走，由行走装置、回转机构、机身及起重臂等部分组成，如图 4-1 所示。其优点是起重重量和起重高度较大；能 360° 回转，操作灵活；由于履带接地面积大，因而能在承载力较差的地面上开行和作业，能负载行驶，在工程中常用。缺点是远距离转移时，由于行走速度慢，且不能在城市道路上行驶，需要其他车辆运载。

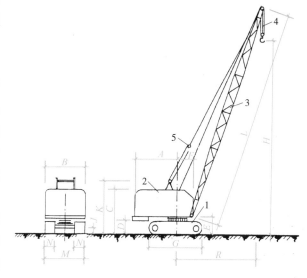

图 4-1 履带式起重机
1—行走装置；2—回转机构；3—机身；4—起重臂；5—滑轮
A、B… —外形尺寸符号；L—起重臂长度；
H—起升高度；R—工作幅度

常用的履带式起重机的型号有：国产 W1-50 型、W1-100 型、W1-200 型和一些进口机械。当起重机超载吊装时，需要进行稳定性验算，以保证在吊装过程中不会发生倾倒事故。履带式起重机的外形尺寸见表 4-1 所示。

履带式起重机外形尺寸（mm） 表 4-1

符号	名称	型号		
		W1-50	W1-100	W1-200
A	机棚尾部到回转中心距离	2900	3300	4500
B	机棚宽度	2700	3120	3200
C	机棚顶部距地面高度	3220	3675	4125
D	回转平台底面距地面高度	1000	1045	1190
E	起重臂枢轴中心距地面高度	1555	1700	2100
F	起重臂枢轴中心至回转中心的距离	1000	1300	1600
G	履带长度	3420	4005	4950
M	履带架宽度	2850	3200	4050
N	履带板宽度	550	675	800
J	行走底架距地面高度	300	275	390
K	双足支架顶部距地面高度	3480	4170	4300

履带式起重机的主要技术参数有三个：起重重量（用 Q 表示）、起重高度（用 H 表示）和回转半径（用 R 表示），三者互相制约。当起重臂长一定时，随着起重臂仰角增大，起重半径减小，起重重量和起重高度增加；当起重臂仰角减小，起重半径增大，起重重量和起重高度减小。每一种型号的起重机可有几种臂长供选择，见表 4-2。

履带式起重机性能表 表 4-2

参数		单位	型号							
			W1-50			W1-100		W1-200		
起重臂长度		m	10	18	18 带鸟嘴	13	23	15	30	40
	最大工作幅度时	m	10.0	17.0	10.0	12.5	17.0	15.5	22.5	30.0
	最小工作幅度时	m	3.7	4.5	6.0	4.23	6.5	4.5	8.0	10.0
起重量	最小工作幅度时	t	10.0	7.5	2.0	15.0	8.0	50.0	20.0	8.0
	最大工作幅度时	t	2.6	1.0	1.0	3.5	1.7	8.2	4.3	1.5
起升高度	最小工作幅度时	m	9.2	17.2	17.2	11.0	19.0	12.0	26.8	36.0
	最大工作幅度时	m	3.7	7.6	14.0	5.8	16.0	3.0	19.0	25.0

注：表中数据所对应的起重臂倾角为：$\alpha_{min}=30°$，$\alpha_{max}=77°$。

（2）汽车式起重机

汽车式起重机是将起重设备安装在普通载重汽车或专用汽车底盘上的一种自行式全回转起重机，如图 4-2 所示。该种起重机的吊臂可自动逐节伸缩，并设有各种限位和报警装置，还具有行驶速度快，能迅速转移，对路面破坏性小等优点。缺点是吊装重物时必须设支腿，因而不能负荷行驶。

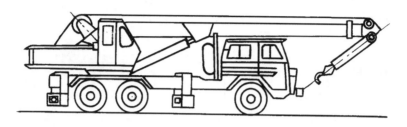

图 4-2　汽车式起重机

我国目前常用的汽车起重机有机械传动（Q）、电动传动（QD）、液压传动（QY）三种。应用最普遍的是国产轻型液压汽车起重机 QY 系列。表 4-3 为 QY-8、QY-12、QY-16 性能表。

汽车式起重机性能　　　　　　　　　　　　　　　表 4-3

参数		单位	型号									
			QY-8				QY-12			QY-16		
起重臂长度		m	6.95	8.50	10.15	11.70	8.5	10.8	13.2	8.80	14.40	20.0
最大起重半径时		m	3.2	3.4	4.2	4.9	3.6	4.6	5.5	3.8	5.0	7.4
最小起重半径时		m	5.5	7.5	9.0	10.5	6.4	7.8	10.4	7.4	12	14
起重量	最小起重半径时	t	6.7	6.7	4.2	3.2	12	7	5	16	8	4
	最大起重半径时	t	1.5	1.5	1.0	0.8	4	3	2	4.0	1.0	0.5
起重高度	最小起重半径时	m	9.2	9.2	10.6	12.0	8.4	10.4	12.8	8.4	14.1	19
	最大起重半径时	m	4.2	4.2	4.8	5.2	5.8	8.0	8.0	4.0	7.4	14.2

（3）轮胎式起重机

轮胎式起重机是将起重设备安装在加重型轮胎和轮轴上组成的特制底盘上的全回转起重机，如图 4-3 所示，吊装时可轻负载行驶，负载较重时，用 4 个支腿支撑以保证机身的稳定性。

常用国产液压轮胎式起重机型号较多，常见的 QLY-16 和 QLY-25 型性能见表 4-4。

2. 塔式起重机

塔式起重机是将起重臂安装在塔身上部，具有较大的起重高度和起重半径，起吊重物速度快，生产效率高，被广泛应用于多层和高层建筑施工中。

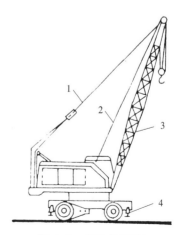

图 4-3　轮胎式起重机
1—变幅索；2—起重索；3—起重杆；4—支腿

轮胎式起重机性能 表 4-4

参数		单位	型号							
			QLY-16			QLY-25				
起重臂长度		m	10	15	20	12	17	22	27	32
最大起重半径时		m	4	4.7	8	4.5	6	7	8.5	10
最小起重半径时		m	11.0	15.5	20.0	11.5	14.5	19	21	21
起重量	最小起重半径时 用支腿	t	16	11	8	25	14.5	10.6	7.2	5
	最小起重半径时 不用支腿	t	7.5	6	—	6	3.5	3.4	—	—
	最大起重半径时 用支腿	t	2.8	1.5	0.8	4.6	2.8	1.4	0.8	0.6
	最大起重半径时 不用支腿	t					0.5	—	—	—
起重高度	最小起重半径时	m	8.3	13.2	17.95	—	—	—	—	8.3
	最大起重半径时	m	5.3	4.6	6.85					

塔式起重机按构造性能可分为轨道式、爬升式、附着式三种。

（1）轨道式

轨道式塔式起重机是一种沿轨道行驶的自行式塔式起重机，行驶路线可为直线、L形和U形，能负荷移动，且服务范围较大。图 4-4 所示是上旋转轨道式塔式起重机。

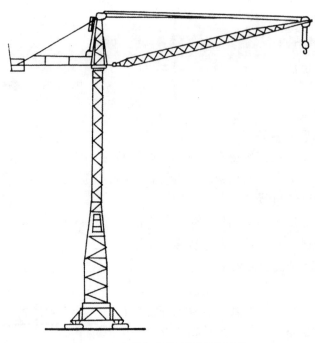

图 4-4　上旋转轨道式塔式起重机

（2）附着式

附着式塔式起重机是固定在建筑物附近钢筋混凝土基础上的起重机，它借助顶升系统随着建筑结构升高而将塔身自行向上接高，如图 4-5 所示。为了塔身稳定，每隔 16 ～ 20m 将塔身与建筑物结构用系杆连接固定，如图 4-6 所示。其普遍应用于高层建筑工程施工。

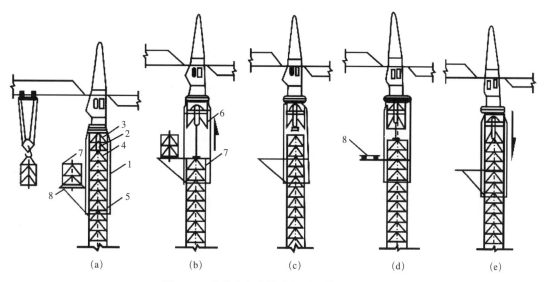

图 4-5 附着式自升塔式起重机的顶升过程

（a）准备状态；（b）顶升塔顶；（c）推入塔身标准节；（d）安装塔身标准节；（e）塔顶与塔身连成整体
1—顶升套架；2—液压千斤顶；3—支承座；4—顶升横梁；5—定位销；6—过渡节；7—标准节；8—摆渡小车

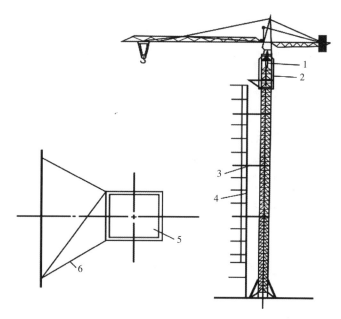

图 4-6 附着式塔式起重机
1—液压千斤顶；2—顶升套架；3—锚固装置；4—建筑物；5—塔身；6—附着杆

4.1.1.2 索具

结构安装工程中除使用起重机外，还要使用与之相配套的辅助设备和工具，如滑轮组、钢丝绳和吊装工具等。

1. 滑轮组

滑轮组是由一定数量的定滑轮和动滑轮及绕过它们的绳索组成，具有省力和改变力的方向的功能，是起重机的重要组成部分，如图4-7所示。

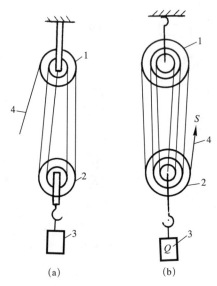

图4-7　滑轮组起吊受力
(a) 跑头从定滑轮引出；(b) 跑头从动滑轮引出
1—定滑轮；2—动滑轮；3—重物；4—绳索跑头

2. 钢丝绳

钢丝绳是由若干根钢丝绕成股，再由6股钢丝绕绳芯捻成绳。结构安装工程用钢丝绳是由6股钢丝和1股绳芯捻成。其规格有6×19+1、6×37+1和6×61+1（6股，每股由19根、37根或61根钢丝捻成），第1种钢丝绳的钢丝粗、较硬，不易弯曲，多用作缆风绳；第3种钢丝绳的钢丝细、较柔软，多用作起重吊索。

钢丝绳的抗拉强度为1400、1550、1700、1850、2000MPa。钢丝绳吊装时实际承受的力小于或等于允许拉力。

3. 吊装工具

（1）吊索

吊索又称千斤绳，主要用于起吊时绑扎构件，分为环状吊索和开口吊索，如图4-8所示。

（2）吊钩

起重吊钩常用优质碳素钢材锻造后经退火处理而成，吊钩分单钩和双钩两种，如

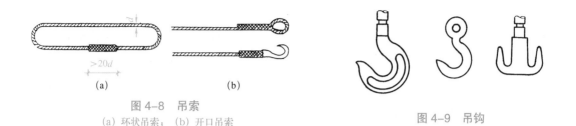

图 4-8 吊索

(a) 环状吊索； (b) 开口吊索

图 4-9 吊钩

图 4-9 所示。使用时，要认真进行检查，吊钩表面应光滑，不得有剥裂、刻痕、锐角、裂缝等缺陷。

（3）卡环

卡环用于吊索之间或吊索与构件吊环之间的连接，由弯环与销子两部分组成；弯环形式有直形和马蹄形；销子的形式有螺栓式和活络式，如图 4-10（a）所示。活络卡环的销子端头和弯环孔眼无螺纹，可以直接抽出，多用于吊装柱，可以避免高空作业。活络卡环绑扎柱的方法如图 4-10（b）所示。

（4）钢丝绳卡扣

钢丝绳卡扣主要用来固定钢丝绳端，卡扣外形如图 4-11 所示。

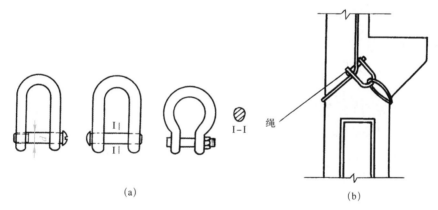

图 4-10 卡环及柱的绑扎

(a) 卡环； (b) 活络卡环绑扎柱

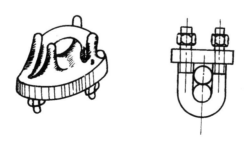

图 4-11 钢丝绳卡扣

（5）横吊梁

横吊梁又称铁扁担，吊装时为了减小吊索对构件的轴向压力和减少起吊高度，可采用横吊梁。常用形式有钢板横吊梁和钢管横吊梁，如图 4-12 所示。

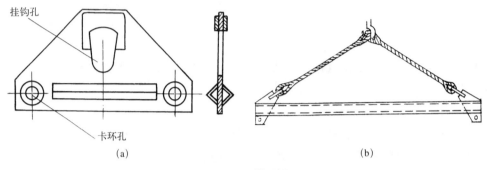

图 4-12　横吊梁
(a) 钢板横吊梁；　(b) 钢管横吊梁

【任务实施】

4.1.2　预制装配式构件制作与运输

预制构件的质量涉及工程质量和结构安全，预制构件制作单位应具备相应的生产工艺设施、人员配置，并应有完善的质量管理体系和必要的试验检测手段。

1. 构件制作准备

（1）技术准备：预制构件制作前，建设单位应组织设计、生产、监理单位、施工单位对其技术要求和质量标准进行技术交底，并应制定包括生产工艺、模具方案、生产计划、技术质量控制措施、成品保护、堆放及运输方案等内容的生产方案；如预制构件制作详图无法满足制作要求，应进行深化设计和施工验算，完善预制构件制作详图和施工装配详图，避免在构件加工和施工过程中，出现错、漏、碰、缺等问题。对应预留的孔洞及预埋部件，应在构件加工前进行认真核对，以免现场剔凿，造成损失。

（2）材料准备：在预制构件制作前，生产单位应按照相关规范、规程要求，根据预制构件的混凝土强度等级、生产工艺等选择制备混凝土的原材料，并进行混凝土配合比设计。预制构件生产前，对钢筋套筒除检验其外观质量、尺寸偏差、出厂提供的材质报告、接头型式检验报告等，还应按要求制作钢筋套筒灌浆连接接头试件进行验证性试验。

预制构件制作前，对带饰面砖或饰面板的构件，应绘制排砖图或排板图；对夹心外墙板，应绘制内外叶墙板的拉结件布置图及保温板排板图以利工厂根据图纸要求对饰面材料、保温材料等进行裁切、制版等加工处理。

（3）模板准备：预制构件模具一般采用能多次重复使用的工具式模板（图 4-13），

要求模板除应满足承载力、刚度和整体稳定性要求外，还应满足预制构件质量、生产工艺、模具组装与拆卸、周转次数等要求；满足预制构件预留孔洞、插筋、预埋件的安装定位要求；预应力构件跨度超过 6m 时，模具应根据设计要求起拱。

 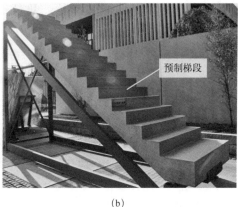

(a)　　　　　　　　　　　　　　(b)

图 4-13　预制混凝土梯段模板

(a) 预制混凝土梯段模板；(b) 脱模后的预制混凝土梯段

2. 构件制作

构件模具大多采用定型钢模进行生产，要求模具应具有足够的强度、刚度和整体稳定性，并应能满足预制构件预留孔、插筋、预埋吊件及其他预埋件的定位要求；模具设计应满足预制构件质量、生产工艺、模具组装与拆卸、周转次数等要求。跨度较大的预制构件的模具应根据设计要求预设反拱。预制墙板工程生产系统如图 4-14 所示。

图 4-14　预制墙板工程生产系统

1—振动台；2—工具式模板；3—墙板钢筋；4—预埋线盒；5—混凝土浇筑系统；6—操作控制箱

（1）隐蔽工程检查：预制构件在混凝土浇筑前应进行隐蔽工程检查，检查内容包括：钢筋的牌号、规格、数量、位置、间距等；纵向受力钢筋的连接方式、接头位置、接头质量、接头面积百分率、搭接长度等；箍筋、横向钢筋的牌号、规格、数量、位置、间距，箍筋弯钩的弯折角度及平直段长度；预埋件、吊环、插筋的规格、数量、位置等；灌浆套筒、预留孔洞的规格、数量、位置等；钢筋的混凝土保护层厚度；夹心外墙板的保温层位置、厚度，拉结件的规格、数量、位置等；预埋管线、线盒的规格、数量、位置及固定措施等，以保证预制构件满足结构性能质量控制环节的要求。

（2）带饰面构件反打一次成型工艺制作：

反打一次成型是指将面砖先铺放于模板内，然后直接在面砖上浇筑混凝土，用振动器振捣成型的工艺。采用反打一次成型工艺，取消了砂浆层，使混凝土直接与面砖背面凹槽粘结，从而有效提高了两者之间的粘结强度，避免了面砖脱落引发的不安全因素和给修复工作带来的不便，而且可做到饰面平整、光洁，砖缝清晰、平直，整体效果较好。

工艺流程：支模→安装饰面层→绑扎墙板钢筋→浇筑墙板混凝土层→养护→拆模→内层装饰。

当构件饰面层采用面砖时，在模具中铺设面砖前，应根据排砖图的要求进行配砖和加工（图4-15）；饰面砖应采用背面带有燕尾槽或粘结性能可靠的产品；当构件饰面层采用石材时，石材背面应做涂覆防水处理，并宜采用不锈钢卡件与混凝土进行机械连接。在模具中铺设石材前，应根据排板图的要求进行配板和加工并按设计要求在石材背面钻孔、安装不锈钢卡钩、涂覆隔离层。饰面材料应采用具有抗裂性和柔韧性、收缩小且不污染饰面的材料嵌填面砖或石材之间的接缝，并应采取防止面砖或石材在安装钢筋、浇筑混凝土等生产过程中发生位移的措施。

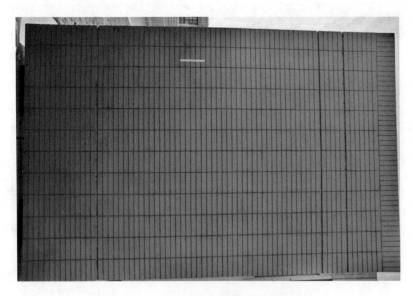

图4-15　反打一次成型外墙板

（3）夹心外墙板制作：带保温材料夹心外墙板生产工艺有平模生产和立模生产两种方法。平模水平浇筑方式有利于保温材料在预制构件中的定位（图4-16）。如采用立模竖直浇筑方式成型，保温材料可在浇筑前放置并固定。

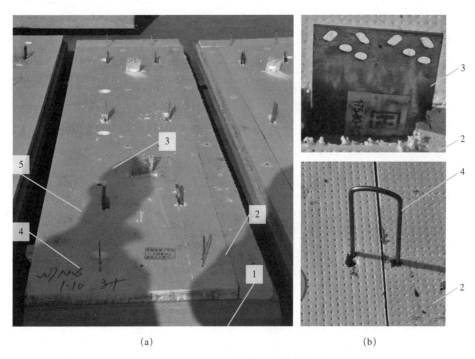

(a)　　　　　　　　　　(b)

图 4-16　保温材料夹心外墙板生产

(a) 外叶混凝土墙板上安装保温材料；(b) 内外层混凝土连接件

1—外叶混凝土墙板；2—保温板；3—FRP拉结件；4—U形拉结件；5—吊环

平模生产工艺流程：支模→安装外墙饰面层→绑扎外叶墙板钢筋→浇筑外叶墙板混凝土层→安装保温材料和拉结件→绑扎内叶墙板钢筋→浇筑内叶墙板混凝土层→养护→拆模→内层装饰。

立模生产工艺流程：外侧支模→安装外墙饰面层→绑扎外叶墙板钢筋→安装保温材料和拉结件→绑扎内叶墙板钢筋→同步浇筑内外叶墙板混凝土层→养护→拆模→内层装饰。

夹心外墙板制作时应采取措施固定保温材料，要确保拉结件的位置和间距满足要求，保证墙板的保温性能和结构性能满足设计要求，应加强生产过程的质量控制。平模工艺生产较立模生产工艺容易控制质量，应优先采用。为了保证墙板混凝土的均匀性、密实性，应采用强制式搅拌机搅拌，并用机械振捣。

采用夹芯保温的预制构件，需要采取可靠连接措施保证保温材料外的两层混凝土可靠连接，宜采用专用连接件连接内外两层混凝土，专用连接件热工性能较好，可以完全达到热工"断桥"的作用。连接措施的数量和位置需要进行专项设计，必要时在构件制作前应进行专项试验，检验连接措施的定位和锚固性能。

为了加速混凝土凝结硬化，缩短脱模时间，加快模板的周转，提高生产效率，预制构件宜采用加热养护。为了有效避免构件的温差收缩裂缝，在加热养护时应对静停、升温、恒温和降温时间进行控制。在常温下宜静停 2 ~ 6h，升温、降温速度不应超过 20℃/h，最高养护温度不宜超过 70℃，预制构件出池的表面温度与环境温度的差值不宜超过 25℃。当气温较高时，构件混凝土可采用洒水、覆盖保湿的自然养护方法。

预制构件脱模强度应满足设计要求，当设计无要求时，为防止过早脱模造成构件出现过大变形或开裂，脱模起吊时，预制构件的混凝土立方体抗压强度不应小于 15MPa。为了保证预制构件与后浇混凝土实现可靠连接，可以采用连接钢筋、键槽及粗糙面等方法。粗糙面可采用拉毛或凿毛处理方法，也可采用化学处理方法。采用化学方法处理时可在模板上或需要露骨料的部位涂刷缓凝剂，脱模后用清水冲洗干净，避免残留物对混凝土及其结合面造成影响。

3. 预制构件检查

预制构件应按设计要求和现行国家标准的有关规定进行结构性能检验；陶瓷类装饰面砖与构件基面的粘结强度应符合《建筑工程饰面砖粘结强度检验标准》JGJ/T 110-2017 和《外墙面砖工程施工及验收规程》JGJ 126-2015 等的规定；夹心外墙板的内外叶墙板之间的拉结件类别、数量及使用位置应符合设计要求。预制构件检查合格后，应在构件上设置表面标识，标识内容宜包括构件编号、制作日期、合格状态、生产单位等信息。

4. 构件运输

构件运输时应制定预制构件的运输与堆放方案，其内容应包括运输时间、次序、堆放场地、运输线路、固定要求、堆放支垫及成品保护措施等。

预制构件的运输线路应根据道路、桥梁的荷重限值及限高、限宽、转弯半径等条件确定，场内运输宜设置循环线路；运输车辆应满足构件尺寸和载重要求。装卸构件过程中，应采取保证车体平衡、防止车体倾覆的措施；运输过程中时，应采取防止构件移动、倾倒、变形等的固定措施；运输细长构件时应根据需要设置水平支架；构件边角部或运输捆绑链索接触处的混凝土，宜采用垫衬加以保护，防止构件损坏。

5. 构件堆放

预制构件的堆放场地应平整、坚实，并应采取良好的排水措施。重叠堆放时应保证最下层构件垫实，预埋吊件宜向上，标识宜朝向堆垛间的通道；垫木或垫块在构件下的位置宜与脱模、吊装时的起吊位置一致（图4-17a)，每层构件间的垫木或垫块应在同一垂直线上。堆垛的安全、稳定特别重要。堆垛层数应根据构件与垫木或垫块的承载力及堆垛的稳定性确定，必要时应设置防止构件倾覆的支架；施工现场堆放的构件，宜按安装

4-1 预制构件堆放

顺序分类堆放，堆垛宜布置在吊车工作范围内且不受其他工序施工作业影响的区域。

墙板类构件应根据施工要求选择堆放方法，对外形复杂墙板宜采用插放架或靠放架直立堆放插放架、靠放架应安全可靠，满足强度、刚度及稳定性的要求。当采用靠放架堆放构件时，直立堆放的墙板宜对称靠放、饰面朝外，靠放架与地面倾斜角度宜大于

80°（图 4-17b）；如受运输路线等因素限制而无法直立运输时，也可平放运输，但需采取保护措施，如在运输车上放置使构件均匀受力的平台等。

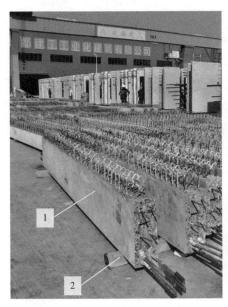 

(a)　　　　　　　　　　　　　　(b)

图 4-17　预制构件堆放

(a) 构件平放；(b) 靠架立放

1—预制叠合梁；2—垫木；3—靠放架；4—预制墙板

4.1.3　预制装配式混凝土结构安装施工

4.1.3.1　安装施工准备

（1）制定施工组织设计

装配式结构安装施工前应制定施工组织设计和专项施工方案；施工组织设计的内容应符合《建筑施工组织设计规范》GB/T 50502-2009 的规定；专项施工方案的内容应包括构件安装及节点施工方案、构件安装的质量管理及安全措施等。并应结合结构深化设计、构件制作、运输和安装全过程进行各工况的验算，以及施工吊装与支撑体系的验算等进行策划与制定，充分反映装配式结构施工的特点和工艺流程的特殊要求。

根据安装构件的形状、尺寸、重量和特点选择吊装机械、吊具，并对吊具按规定进行设计、验算或试验检验。所选用的吊具应根据预制构件形状、尺寸及重量等参数进行配置，吊索与构件水平夹角不宜大于 60°，且不应小于 45°；对尺寸较大或形状复杂的预制构件，宜采用有分配梁或分配桁架的吊具。

装配式结构的后浇混凝土部位在浇筑前应进行隐蔽工程验收。

（2）构件安装前，应合理规划构件运输通道和临时堆放场地，并应采取成品堆放保护措施。对施工完成结构的混凝土强度、外观质量、尺寸偏差及预制构件的混凝土强度及预制构件和配件的型号、规格、数量进行检查，并对相关资料检查核对。

（3）安装施工前，应进行测量放线并设置构件安装定位标识。预制构件的放线包括构件中心线、水平线、构件安装定位点等。对已施工完成结构，一般根据控制轴线和控制水平线依次放出纵横轴线、柱中心线、墙板两侧边线、节点线、楼板的标高线、楼梯位置及标高线、异型构件位置线及必要的编号，以便于装配施工。

（4）安装施工前，应复核构件装配位置、节点连接构造及临时支撑方案等；还应检查复核吊装设备及吊具处于安全操作状态。

（5）装配式结构施工前，宜选择有代表性的单元进行预制构件试安装，并应根据试安装结果及时调整完善施工方案和施工工艺。

4.1.3.2　构件吊装

预制构件的安装顺序、构件安装后的校准定位及临时固定是装配式结构施工的关键，装配式结构安装施工应严格按照批准的施工组织设计和专项施工方案进行吊装。

（1）构件的绑扎和吊升

吊装时绑扎方法及吊升方法应严格按照批准的专项施工方案进行。吊索与构件水平夹角不宜大于60°，且不应小于45°；吊升时应采取保证起重设备的主钩位置、吊具及构件重心在竖直方向上重合的措施；吊运过程应平稳，不应有大幅度摆动，且不应长时间悬停；吊装过程中，应设专人指挥，操作人员应位于安全位置。

（2）预制构件的安装顺序

装配式结构安装时，应按设计文件、专项施工方案要求的顺序进行安装施工，应尽可能地组织立体交叉、均衡有效的安装施工流水作业。

（3）构件安装的校准定位

安放预制构件时，其搁置长度应满足设计要求；构件下部应铺设厚度不大于20mm的水泥砂浆进行坐浆，以保证接触平整，受力均匀；预制构件安装过程中应根据水准点和轴线校正其高程和平面位置；构件安装应水平，其水平度可在预制构件与其支承构件间设置垫片（铁片）进行调整；构件竖向位置和垂直度可通过临时支撑加以调整。

（4）构件定位后的临时固定

安装就位后应及时采取临时固定措施。装配式结构工程施工过程中，当预制构件或整个结构自身不能承受施工荷载时，需要通过设置临时支撑来保证施工定位、施工安全及工程质量。临时支撑包括水平构件下方的临时竖向支撑，在水平构件两端支承构件上设置的临时牛腿，竖向构件的临时斜撑（如可调式钢管支撑或型钢支撑）等。

对于预制墙板，临时斜撑一般安放在其背面，且一般不少于2道；对于宽度比较小的墙板也可仅设置1道斜撑。当墙板底没有水平约束时，墙板的每道临时支撑包括上部斜撑和下部支撑（图4-18），下部支撑可做成水平支撑或斜向支撑。对于预制柱，由于其底部纵向钢筋可以起到水平约束的作用，故一般仅设置上部斜撑。柱子的斜撑也最少要设置2道，且要设置在两个相邻的侧面上，水平投影相互垂直。

临时斜撑与预制构件一般做成铰接，并通过预埋件进行连接。考虑到临时斜撑主要承受的是水平荷载，为充分发挥其作用，上部斜撑的支撑点距离板底的距离不宜大于板高的 2/3，且不应小于板高的 1/2。

预制构件与吊具的分离应在校准定位及临时固定措施安装完成后进行。

临时固定措施可以在不影响结构承载力、刚度及稳定性前提下分阶段拆除，对拆除方法、时间及顺序，可事先通过验算制定方案。

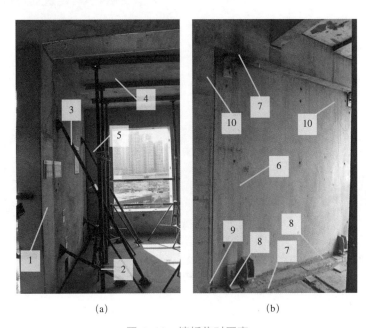

(a)   (b)

图 4-18　墙板临时固定

(a) 外墙板及楼板临时固定；　(b) 内墙板临时固定

1—预制外墙板；2—下部可调式钢管斜撑；3—上部可调式钢管斜撑；4—预制楼板；5—垂直可调式钢管支撑；
6—预制内墙板；7—现浇梁；8—墙板水平微调螺栓；9—下部固定铁件；10—上部固定铁件

4.1.3.3　预制装配式混凝土结构构件的连接

接头钢筋连接方法有钢筋套筒灌浆连接、浆锚搭接连接、焊接连接和预焊钢板焊接连接等。本任务重点介绍钢筋套筒灌浆连接、浆锚搭接连接施工，钢筋套筒灌浆连接接头和浆锚搭接接头灌浆作业是装配整体式结构工程施工质量控制的关键环节之一。

1. 钢筋套筒灌浆连接和浆锚搭接连接构造

（1）钢筋套筒灌浆连接构造：钢筋套筒灌浆连接是用球墨铸铁或钢套筒和高强灌浆料将套筒内的钢筋进行连接，其构造做法如图 4-19 所示；剪力墙安装钢筋套筒灌浆连接构造做法见图 4-20，其特点是连接可靠、施工方便，但造价较高。

（2）钢筋浆锚连接构造：钢筋搭接浆锚灌浆连接是在构件接头处预留孔（或外包内置套筒），在钢筋搭接处用高强灌浆料将其连接。其特点是造价较低，但连接可靠性较差，多用在剪力墙安装时的钢筋连接。

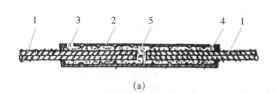
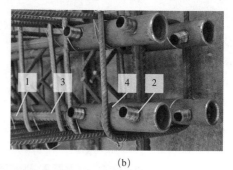

(a)　　　　　　　　　　　　　　　　(b)

图 4-19　钢筋套筒灌浆连接

（a）钢筋套筒灌浆连接构造示意图；（b）钢筋套筒灌浆连接

1—连接钢筋；2—套筒；3—灌浆孔；4—出浆孔；5—灌浆料

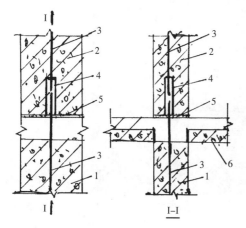
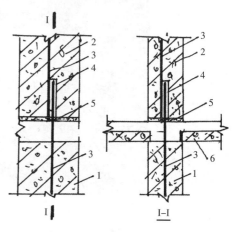

图 4-20　剪力墙安装钢筋套筒灌浆连接构造

1—已安装下部剪力墙；2—待安装上部剪力墙；3—连接钢筋；4—连接灌浆套筒；5—坐浆层；6—楼板

图 4-21　剪力墙安装钢筋搭接浆锚灌浆连接构造

1—已安装下部剪力墙；2—待安装上部剪力墙；3—连接钢筋；4—预留孔；5—坐浆层；6—楼板

剪力墙安装时连接钢筋采用浆锚搭接连接（图 4-21）时，可在下层预制剪力墙中设置竖向连接钢筋与上层预制剪力墙内的连接钢筋通过浆锚搭接连接；连接钢筋可在预制剪力墙中通长设置，或在预制剪力墙中可靠锚固。

（3）施工工艺流程

以钢筋混凝土框架结构柱安装为例，其施工工艺流程如下：

弹出构件控制线→确认连接钢筋位置→预埋高度调节螺栓→预制框架柱安装→预制框架柱垂直度调整→预制柱固定→预制柱封仓→制备灌浆料→灌浆连接→封堵出浆口→灌浆后节点保护。

（4）施工要点

钢筋套筒灌浆连接和浆锚搭接连接施工有很多相似之处，施工要点如下：

1）连接前应检查套筒、预留孔的规格、位置、数量和深度；被连接钢筋的规格、数量、位置和长度；当套筒、预留孔内有杂物时，应清理干净。

2）在预制构件就位前应对有倾斜现象的连接钢筋进行校直。连接钢筋偏离套筒或孔洞中心线不宜超过 5mm。

3）构件安装前，应清洁结合面。

4）构件底部应设置可调整接缝厚度和底部标高的垫片。预制柱安装时，下方配置的垫片不宜少于 4 处，垫片可采用正方形薄铁板，调整垂直度后，可在柱子四角加塞垫片增加稳定性；多层预制剪力墙底部采用坐浆材料时，其厚度不宜大于 20mm。

5）钢筋套筒灌浆连接接头、钢筋浆锚搭接连接接头灌浆前，应对接缝周围进行封堵，封堵措施应符合结合面承载力设计要求。

6）钢筋套筒灌浆连接接头、钢筋浆锚搭接连接接头应按检验批划分要求及时灌浆。

7）灌浆施工时，环境温度不应低于 5℃；当连接部位养护温度低于 10℃时，应采取加热保温措施。

8）灌浆料配合比应准确，搅拌应均匀，搅拌时间不宜少于 3min；搅拌后，宜静置 2min 以消除气泡；其流动度应满足规定。

9）灌浆作业应采用压浆法从下口灌注，灌浆压力应达到 1.0MPa，并由套筒下方注浆口注入。待其他套筒的出浆口或注浆口流出圆柱状浆液后对其封堵；当出现无法出浆的情况时，应立即停止灌浆作业，查明原因并及时排除障碍。

10）灌浆料拌合物应在制备后 30min 内用完。

11）后浇混凝土在施工时预制构件结合面疏松部分的混凝土应剔除并清理干净；模板应保证后浇混凝土的形状、尺寸和位置准确，并应防止漏浆；在浇筑混凝土前应洒水润湿结合面，混凝土应振捣密实。

12）连接处应采取措施保温养护不少于 7d；构件连接部位后浇混凝土及灌浆料的强度达到设计要求后，方可拆除预制构件的临时支撑并进行上部结构吊装与施工。

13）受弯叠合构件在装配施工时应根据设计要求或施工方案设置临时支撑；施工荷载宜均匀布置，并不应超过设计规定；在混凝土浇筑前，应按设计要求检查结合面的粗糙度及预制构件的外露钢筋；叠合构件应在后浇混凝土强度达到设计要求后，方可拆除临时支撑。

14）外挂墙板的连接节点及接缝构造应符合设计要求；外挂墙板是自承重构件，不能通过板缝进行传力，墙板安装完成后，应及时移除临时支承支座、墙板接缝内的传力垫块。外墙板接缝防水施工前，应将板缝空腔清理干净；应按设计要求填塞背衬材料；密封材料嵌填应饱满、密实、均匀、顺直、表面平滑，其厚度应符合设计要求。

15）施工人员应经专业培训合格后持证上岗操作，灌浆操作全过程应有专职检验人员负责旁站监督并及时形成施工质量检查记录。

2. 剪力墙钢筋焊接连接施工

（1）剪力墙钢筋焊接连接构造：剪力墙钢筋焊接连接构造做法见图 4-22。连接钢筋可在预制剪力墙中通长设置，或在预制剪力墙中可靠锚固。当下层预制剪力墙中的连接钢筋兼作吊环使用时，尚应符合现行国家有关标准的规定。

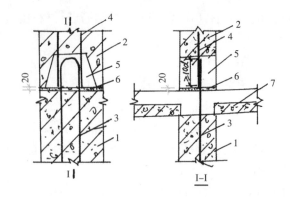

图 4-22　剪力墙钢筋焊接连接构造
1—已安装下部剪力墙；2—待安装上部剪力墙；3—下部连接钢筋；4—上部连接钢筋；
5—预留后浇细石混凝土键槽；6—坐浆层；7—楼板

（2）施工要点：

1）连接钢筋采用焊接连接时，可在下层预制剪力墙中设置竖向连接钢筋，与上层预制剪力墙底部的预留钢筋焊接连接，焊接长度不应小于 10d（d 为连接钢筋直径）。

2）连接部位预留键槽的尺寸，应满足焊接施工的空间要求。

3）预留键槽应用后浇细石混凝土填实。

3. 剪力墙预焊钢板焊接连接

（1）剪力墙预焊钢板焊接连接构造：剪力墙预焊钢板焊接连接构造做法见图 4-23。连接钢筋应在预制剪力墙中通长设置，或在预制剪力墙中可靠锚固。当下层预制剪力墙体中的连接钢筋兼作吊环使用时，尚应符合现行国家有关标准的规定。

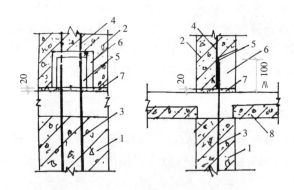

图 4-23　剪力墙预焊钢板焊接连接构造
1—已安装下部剪力墙；2—待安装上部剪力墙；3—下部连接钢筋；4—上部连接钢筋；
5—预焊钢板；6—预留后浇细石混凝土键槽；7—坐浆层；8—楼板

（2）施工要点：

1）连接钢筋采用预焊钢板焊接连接时，应在下层预制剪力墙中设置竖向连接钢筋，与在上层预制剪力墙中设置的连接钢筋底部预焊的连接用钢板焊接连接，焊接长度不应小于 10d（d 为连接钢筋直径）。

2）连接部位预留键槽的尺寸，应满足焊接施工的空间要求。

3）预留键槽应采用后浇细石混凝土填实。

4.1.4　预制装配式建筑施工质量检查与验收

4.1.4.1　预制构件质量的检查与验收

1. 主控项目

（1）预制构件的质量应符合国家现行有关标准、规范的规定和设计的要求。

检查数量：全数检查。

检验方法：检查质量证明文件或质量验收记录。

（2）专业企业生产的预制构件进场时，预制构件结构性能检验应符合下列规定：

1）梁板类简支受弯预制构件进场时应进行结构性能检验，并应符合下列规定：

a）结构性能检验应符合国家现行有关标准的有关规定及设计的要求，检验要求和试验方法应符合《混凝土结构工程施工质量验收规范》GB 50204—2015 附录 B 的规定。

b）钢筋混凝土构件和允许出现裂缝的预应力混凝土构件应进行承载力、挠度和裂缝宽度检验；不允许出现裂缝的预应力混凝土构件应进行承载力、挠度和抗裂检验。

c）对大型构件及有可靠应用经验的构件，可只进行裂缝宽度、抗裂和挠度检验。

d）对使用数量较少的构件，当能提供可靠依据时，可不进行结构性能检验。

2）对其他预制构件，除设计有专门要求外，进场时可不做结构性能检验。

3）对进场时不做结构性能检验的预制构件，应采取下列措施：

a）施工单位或监理单位代表应驻厂监督生产过程。

b）当无驻厂监督时，预制构件进场时应对其主要受力钢筋数量、规格、间距、保护层厚度及混凝土强度等进行实体检验。

检验数量：同一类型预制构件不超过 1000 个为一批，每批随机抽取 1 个构件进行结构性能检验。

检验方法：检查结构性能检验报告或实体检验报告。

注："同类型"是指同一钢种、同一混凝土强度等级、同一生产工艺和同一结构形式。抽取预制构件时，宜从设计荷载最大、受力最不利或生产数量最多的预制构件中抽取。

（3）预制构件的外观质量不应有严重缺陷，且不应有影响结构性能和安装、使用功能的尺寸偏差。

检查数量：全数检查。

检验方法：观察，尺量；检查处理记录。

（4）预制构件上的预埋件、预留插筋、预埋管线等的规格和数量以及预留孔、预留洞的数量应符合设计要求。

检查数量：全数检查。

检验方法：观察。

2. 一般项目

（1）预制构件应有标识。

检查数量：全数检查。

检验方法：观察。

（2）预制构件的外观质量不应有一般缺陷。

检查数量：全数检查。

检验方法：观察，检查处理记录。

（3）预制构件尺寸偏差及检验方法应符合表4-5的规定；设计有专门规定时，尚应符合设计要求。施工过程中临时使用的预埋件，其中心线位置允许偏差可取表4-5中规定数值的2倍。

检查数量：同一类型的构件，不超过100个为一批，每批应抽查构件数量的5%，且不应少于3个。

（4）预制构件的粗糙面的质量及键槽的数量应符合设计要求。

检查数量：全数检查。

检验方法：观察。

预制构件尺寸允许偏差及检验方法 表4-5

项目			允许偏差（mm）	检验方法
长度	楼板、梁、柱、桁架	<12m	±5	尺量
		≥12m且<18m	±10	
		≥18m	±20	
	墙板		±4	
宽度、高（厚）度	楼板、梁、柱、桁架		±5	尺量一端及中部，取其中偏差绝对值较大处
	墙板		±4	
表面平整度	楼板、梁、柱、墙板内表面		5	2m靠尺和塞尺量测
	墙板外表面		3	
侧向弯曲	楼板、梁、柱		$L/750$ 且 ≤ 20	拉线、直尺量测最大侧向弯曲处
	墙板、桁架		$L/1000$ 且 ≤ 20	
翘曲	楼板		$L/750$	调平尺在两端量测
	墙板		$L/1000$	
对角线	楼板		10	尺量两个对角线
	墙板		5	
预留孔	中心线位置		5	尺量
	孔尺寸		±5	
预留洞	中心线位置		10	尺量
	洞口尺寸、深度		±10	

续表

项目		允许偏差（mm）	检验方法
预埋件	预埋板中心线位置	5	尺量
	板与混凝土面平面高差	0，−5	
	预埋螺栓	2	
	预埋螺栓外露长度	+10，−5	
	预埋套筒、螺母中心线位置	2	
	预埋套筒、螺母与混凝土面平面高差	±5	
预留插筋	中心线位置	5	尺量
	外露长度	+10，−5	
键槽	中心线位置	5	尺量
	长度、宽度	±5	
	深度	±10	

注：1. L 为构件长度，单位为 mm；

2. 检查中心线螺栓和孔道位置偏差时，沿纵横两个方向量测，并取其中偏差较大值。

4.1.4.2　预制装配式结构安装与连接质量的检查与验收

装配式结构连接部位及叠合构件浇筑混凝土之前，应进行隐蔽工程验收。隐蔽工程验收主要内容包括：混凝土粗糙面的质量，键槽的尺寸、数量、位置；钢筋的牌号、规格、数量、位置、间距，箍筋弯钩的弯折角度及平直段长度；钢筋的连接方式、接头位置、接头数量、接头面积百分率、搭接长度、锚固方式及锚固长度；预埋件、预留管线的规格、数量、位置。

同时要求装配式结构的接缝施工质量及防水性能应符合设计要求和国家现行有关标准的规定。

1. 主控项目

（1）预制构件临时固定措施应符合施工方案的要求。

检查数量：全数检查。

检验方法：观察。

（2）钢筋采用套筒灌浆连接时，灌浆应饱满、密实，其材料及连接质量应符合国家现行行业标准《钢筋套筒灌浆连接应用技术规程》JGJ 355 的规定。

检查数量：按国家现行行业标准《钢筋套筒灌浆连接应用技术规程》JGJ 355 的规定确定。

检验方法：检查质量证明文件、灌浆记录及相关检验报告。

（3）钢筋采用焊接连接时，其接头质量应符合现行行业标准《钢筋焊接及验收规程》JGJ 18 的规定。

检查数量：按现行行业标准《钢筋焊接及验收规程》JGJ 18 的有关规定确定。

检验方法：检查质量证明文件及平行加工试件的检验报告。

（4）钢筋采用机械连接时，其接头质量应符合现行行业标准《钢筋机械连接技术规程》JGJ 107 的规定。

检查数量：按现行行业标准《钢筋机械连接技术规程》JGJ 107 的规定确定。

检验方法：检查质量证明文件、施工记录及平行加工试件的检验报告。

（5）预制构件采用焊接、螺栓连接等连接方式时，其材料性能及施工质量应符合国家现行标准《钢结构工程施工质量验收标准》GB 50205 和《钢筋焊接及验收规程》JGJ 18 的相关规定。

检查数量：按国家现行标准《钢结构工程施工质量验收标准》GB 50205 和《钢筋焊接及验收规程》JGJ 18 的规定确定。

检验方法：检查施工记录及平行加工试件的检验报告。

（6）装配式结构采用现浇混凝土连接构件时，构件连接处后浇混凝土的强度应符合设计要求。

检查数量：按相关规范的规定确定。

检验方法：检查混凝土强度试验报告。

（7）装配式结构施工后，其外观质量不应有严重缺陷，且不应有影响结构性能和安装、使用功能的尺寸偏差。

检查数量：全数检查。

检验方法：观察，量测；检查处理记录。

2. 一般项目

（1）装配式结构施工后，其外观质量不应有一般缺陷。

检查数量：全数检查。

检验方法：观察，检查处理记录。

（2）装配式结构施工后，预制构件位置、尺寸偏差及检验方法应符合设计要求；当设计无具体要求时，应符合表 4-6 的规定。预制构件与现浇结构连接部位的表面平整度应符合相关规定。

检查数量：按楼层、结构缝或施工段划分检验批。在同一检验批内，对梁、柱和独立基础，应抽查构件数量的 10%，且不应少于 3 件；对墙和板应按有代表性的自然间抽查 10%，且不应少于 3 间；对大空间结构，墙可按相邻轴线间高度 5m 左右划分检查面，板可按纵、横轴线划分检查面，抽查 10%，且均不应少于 3 面。

装配式结构构件位置和尺寸允许偏差及检验方法　　　　　表 4-6

项目		允许偏差（mm）	检验方法
构件轴线位置	竖向构件（柱、墙板、桁架）	8	经纬仪及尺量
	水平构件（梁、楼板）	5	
标高	梁、柱、墙板、楼板底面或顶面	±5	水准仪或拉线、尺量

续表

项目			允许偏差（mm）	检验方法
构件垂直度	柱、墙板安装后的高度	≤ 6m	5	经纬仪或吊线、尺量
		>6m	10	
构件倾斜度	梁、桁架		5	经纬仪或吊线、尺量
相邻构件平整度	梁、楼板底面	外露	3	2m 靠尺和塞尺量测
		不外露	5	
	柱、墙板	外露	5	
		不外露	8	
构件搁置长度	梁、板		±10	尺量
支座、支垫中心位置	板、梁、柱、墙板、桁架		10	尺量
墙板接缝宽度			±5	尺量

能力测试

（1）下列哪种不是汽车起重机的主要技术性能：（　　）

A. 最大起重量　　　　　　　B. 最小工作半径

C. 最大起升高度　　　　　　D. 最小行驶速度

（2）选择起重机的三个主要工作参数是（　　）。

A. 电机功率、起升高度、工作幅度

B. 起升高度、工作幅度、电机转速

C. 起重量、起升高度、工作幅度

D. 起升高度、工作幅度、最大幅度起重量

（3）预制构件尺寸偏差检查数量要求为：同一类型的构件，不超过 100 个为一批，每批应抽查构件数量的（　　），且不应少于 3 个。

A. 3%　　　　B. 5%　　　　C. 8%　　　　D. 10%

（4）楼板、梁、柱、桁架的宽度、高（厚）度允许偏差为（　　）mm。

A. ±3　　　　B. ±5　　　　C. ±8　　　　D. ±10

（5）墙板的宽度、高（厚）度允许偏差为（　　）mm。

A. ±3　　　　B. ±4　　　　C. ±5　　　　D. ±8

（6）装配式结构构件梁、柱、墙板、楼板底面或顶面安装标高允许偏差为（　　）mm。

A. ±3　　　　B. ±5　　　　C. ±8　　　　D. ±10

（7）装配式结构构件墙板接缝宽度允许偏差为（　　）mm。

A. ±3　　　　B. ±5　　　　C. ±8　　　　D. ±10

（8）装配式结构安装竖向构件（柱、墙板、桁架）轴线位置允许偏差为（　　）mm。

A. 3　　　　B. 5　　　　C. 8　　　　D. 10

【实践活动】

参观装配式构件生产厂，了解装配式构件的生产工艺；参观正在安装的预制装配式建筑施工现场，理解预制装配式建筑结构安装施工工艺。

项目 4.2　钢结构工程施工

【项目描述】

钢结构工程是将钢材在施工现场（或工厂）按设计要求制成钢构件并进行预拼装后，在现场安装就位形成的结构。

为了保证施工质量和安全，我们应了解钢结构构配件的制作方法，防腐与涂装的施工工艺；理解钢构件的连接方法及质量要求；理解钢结构构件的安装施工工艺、技术标准和质量要求。能参与编制钢结构施工专项方案；能参与并执行钢结构施工技术交底；能参与钢结构工程施工质量检查。

【学习支持】

钢结构工程施工相关规范

1. 《建筑工程施工质量验收统一标准》GB 50300－2013
2. 《钢结构工程施工质量验收标准》GB 50205－2020
3. 《钢结构工程施工规范》GB 50755－2012
4. 《钢结构焊接规范》GB 50661－2011
5. 《焊缝无损检测　射线检测》GB/T 3323－2019
6. 《钢结构高强度螺栓连接技术规程》JGJ 82－2011

【任务实施】

4.2.1　钢结构构件的制作

4.2.1.1　钢结构构件加工制作

1. 钢结构构（配）件加工准备工作

（1）图纸审核

施工单位接到施工图后，应组织有关加工图设计、施工人员对施工图进行审核。图纸审核的主要内容包括：设计文件是否齐全（包括设计施工图、图纸说明和设计变更通知单等）；构件的几何尺寸标注是否齐全，相关构件的尺寸是否正确；节点是否清楚，是否符合国家标准；标题栏内构件的数量是否符合工程要求；构件之间的连接形式是否合理；加工符号、焊接符号是否齐全；结合本单位的设备和技术条件考虑，能否满足图纸上的技术要求；图纸的标准是否符合国家规定等。

（2）施工详图设计

一般设计院提供的设计施工图，不能直接用来加工制作钢结构，施工单位在考虑加工工艺、公差配合、加工余量、焊接控制等因素后，在设计图和有关技术文件的基础上进行施工详图（又称加工制作图）设计，设计出的施工详图应经原设计单位确认。施工详图是实际尺寸划线、剪切、坡口加工、制孔、弯制、拼装、焊接、涂装、产品检查、堆放、发送等各项作业的技术文件。

（3）备料和核对

根据图纸材料表计算出各种材质、规格的材料净用量，再加一定数量的损耗提出材料预算计划。工程预算一般可按实际用量所需的数值再增加 10% 进行提料和备料。核对来料的规格、尺寸和重量，仔细核对材质；材料代用必须经过原设计单位同意，并出具修改设计文件。

（4）编制工艺流程

编制工艺流程的原则是：能以最快的速度、最少的劳动量和最低的费用，可靠地加工出符合设计图纸要求的产品。

工艺流程编制的内容包括：成品技术要求；关键零件的加工方法、精度要求、检查方法和检查工具；主要构件的工艺流程；工序质量标准、工艺措施（如组装次序、焊接方法等）；采用的加工设备和工艺设备。

工艺流程表（或工艺过程卡）基本内容包括零件名称、件号、材料牌号、规格、件数、工序名称和内容、所用设备和工艺装备名称及编号、工时定额等。关键零件还要标注加工尺寸和公差，重要工序要画出工序图。

（5）进行技术交底

技术交底按工程的实施阶段可分为开工前的技术交底和投料加工前进行的本厂施工人员技术交底。

◆ 开工前的技术交底

开工前的技术交底是设计单位向工程建设单位、工程监理单位、施工单位进行的设计交底。参加的人员主要有工程图纸的设计单位、工程建设单位、工程监理单位及施工（制作）单位的有关部门和相关人员。交底的主要内容有：工程概况、工程结构构件的类型和数量、图纸中关键部位的说明和要求、设计图纸的节点情况介绍、对钢材、辅料的要求和原材料对接的质量要求、工程验收的技术标准说明、交货期限、交货方式的说明、构件包装和运输要求、涂层质量要求以及其他需要说明的技术要求。

◆ 投料加工前的技术交底

投料加工前施工详图设计人员对制作单位的生产人员进行技术交底，参加的人员主要有：制作单位的技术、质量负责人，技术部门和质检部门的技术人员、质检人员，生产部门的负责人、施工员及相关工序的代表人员等。此类技术交底主要内容除上述内容外，还应增加工艺方案、工艺规程、施工要点、主要工序的控制方法、检查方法等与实际施工相关的内容。

2. 钢结构构件加工制作的工艺流程

钢结构加工制作的主要工艺流程为：制作样杆、样板→号料、画线→切割→坡口加工→开制孔→组装→焊接→摩擦面的处理→涂装与编号。

（1）样杆、样板的制作

样杆一般用薄钢板或扁钢制作，当长度较短时可用木尺杆。样板可采用厚度0.50～0.75mm的薄钢板或塑料板制作，其精度要求见表4-7。样杆、样板应注明工号、图号、零件号、数量及加工边、坡口部位、弯折线和弯折方向、孔径和滚圆半径等。制作的样杆、样板应妥善保存，直至工程结束后方可销毁。

放样和样板（样杆）的允许偏差　　　　表4-7

项目	允许偏差（mm）
平行线距离和分段尺寸	±0.5
对角线差	1.0
样板宽度、长度	±0.5
样杆长度	±1.0
样板的角度	±20′

（2）号料、画线

号料方法有集中号料法、套料法、统计计算法、余料统一号料法。号料前应先核对钢材规格、材质、批号，并应清除钢板表面油污、泥土及脏物。号料的允许偏差见表4-8。

号料的允许偏差　　　　表4-8

项目	允许偏差（mm）
零件外形尺寸	±1.0
孔距	±0.5

利用加工制作图、样杆、样板及钢卷尺进行画线。目前已有一些先进的钢结构加工厂采用程控自动画线机，其不仅效率高，而且精确、省料。画线的要领有两条：

◆ 画线作业场地要在不直接受日光及外界气温影响的室内，最好是开阔、明亮的场所。

◆ 用画针画线比用墨尺及画线绳的画线精度高。画针可用砂轮磨尖，粗细度可达0.3mm左右。画线有先画线、后画线、一般先画线及他端后画线。当进行下料部分画线时要考虑剪切余量、切削余量。

（3）切割

切割的目的就是将放样和号料的零件形状从原材料上切取出来。钢材的切割包括气割、等离子切割等方法，也可使用剪切、切削等机械力的方法。主要根据切割能力、切割精度、切剖面的质量及经济性来选择切割方法。

（4）边缘加工和端部加工

方法主要有：铲边、刨边、铣边、碳弧气刨、气割和坡口加工等。

铲边：有手工铲边和机械铲边两种。铲边后的棱角垂直误差不得超过弦长的 $1/3000$，且不得大于 2mm。

刨边：使用的设备是刨边机。刨边加工有刨直边和刨斜边两种。一般的刨边加工余量 2 ～ 4mm。

铣边：使用的设备是铣边机，铣边加工的工效高，能耗少。

碳弧气刨：使用的设备是气刨枪，其效率高，无噪声，灵活方便。

坡口加工：一般可用气体加工和机械加工，在特殊的情况下采用手动气体切割的方法，但必须进行打磨处理。

边缘加工允许偏差见表 4-9。

边缘加工允许偏差 表 4-9

项目	允许偏差
零件宽度、长度	± 1.0mm
加工边直线度	$l/3000$，且 $\leqslant 2.0$mm
相邻两边夹角	$\pm 6'$
加工面垂直度	$0.025t$，且 $\leqslant 0.5$mm
加工面表面粗糙度	$R_a \leqslant 50\mu m$

（5）制孔

在焊接结构中，难免产生焊接收缩和变形，因此在制作过程中，要把握好制孔的时间和方法。

1）制孔时间：结构在焊接时，不可避免地将会产生焊接收缩和变形，因此在制作过程中，把握好制孔时间将在很大程度上影响产品精度。一般有 4 种方案：

①在构件加工时先画上孔位，待拼装、焊接及变形矫正完成后，再画线确认进行打孔加工。

②在构件一端先进行打孔加工，待拼装、焊接及变形矫正完成后，再对另一端进行打孔加工。

③待构件焊接及变形矫正后，对端面进行精加工，然后以精加工面为基准画线、打孔。

④在画线时，考虑焊接收缩量、变形的余量、允许公差后直接进行打孔。

2）制孔方法：常用的打孔方法有机械打孔、气体开孔、钻模和板叠套钻制孔、数控钻孔 4 大类。

常用的打孔机械有电钻、风钻、立式钻床、摇臂钻床、多轴钻床、NC 开孔机等。

气体开孔是在气割喷嘴上安装一个简单的附属装置，可打出直径 130mm 的孔。

钻模和板叠套钻制孔应用夹具固定，钻套采用碳素钢或合金钢制作，热处理后钻套硬度应高于钻头硬度。钻模板上下两平面应平行，其偏差不得大于 0.2mm，钻孔套中心与钻模板平面应保持垂直，其偏差不得大于 0.15mm，整体钻模制孔的允许偏差符合有关规定。

数控钻孔是近年发展的先进钻孔方法，无需在工件上画线、打样、冲眼，整个加工过程自动进行高速数控定位和钻头行程数字控制，钻孔效率高，精度高。

（6）组装

◆ 钢结构组装的方法包括地样法、仿形复制装配法、立装法、卧装法、胎模装配法等。

◆ 拼装必须按工艺要求的次序进行，当有隐蔽焊缝时，必须先施焊，经检验合格方可覆盖。为减少变形，尽量采用小件组焊，经矫正后再大件组装。

◆ 组装的零件、部件应经检查合格，零件、部件连接接触面和沿焊缝边缘约 30～50mm 范围内的铁锈、毛刺、污垢、冰雪、油迹等应清除干净。

◆ 板材、型材的拼接应在组装前进行；构件的组装应在部件组装、焊接、矫正后进行，以便减少构件的残余应力，保证产品的制作质量。构件的隐蔽部位应提前进行涂装。

钢构件组装的允许偏差见国家现行《钢结构工程施工质量验收标准》GB 50205 的有关规定。

（7）焊接

焊接是钢结构加工制作中的关键步骤，应按有关操作规程进行。部件或构件焊接后，均因焊接而产生较大变形，应对焊接后的变形进行矫正。矫正后的钢材表面质量应符合表 4-10 的要求。

钢材矫正后的允许偏差 表 4-10

项目		允许偏差（mm）	图例
钢板的局部平整度	$t \leq 14mm$	1.5	
	$t > 14mm$	1.0	
型钢弯曲矢高		$l/1000$，且 ≤ 5.0	
角钢肢的垂直度		$b/100$，双肢栓接角钢的角度 $\Delta \leq 90°$	
槽钢翼缘对腹板的垂直度		$b/80$	

续表

项目	允许偏差（mm）	图例
工字钢、H 型钢对腹板的垂直度	$b/100$，且 ≤ 2.0	

（8）摩擦面的处理

高强度螺栓摩擦面处理后的抗滑移系数值应符合设计的要求。摩擦面的处理可采用喷砂、喷丸、酸洗、砂轮打磨等方法，一般应按设计要求进行，设计无要求时施工单位可采用适当的方法进行施工。采用砂轮打磨处理摩擦面时，打磨范围不应小于螺栓孔径的 4 倍，打磨方向应与构件受力方向垂直。高强螺栓的摩擦连接面不得涂装，高强度螺栓安装完后，应将连接板周围封闭，再进行涂装。

（9）涂装、编号

涂装前应对钢构件表面进行除锈处理，构件表面除锈方法和除锈等级应与设计采用的涂料相适应，并应符合规范的规定。涂料、涂装遍数、涂层厚度均应符合设计的要求。当设计对涂层厚度无要求时应按规范要求执行。

涂装环境温度应符合涂料产品说明书的规定，无规定时，环境温度应在 5 ~ 38℃，相对湿度不应大于 85%，构件表面无结露和油污等，涂装后 4h 内应保护免受雨淋。

施工图中注明不涂装的部位，安装焊缝处的 30 ~ 50mm 宽范围内以及高强螺栓摩擦连接面不得涂装。

构件涂装后，应按设计图纸进行编号，编号的位置应符合便于堆放、便于安装、便于检查的原则。对于大型或重要的构件还应标注重量、吊装位置和定位标记等。编号的汇总资料与运输文件、施工组织设计的文件、质检文件等统一起来，编号可在竣工验收后加以复涂。

4.2.1.2　钢结构构件的验收、运输、堆放

1. 钢结构构件的验收

钢构件加工制作完成后，应按照施工图和现行国家标准《钢结构工程施工质量验收标准》GB 50205 的规定进行验收。

2. 构件的运输

（1）大型或重型构件的运输应根据行车路线、运输车辆的性能、码头状况、运输船只的情况编制运输方案。在运输方案中要着重考虑吊装工程的堆放条件、工期要求编制构件的运输顺序。

（2）发运构件重量单件超过 3t 的，宜在易见部位用油漆标上重量及重心位置的标志，避免在装、卸车和起吊过程中损坏构件；节点板、高强螺栓连接面等重要部分要有适当的保护措施，零星的部件要按同一类别用螺栓和钢丝紧固成束或包装发运。

（3）构件运输时，应根据构件的长度、重量、断面形状选用车辆；构件在运输车辆上的支点、两端伸长的长度及绑扎方法均应保证构件不产生永久变形、不损伤涂层。构件起吊必须按设计吊点起吊。

（4）公路运输装运的高度极限 4.5m，如需通过隧道时，则高度极限 4m，构件长度超出车身不得大于 2m。

3．构件的堆放

（1）构件一般要堆放在工厂的堆放场和现场的堆放场。构件堆放场地应平整坚实，无水坑、冰层，地面平整干燥，并应排水通畅，有较好的排水设施，同时有车辆进出的回路。

（2）构件应按种类、型号、安装顺序划分区域，并插竖标志牌。构件底层垫块要有足够的支承面，不允许垫块有大的沉降量，堆放的高度应有计算依据，以最下面的构件不产生永久变形为准。

（3）在堆放中，发现有变形不合格的构件，则严格检查，进行矫正，然后再堆放。不得把不合格的变形构件堆放在合格的构件中，否则会大大地影响安装进度。

（4）对于已堆放好的构件，要派专人汇总资料，建立完善的进出厂的动态管理，严禁乱翻、乱移。同时对已堆放好的构件进行适当保护，避免风吹雨打、日晒夜露。

（5）不同类型的钢构件一般不堆放在一起。同一工程的钢构件应分类堆放在同一地区，以便装车发运。

4.2.2　钢结构构件的连接

钢结构连接是采用一定方式将各杆件连接成整体，钢结构的连接方法有焊接、普通螺栓连接、高强螺栓连接、铆接等。目前应用较多的是焊接和高强螺栓连接。

4.2.2.1　钢结构的焊接

1．常用的焊接方法

焊接是通过电弧产生的热量使焊条和焊件局部熔化后经冷却凝结成焊缝，从而将焊件连接为一个整体。焊接是钢结构主要的连接方式。

焊接的特点是不削弱构件截面，节约钢材，构造简单，制造方便，连接刚度大，密封性能好，在一定条件下易于自动化操作，生产效率高。但焊接过程中由于受到不均匀的高温和冷却，使结构产生焊接残余应力和残余应变；焊缝处显脆，塑性和韧性较差，抗疲劳强度降低。

结构构件主要的焊接方法有手工电弧焊、气体保护焊、自保护电弧焊、埋弧焊、电渣焊、等离子焊、激光焊、电子束焊、栓焊等。

钢结构常用的焊接方法是电弧焊，包括手工电弧焊、自动和半自动电弧焊以及气体保护焊等。其中的手工电弧焊是最常用的焊接方法，特点是设备简单，操作方便灵活，但劳动条件差，生产效率低，焊缝质量变异性较大，在一定程度上取决于焊工的技术水平。

2. 焊接准备工作

（1）检验焊条、垫板和引弧板。焊条型号、质量必须符合设计要求；焊条应存放在仓库内并保持干燥，焊条的药皮如有剥落、变质、污垢、受潮、生锈等均不得使用。垫板和引弧板均用低碳钢板制作，间隙过大的焊缝宜使用紫铜板处理。

（2）焊接工具、设备、电源准备。焊机型号正确且工作正常，必要的工具应配备齐全，放在设备平台上的设备排列应符合安全规定，电源线路要合理且安全可靠，要装配稳压电源，事先放好设备平台，确保能焊接到所有部位。

（3）焊条预热。为了保证焊接质量，焊接前应对焊条进行烘焙。焊接时从烘箱内取出焊条，放在具有 120℃ 手提式保温桶内带到焊接部位，随用随取，在 4h 内用完，超时则必须重新烘焙，严禁使用湿焊条。

（4）焊缝剖口检查。电焊前应对坡口组装的质量进行检查，若误差超过允许范围，则应返修后再焊接。同时对坡口进行清理，去除对焊接有影响的水分、油污、锈迹等。

（5）气象条件。气象条件对焊接质量有较大影响。当作业环境温度低于 −10℃，焊接作业区的相对湿度大于 90%，采用手工电弧焊和自保护药芯焊丝电弧焊时，焊接作业区最大风速超过 8m/s，应停止焊接作业；采用气体保护电弧焊时，焊接作业区最大风速超过 2m/s 时应停止焊接作业。必须进行焊接时，应编制专项方案。

（6）焊接顺序。钢结构焊接顺序的正确与否对焊接质量很重要。一般应从中心向四周扩展，采用结构对称、节点对称的焊接顺序。

3. 焊接应力和焊接变形

（1）产生焊接应力及变形的原因

焊接过程对焊件进行了局部的、不均匀的加热是产生焊接应力和变形的主要原因。应力和变形是随时间而改变的。当焊件温度降至常温时，残存于焊件中的应力称为焊接残余应力，残留的变形称为焊接残余变形。

（2）焊接变形的类型及影响因素

1）焊接变形的类型：焊接变形可分为线性缩短、角变形、弯曲变形、扭曲变形、波浪形失稳变形等类型，如图 4-24 所示。

①线性缩短是指焊件收缩引起的长度缩短和宽度变窄的变形，分为纵向缩短和横向缩短。

②角变形是由于焊缝截面形状在厚度方向上不对称所引起的在厚度方向上产生的变形。

③弯曲变形由于焊缝的纵向和横向收缩相对于构件的中性轴不对称，引起构件的整体弯曲。

④波浪形失稳变形：大面积薄板拼焊时，在内应力作用下产生失稳而使板面产生翘曲成为波浪形变形。

⑤扭曲变形是焊后构件的角变形沿构件纵轴方向数值不同及构件翼缘与腹板的纵向收缩不一致，综合而形成的变形。扭曲变形一旦产生则难以矫正。其主要是由于装配质量不好，工件搁置不正，焊接顺序和方向安排不当造成的，在施工中要特别注意。

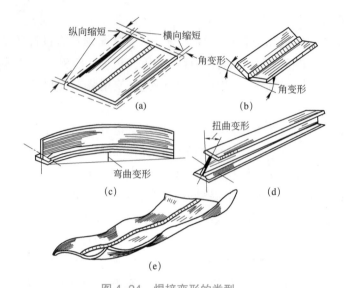

图 4-24　焊接变形的类型

(a) 线性缩短；　(b) 角变形；　(c) 弯曲变形；　(d) 扭曲变形；　(e) 波浪形失稳变形

2）焊接残余变形量的主要影响因素

①焊缝截面积的影响：焊缝面积越大，冷却时引起的塑性变形量越大。焊缝面积对纵向、横向及角变形的影响趋势是一致的，是引起焊接残余变形的主要影响因素。

②焊接热输入的影响：一般情况下，热输入越大时，加热的高温区范围越大，冷却速度越慢，使接头塑性变形区增大。对纵向、横向及角变形都有变形增大的影响。

③工件的预热、层间温度影响：预热、层间温度越高，相当于热输入增大，使冷却速度变慢，收缩变形增大。

④焊接方法的影响：各种焊接方法的热输入差别较大，在其他条件相同情况下，收缩变形值不同。

⑤接头形式的影响：焊接热输入、焊缝截面积、焊接方法等因素条件相同时，不同的接头形式对纵向、横向及角变形量有不同的影响。

⑥焊接层数的影响

横向收缩：在对接接头多层焊时，第 1 道焊缝的横向收缩符合对接焊的一般条件和变形规律，第 1 层以后相当于无间隙对接焊，接近于盖面焊道时，与堆焊的条件和变形规律相似，因此收缩变形相对较小；纵向变形：多层焊时的纵向收缩变形比单层焊时小得多，而且焊的层数越多，纵向变形越小。

4.焊接残余应力和变形的控制

在钢结构设计和施工时，不仅要考虑到强度、稳定性、经济性，而且必须要考虑焊缝的设置和焊接残余应力与变形的控制，常用的措施有：

（1）在保证结构具有足够强度的前提下，尽量减少焊缝的尺寸和长度，合理选取坡口形状，避免集中设置焊缝。

（2）尽量对称布置焊缝，将焊缝安排在近中心区域，如近中性轴、焊缝中心、焊缝塑性变形区中心。

（3）在钢结构施焊中采用夹具以减少焊接变形的可能性。

5. 焊接施工工艺

（1）施焊电源的电压波动值应在 ±5% 范围内，超过时应增设专用变压器或稳压装置。

（2）根据焊接工艺评定编制工艺指导书，焊接过程中应严格执行。

（3）对接接头、T 形接头、角接接头、十字接头等对接焊缝及组合焊缝应在焊缝的两端设置引弧和引出板；其材料和坡口形式应与焊件相同。

引弧和引出的焊缝长度：埋弧焊应大于 80mm，手弧焊及气体保护焊应大于 25mm。焊接完毕应采用气割切除引弧和引出板，不得用锤击落，并修磨平整。

（4）角焊缝转角处宜连续绕角施焊，起落弧点距焊缝端部宜大于 10mm；角焊缝端部不设引弧和引出板的连续焊缝，起落弧点距焊缝端部宜大于 10mm，弧坑应填满。

（5）不得在焊道以外的母材表面引弧、熄弧。在吊车梁、吊车桁架及设计上有特殊要求的重要受力构件的承受拉应力区域内，不得焊接临时支架、卡具及吊环等。

（6）多层焊接宜连续施焊，每一层焊道焊完后应及时清理并检查，如发现焊接缺陷应清除后再施焊，焊道层间接头应平缓过渡并错开。

（7）焊缝同一部位返修次数不宜超过 2 次，超过 2 次时，应经焊接技术负责人核准后再进行。

（8）焊缝坡口和间隙超差时，不得采用填加金属块或焊条的方法处理。

（9）对接和 T 形接头要求熔透的组合焊缝，当采用手弧焊封底，自动焊盖面时，反面应进行清根。

（10）T 形接头要求熔透的组合焊缝，应采用船形埋弧焊或双丝埋弧自动焊，宜选用直流电流；厚度 $t<5$mm 的薄壁构件宜采用二氧化碳气体保护焊，厚度 $t>5$mm 板的对接立焊缝宜采用电渣焊。

（11）栓钉焊接前应用角向磨光机对焊接部位进行打磨，焊接后焊处未完全冷却之前，不得打碎瓷环。栓钉的穿透焊应使压型钢板与钢梁上翼缘紧密相贴，其间隙不得大于 1mm。

（12）轨道间采用手弧焊焊接时应符合下列规定：轨道焊接宜采用厚度大于等于 12mm，宽大于等于 100mm 的紫铜板弯制成与轨道外形相吻合的垫模，焊接的顺序由下向上，先焊轨底，后焊轨腰、轨头，最后修补四周；施焊轨底的第 1 层焊道时电流应稍大些以保证焊透和便于排渣。每层焊完后要清理，前后两层焊道的施焊方向应相反；采取预热、保温和缓冷措施，预热温度为 200 ~ 300℃，保温可采用石棉灰等。焊条选用氢型焊条。

（13）当压轨器的轨板与吊车梁采用焊接时，应采用小直径焊条，小电流跳焊法施焊。

（14）柱与柱、柱与梁的焊接接头，当采用大间隙加垫板的接头形式时，第 1 层焊道应熔透。

（15）焊接前预热及层间温度控制，宜采用测温器具测量（点温计、热电偶温度计等）。预热区在焊道两侧，其宽度应各为焊件厚度的 2 倍以上，且不少于 100mm，环境温度低于 0℃时，预热温度应通过工艺试验确定。

（16）焊接 H 型钢，其翼缘板和腹板应采用半自动或自动气割机进行切割，翼缘板只允许在长度方向拼接；腹板在长度和宽度方向均可拼接，拼接缝可为十字形或 T 形，翼缘板的拼接缝与腹板错开 200mm 以上，拼接焊接应在 H 型钢组装前进行。

（17）对需要进行后热处理的焊缝，应在焊接后钢材没有完全冷却时立即进行，后热温度为 200 ~ 300℃，保温时间可按板厚每 30mm 1h 计，但不得少于 2h。

（18）下雪或下雨时不得露天施焊，构件焊区表面潮湿或冰雪没有清除前不得施焊，风速 ≥ 8m/s（CO_2 保护焊风速 > 2m/s）时应采取挡风措施，操作焊工应有焊工上岗证。

6. 焊接的质量检验

焊缝质量分三级，其检查项目、数量及方法如表 4-11 所示。《钢结构焊接规范》GB 50661-2011 规定了钢结构焊接接头的焊缝外形尺寸。焊缝外观质量标准见表 4-12；对接焊缝尺寸允许偏差见表 4-13；角焊缝外形尺寸允许偏差见表 4-14。

焊缝质量检验级别 表 4-11

级别	检验项目	检查数量	检查方法
1	外观检查	全部	检查外观缺陷及几何尺寸，用磁粉复检
	超声波检验	全部	
	X 射线检验		缺陷超过《超声波探伤和射线检验质量标准》规定时，就加倍透照，如不合格，应 100% 透照
2	外观检查	全部	检查外观缺陷及几何尺寸
	超声波检验		有疑点时，用 X 射线透照复检，如发现有超标缺陷，应用超声波全部检验
3	外观检查	全部	检查外观缺陷及几何尺寸

焊缝外观质量标准 表 4-12

检验项目	允许偏差		
质量等级	一级	二级	三级
裂纹		不允许	
未焊满	不允许	≤ 0.2mm+0.02t，且 ≤ 1.0mm，每 100mm 焊缝内未焊满累计长 ≤ 25.0mm	≤ 0.2mm+0.04t，且 ≤ 2.0mm，每 100mm 焊缝内未焊满累计长 ≤ 25.0mm
根部收缩	不允许	≤ 0.2mm+0.02t，且 ≤ 1.0mm，长度不限	≤ 0.2mm+0.04t，且 ≤ 2.0mm
咬边	不允许	深度 ≤ 0.05t，且 ≤ 0.5mm，连续长度 ≤ 100mm，且焊缝两侧咬边总长 ≤ 10% 焊缝全长	深度 ≤ 0.1t，且 ≤ 1.0mm，长度不限
电弧擦伤		不允许	允许存在个别电弧擦伤
接头不良	不允许	缺口深度 0.05t，且 ≤ 0.5mm，每 100mm 焊缝内不得超过一处	缺口深度 0.1t，且 ≤ 1mm，每 100mm 焊缝内不得超过一处
表面气孔		不允许	每 50mm 长度焊缝内允许存在直径 ≤ 0.4t，且 ≤ 3.0mm 的气孔 2 个，孔距 ≥ 6 倍孔径
表面夹渣		不允许	深 ≤ 0.2t；长 ≤ 0.5t，且 ≤ 2.0mm

注：t 为母材厚度。

对接焊缝尺寸允许偏差 表 4-13

项目	图例	允许偏差（mm）	
		一、二级	三级
对接焊缝余高 C		$B<20$，C 为 $0\sim3.0$ $B\geqslant20$，C 为 $0\sim4.0$	$B<20$，C 为 $0\sim4.0$ $B\geqslant20$，C 为 $0\sim5.0$
对接焊缝错边 d		$d<0.1t$ 且 $\leqslant2.0$	$d<0.15t$ 且 $\leqslant3.0$

角焊缝外形尺寸允许偏差 表 4-14

项目	图例	允许偏差（mm）
角焊缝余高 C		$h_f\leqslant6$ 时，C 为 $0\sim1.5$ $h_f>6$ 时，C 为 $0\sim3.0$

（1）外观检查。普通钢结构在焊完冷却后进行外观检查，低合金钢在 24h 后进行。焊缝金属表面焊波应均匀，不得有裂缝、夹渣、焊瘤、烧穿、弧坑和气孔。

（2）无损伤检验。无损伤检验包括 X 射线检验和超声波检验两种。X 射线检验焊缝缺陷分两级，应符合《超声波和射线检验质量标准》的规定。检验方法按照《焊缝无损检测　射线检测》GB/T 3323-2019 进行。

4.2.2.2　钢结构的螺栓连接

钢结构构件的螺栓连接主要有普通螺栓连接和高强螺栓连接。

1. 普通螺栓连接

钢结构普通螺栓连接即将普通螺栓、螺母、垫圈机械地与连接件连接在一起的连接方式。

（1）普通螺栓的组成

普通螺栓由螺栓、螺母、垫圈组成。

◆　普通螺栓的规格

普通螺栓按照形式可分为六角头螺栓、双头螺栓、沿头螺栓等；按制作精度可分为 A、B、C 三个等级，A、B 级为精制螺栓，C 级为粗制螺栓，钢结构用连接螺栓，一般即为普通粗制 C 级螺栓。

◆　螺母

钢结构常用的螺母其公称高度 h 应大于或等于 0.8D（D 为与之相匹配的螺栓直径）。当螺母拧紧到螺栓保证荷载时，不能发生螺纹脱扣。螺母的机械性能主要是螺母的保证应力和硬度，其值应符合相关规范规定。

◆ 垫圈

常用的垫圈按形状及其使用功能分为：圆平垫圈、方形垫圈、斜垫圈、弹簧垫圈。

（2）普通螺栓的施工

1）一般要求

普通螺栓作为永久性连接螺栓时，应符合下列要求：

①对一般的螺栓连接，螺栓头和螺母下面应放置平垫圈，以增大承压面积。

②螺栓头下面放置的垫圈一般不应多于 2 个，螺母头下的垫圈一般不应多于 1 个。

③对于设计有防松动要求的螺栓、锚固螺栓应采用有防松装置的螺母或弹簧垫圈，或用人工方法采取防松措施。

④对于承受动荷载或重要部位的螺栓连接，应按设计要求放置弹簧垫圈，弹簧垫圈必须设置在螺母一侧。

⑤对于工字钢、槽钢类型应尽量使用斜垫圈，使螺母和螺栓头部的支承面垂直于螺杆。

2）螺栓直径和长度的选择

①螺栓直径的确定由设计人员按等强度原则计算确定。

②螺栓长度指螺栓螺头内侧面到螺杆端头的长度，一般以 5mm 进制。影响螺栓长度的因素主要有：被连接件厚度、螺母高度、垫圈的数量及厚度等。

3）螺栓布置

螺栓连接中螺栓的排列布置主要有并列和交错排列，螺栓间的间距确定既要考虑连接效果，又要考虑螺栓的施工。

4）螺栓紧固

普通螺栓连接对螺栓的紧固力没有要求，因此普通螺栓的紧固施工是以操作工的手感及连接接头的外形控制为准，保证被连接接触面能密贴，无明显间隙。为使连接接头中螺栓受力均匀，螺栓的紧固次序应从中间开始，对称向两端进行。对大型接头应采用复拧，即两次紧固方法，保证接头内各个螺栓能均匀受力。

5）螺栓连接检验

普通螺栓连接紧固检验一般采用锤击法，即用 0.3kg 小锤，一手扶螺栓（或螺母）头，另一手用锤敲击，如螺栓头（螺母）不偏移、不颤动、不转动，锤声比较干脆，说明螺栓紧固质量良好；否则需重新紧固。永久性普通螺栓紧固应牢固、可靠，外露丝扣不应少于 2 扣。检查数量：按连接点数抽查 10%，且不应少于 3 个。

2. 高强度螺栓连接

（1）高强度螺栓的类型

高强度螺栓连接已成为与焊接并举的钢结构主要连接形式之一，按其受力状况可分为摩擦型、摩擦 - 承压型、承压型等类型，其中摩擦型连接是目前建筑钢结构和桥梁钢结构中广泛采用的连接形式。

高强度螺栓从外形上可分为大六角头高强度螺栓和抗剪型高强度螺栓两类。按性能等级分为 8.8 级、10.9 级、12.9 级，目前我国使用的大六角头高强度螺栓有 8.8 级和

10.9 级两种，扭剪型高强度螺栓只有 10.9 级一种，其连接副如图 4-25 所示。

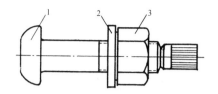

图 4-25　高强度螺栓连接副
1—螺栓；2—垫圈；3—螺母

（2）高强度螺栓连接施工的一般规定

◆　高强度螺栓连接副应有质量保证书，由制造厂按批配套供货。

◆　高强度螺栓连接施工前，应对连接副和连接件进行检查和复验，合格后再进行施工。

◆　高强度螺栓连接安装时，在每个节点上应穿入的临时螺栓和冲钉数量，由安装时可能承担的荷载计算确定。应符合不得少于安装总数的 1/3；不得少于 2 个临时螺栓；冲钉穿入数量不宜多于临时螺栓的 30%。

◆　不得用高强度螺栓兼做临时螺栓，以防损伤螺纹。

◆　高强度螺栓的安装应能自由穿入，严禁强行穿入。如不能自由穿入时，应用铰刀进行修整，修整后的孔径应小于 1.2 倍螺栓直径。

◆　高强度螺栓的安装应在结构构件中心位置调整后进行。其穿入方向应以施工方便为准，并力求一致。安装时注意垫圈的正反面。

◆　高强度螺栓孔应采取钻孔成形的方法。孔边应无飞边和毛刺。螺栓孔径应符合设计要求。孔径允许偏差见表 4-15。

◆　高强度螺栓连接构件螺栓孔的孔距及边距应符合表 4-16 要求，还应考虑专用施工机具的可操作空间。

◆　高强度螺栓连接构件的孔距允许偏差应符合表 4-17 的规定。

高强度螺栓连接构件制孔允许偏差　　　　　　　　　　　表 4-15

名　称		直径及允许偏差（mm）						
螺栓	直　径	12	16	20	22	24	27	30
	允许偏差	±0.43		±0.52			±0.84	
螺栓孔	直　径	13.5	17.5	22	(24)	26	(30)	33
	允许偏差	+0.43 0		+0.52 0			+0.84 0	
圆度（最大和最小直径之差）		1.00		1.50				
中心线倾斜度		应不大于板厚的 3%，且单层板不得大于 2.0mm，多层板叠组合不得大于 3.0mm						

高强度螺栓的孔距和边距值表　　　　　　表 4-16

名称	位置和方向		最大值（取两者的较小值）	最小值
中心间距	外排		$8d_0$ 或 $12t$	$3d_0$
	中间排	构件受压力	$12d_0$ 或 $18t$	
		构件受拉力	$16d_0$ 或 $24t$	
中心至构件边缘的距离	顺内力方向			$2d_0$
	垂直内力方向	切割边	$4d_0$ 或 $8t$	$1.5d_0$
		轧制边		$1.5d_0$

注：1. d_0 为高强度螺栓的孔径，t 为外层较薄板件的厚度；

　　2. 钢板边缘与刚性构件（如角钢、槽钢等）相连的高强度螺栓的最大间距，可按中间排数值采用。

高强度螺栓连接构件的孔距允许偏差　　　　　　表 4-17

项次	项目		螺栓孔距（mm）			
			<500	500～1200	1200～3000	>3000
1	同一组内任意两孔间	允许偏差	±1.0	±1.2	—	—
2	相邻两组的端孔间		±1.2	±1.5	+2.0	±3.0

注：孔的分组规定：

　　1. 在节点中连接板与 1 根杆件相连的所有连接孔划为 1 组；

　　2. 接头处的孔：通用接头半个拼接板上的孔为 1 组；

　　3. 在两相邻节点或接头间的连接孔为 1 组，但不包括第 1、2 条所指的孔；

　　4. 受弯构件翼缘上，每 1m 长度内的孔为 1 组。

（3）大六角头高强度螺栓连接施工

大六角头高强度螺栓连接施工一般采用的紧固方法有扭矩法和转角法。

扭矩法施工时，一般先用普通扳手进行初拧，初拧扭矩可取施工扭矩的 50% 左右，其目的是使连接件密贴。在实际操作中，可以让一个操作工使用普通扳手拧紧即可，然后使用扭矩扳手，按施工扭矩值进行终拧。对于较大的连接接点，可以按初拧、复拧及终拧的次序进行，复拧扭矩等于初拧扭矩。一般拧紧的顺序从中间向两边或四周进行。初拧和终拧的螺栓均应做不同的标记，避免漏拧、超拧发生，且便于检查。

转角法是用控制螺栓应变即控制螺母的转角来获得规定的预拉力，因不需专用扳手，故简单有效。终拧角度可预先测定。高强度螺栓转角法施工分初拧和终拧两步（必要时可增加复拧），初拧的目的是为消除板缝影响，给终拧创造一个大体一致的基础。初拧扭矩一般取终拧扭矩的 50% 为宜，原则是以板缝密贴为准。转角法施工如图 4-26 所示。

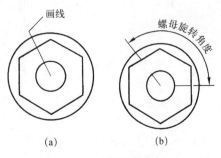

图 4-26　转角法施工

（4）扭剪型高强度螺栓连接施工

扭剪型高强度螺栓施工相对于大六角头高强度螺栓连接施工简单。它是采用专用的电动扳手进行终拧，梅花头拧掉则终拧结束。

扭剪型高强度螺栓的拧紧可分为初拧、终拧，对于大型节点分为初拧、复拧、终拧。初拧采用手动扳手或专用定矩电动扳手，初拧值为预拉力标准值的 50% 左右。复拧扭矩等于初拧扭矩值。初拧或复拧后的高强度螺栓应用颜色在螺母上涂上标记。然后用专用电动扳手进行终拧，直至拧掉螺栓尾部梅花头，读出预拉力值，如图 4-27 所示。

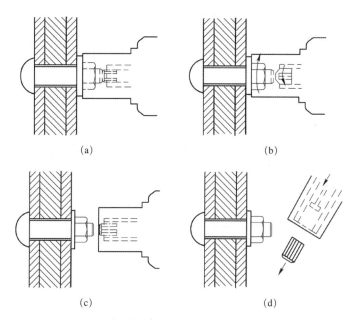

(a)　　　　　　　　　　　　　　　(b)

(c)　　　　　　　　　　　　　　　(d)

图 4-27　扭剪型高强度螺栓连接副终拧示意图

（5）高强度螺栓连接副的施工质量检查与验收

高强度螺栓施工质量应有下列原始检查验收记录：高强度螺栓连接副复验数据、抗滑移系数试验数据、初拧扭矩、终拧扭矩、扭矩扳手检查数据和施工质量检查验收记录等。

对大六角头高强度螺栓应进行如下检查：

◆　用小锤（0.3kg）敲击法对高强度螺栓进行检查，以防漏拧。

◆　终拧完成 1h 后，48h 内应进行终拧扭矩检查。按节点数抽查 10%，且不应少于 10 个；每个被抽查节点按螺栓数抽查 10%，且不应少于 2 个。检查时在螺尾端头和螺母相对位置划线，然后将螺母退回 60° 左右，再用扭矩扳手重新拧紧，使两线重合，测得此时的扭矩值与施工扭矩值的偏差在 10% 以内为合格。

对扭剪型高强度螺栓连接副终拧后检查以目测尾部梅花头拧掉为合格。对于因构造原因不能在终拧中拧掉梅花头的螺栓数不应大于该节点螺栓数的 5%，并应按大六角头高强度螺栓规定进行终拧扭矩检查。

4.2.3 钢结构的防腐与涂装施工

钢结构工程受工作环境中的酸雨介质或温度、湿度的作用可能使钢结构产生不同的物理和化学作用而受到腐蚀破坏，严重的将影响其强度、安全性和使用年限，为了减轻并防止钢结构的腐蚀，目前国内外主要采用涂装方法进行防腐。

4.2.3.1 防腐涂料的类型

涂料是一种含油或不含油的胶体溶液，将它涂敷在钢结构构件的表面，可结成涂膜以防钢结构构件被锈蚀。涂料按其基料中的成膜物质分为 17 类，施工中按其作用及先后顺序分为底涂料和饰面涂料 2 种。钢结构构件防腐涂料的种类、性能指标应符合设计要求和现行国家技术标准的规定。

1. 底涂料：含粉料多，基料少，成膜粗糙，与钢材表面粘结力强，并与饰面涂料结合好。

2. 饰面涂料：含粉料少，基料多，成膜后有光泽。主要功能是保护下层的防腐涂料。所以，饰面涂料应对大气和湿度有高度的抗渗透性，并能抵抗由风化引起的物理、化学分解。目前的饰面涂料多采用合成树脂来提高涂层的抗风化性能。

各类涂料及其配用的防腐涂料、罩面涂料的主要质量指标有：涂膜颜色和外观、黏度、细度、干燥时间、附着力、耐水性、耐磨性、耐汽油性。

4.2.3.2 钢结构涂装前的表面处理

钢结构涂装施工工艺：刷防锈漆→局部刮腻子→涂装施工→漆膜质量检查。

涂装前钢材表面的处理是保证涂料防腐效果和钢构件使用寿命的关键。因此，涂装前不但要除去钢材表面的污垢、油脂、铁锈、氧化皮、焊渣和已失效的旧漆膜，还要使钢材表面形成一定的粗糙度。

结构的防腐与除锈采用的工艺、技术要求及质量控制，应符合以下要求。

1. 钢结构的除锈是构件在施涂之前的一道关键工序，除锈干净可提高底防锈涂料的附着力，确保构件的防腐质量。

（1）除锈及施涂工序要协调一致。金属表面经除锈处理后应及时施涂防锈涂料，一般应在 6h 以内施涂完毕。如金属表面经磷化处理，需经确认钢材表面生成稳定的磷化膜后，方可施涂防腐涂料。

（2）施工现场拼装的零部件，在下料切割及矫正之后，均可进行除锈；并应严格控制施涂防锈涂料的涂层。

对于拼装的组合（包括拼合和箱合空间构件）零件，在组装前应对其内表面进行除锈并施涂防腐涂料。

（3）拼装后的钢结构构件，经质量检查合格后，除安装连接部位不准涂刷涂料外，其余部位均应进行除锈和施涂。

2. 钢材表面除锈处理方法

钢材表面除锈方法有：手工除锈、动力工具除锈、喷射或抛射除锈、酸洗除锈等。

（1）手工除锈

金属表面的铁锈采用钢丝刷、钢丝布或粗砂布擦拭，直到露出金属本色，再用棉纱擦净。该方法施工简单，较经济，但效率低，除锈质量差，只有在其他方法不宜使用时才采用，可以在小构件和复杂外形构件上进行处理。

（2）动力工具除锈

动力工具除锈是利用压缩空气或电能为动力，使除锈工具产生圆周式或往复式运动，产生摩擦或冲击来清除铁锈或氧化铁皮等。该方法除锈效率和质量均高于手工除锈，是目前常用的除锈方法。常用工具有气动砂磨机、电动砂磨机、风动打锈锤、风动钢丝刷、风动气铲等。

（3）喷射除锈

喷射除锈是利用经过油、水分离处理过的压缩空气将磨料带入并通过喷嘴以高速喷向钢材表面，靠磨料的冲击和摩擦力将氧化铁皮、铁锈、污物等除掉，同时使表面获得一定的粗糙度。该方法效率高、质量好，但费用较高。目前工业发达国家，广泛采用该法。喷射除锈分干喷射法和湿喷射法两种，湿法比干法工作条件好，粉尘少，但易出现返锈现象。

（4）抛射除锈

抛射除锈是利用抛射机叶轮中心吸入磨料和叶尖抛射磨料的作用，使磨料以高速的冲击和摩擦除去钢材表面的铁锈及氧化铁皮等污物。该方法劳动强度比喷射方法低，对环境污染程度轻，且费用也比喷射方法低，但扰动性差，磨料选择不当，易使被抛件变形。

（5）酸洗除锈

酸洗除锈也称化学除锈，是把金属构件浸入酸洗液中一定时间后，通过化学反应，使金属氧化物溶解从而除去钢材表面的氧化物及铁锈。该方法除锈质量好，与喷射除锈质量相当，但没有喷射除锈的粗糙度，在施工过程中酸雾对人和建筑物有害。

3. 钢结构防腐的除锈等级

钢结构防腐的除锈等级应符合设计要求或表 4–18 的规定。

钢结构防腐的除锈最低等级　　　　　　　　　　　　　　　表 4–18

涂料品种	除锈最低等级
油性酚醛、醇酸等底漆或防锈漆	St2
高氯化聚乙烯、氯化橡胶、氯磺化聚乙烯、环氧树脂、聚氨酯等底漆或防锈漆	Sa2
无机富锌、有机硅、过氯乙烯等底漆	Sa2.5

4.2.3.3　钢结构涂装施工

涂装施工前，钢结构制作、安装、校正已完成并验收合格。

涂装施工环境应通风良好、清洁和干燥，施工环境温度一般宜为 5 ~ 38℃，具体应按涂料产品说明书的规定执行；施工环境相对湿度宜不大于 85%；钢材表面的温度应高于空气露点温度3℃以上，且钢材表面温度不应超过40℃。

1. 施涂施工方法

涂装施工方法有刷涂法、滚涂法、浸涂法、空气喷涂法、无气喷涂法、粉末涂装法。

（1）刷涂法

刷涂法是一种传统施工方法，它具有工具简单、施工方法简单、施工费用少、易于掌握、适应性强、节约涂料和溶剂等优点。但其劳动强度大、生产效率低、施工质量取决于操作者的技能等。刷涂法操作基本要点为：

◆ 一般采用直握漆刷方法涂刷；

◆ 涂刷时每次应蘸少量涂料（宜为毛长的1/3 ~ 1/2）；

◆ 对干燥较慢涂料应多道涂刷。对干燥较快涂料应按一定顺序快速连续涂刷，不易反复涂刷；

◆ 刷涂顺序一般遵循自上而下、从左到右、先里后外、先斜后直、先难后易的原则；

◆ 最后一道涂料刷涂走向：刷垂直表面时应自上而下进行，刷水平表面时应按光线照射方向进行。

（2）滚涂法

滚涂法是用多孔吸附材料制成的滚子进行涂料施工的方法。该方法施工用具简单，操作方便，施工效率高，但劳动强度大，生产效率较低。只适合用于较大面积的构件。滚涂法操作基本要点有：

◆ 涂料宜倒入装有滚涂板的容器内，将滚子一半浸入涂料中，然后在滚涂板上滚涂几次，使滚子浸料均匀，压掉多余涂料；

◆ 把滚子按W形轻轻地滚动，将涂料大致涂布在构件上，然后滚子上下密集滚动，将涂料均匀分布开，最后使滚子按一定的方向滚平表面并修饰；

◆ 滚动时初始用力要轻，以防流淌，随后逐渐用力使涂层均匀。

（3）浸涂法

浸涂法是将被涂物放入漆槽内浸渍，经过一段时间后取出，滴净多余涂料再晾干或烘干。其优点是效率高，操作简单，涂料损失少。其适用于形状复杂构件及烘烤型涂料。浸涂法操作时应注意：

◆ 为防止溶剂挥发和灰尘落入漆槽内，不作业时漆槽应加盖；

◆ 作业过程中应严格控制好涂料黏度；

◆ 浸涂槽厂房内应安装排风设备并做好防火工作。

（4）空气喷涂法

空气喷涂法是利用压缩空气的气流将涂料带入喷枪，经喷嘴吹散成雾状，并喷涂到物体表面上的涂装方法。其优点是可获得均匀、光滑的漆膜，施工效率高；缺点是消耗溶剂量大，污染现场，对施工人员有毒害。空气喷涂法操作时应注意：

◆ 在进行喷涂时，将喷枪调整到适当程度，以保证喷涂质量；

◆ 喷涂过程中控制喷涂距离；

◆ 注意喷枪维护，保证正常使用。

（5）无气喷涂法

无气喷涂法是利用特殊的液压泵，将涂料增至高压，当涂料经喷嘴喷出时，高速分散在被涂物表面上形成漆膜。其优点是喷涂效率高，对涂料适应性强，能获得厚涂层。缺点是如要改变喷雾幅度和喷出量必须更换喷嘴，也会损失涂料，对环境有一定污染。无气喷涂法操作时应注意：

◆ 使用前检查高压系统各固定螺母和管路接头；
◆ 涂料应过滤后才能使用；
◆ 喷涂过程中注意补充涂料，吸入管不得移出液面；
◆ 喷涂过程中防止发生意外事故。

2. 涂膜的遍数及厚度

涂装遍数、涂层厚度均应符合设计要求。当设计对涂层厚度无要求时，涂层干漆膜总厚度应为：室外 150μm，室内 125μm；其允许偏差为 −25μm。每遍涂层干漆膜厚度的合格质量偏差为 −5μm。抽查数量按构件数抽查 10%。且同类构件不应少于 3 件。

3. 钢结构防火涂料涂装施工

钢结构防火涂料按所用粘结剂的不同分为有机类、无机类；钢结构防火涂料按涂层的厚度分为薄涂型（厚度一般 2 ～ 7mm）、厚涂型（厚度一般 8 ～ 50mm）两类；按施工环境不同分为室内、露天两类；按涂层受热后的状态分为膨胀型和非膨胀型两类。

选用的防火涂料应符合国家有关标准的规定；钢结构防火涂料的生产厂家、检验机构、涂装施工单位均应具有相应的资质，并通过公安消防部门的认证。

防火涂料中的底层和面层涂料应相互配套，且底层涂料不得腐蚀钢材。涂料施工及涂层干燥前，环境温度宜在 5 ～ 38℃，相对湿度不宜大于 90%。当风速大于 5m/s、雨天和构件表面有结露时，不宜施工。

钢结构防火涂料施工前应搅拌均匀。双组分涂料应按说明书规定的配比配制，随用随配。配制的涂料应在规定的时间内用完。

（1）薄涂型钢结构防火涂料施工

底层涂料宜喷涂；面层涂料可采用刷涂、喷涂或滚涂；局部修补及小面积施工可采用抹灰刀等工具手工抹涂。

底层涂料一般喷 2 ～ 3 遍，每遍间隔 4 ～ 24h，待前遍干燥后再喷后 1 遍，2、3 遍每遍喷涂厚度不宜超过 2.5mm；底层涂料厚度应符合设计规定，基本干燥后施工面层，面层涂料一般涂饰 1 ～ 2 遍，头遍从左至右，第 2 遍则从右至左，保证全部覆盖底涂层。喷涂时，喷枪要稳，喷嘴与构件宜垂直，喷口距构件宜为 400 ～ 600mm。涂层应厚薄均匀，不漏喷、不流淌，接槎平整，颜色均匀一致。喷涂过程中宜随时检测涂层厚度，保证达到实际规定要求。

（2）厚涂型钢结构防火涂料施工

厚涂型钢结构防火涂料一般采用喷涂施工。

喷涂应分几遍完成，第 1 遍以盖住钢结构表面即可，以后每遍喷涂厚度为 5 ～ 10mm。

必须在前遍干燥（或固化）后进行下一遍施工。喷涂保护方式、喷涂遍数与涂层厚度应根据设计要求确定。施工过程中应随时检测涂层厚度，直至符合设计厚度方可停止施工。

4. 检查与验收

喷完 1 个建筑层经自检合格后，将施工记录送交总包，由总包、分包、甲方（监理）联合核查。用带刻度的钢针抽查厚度，当涂层厚度小于设计规定厚度的 85% 或 4 涂层厚度未达到设计规定厚度，且涂层连续长度超过 1m 时应重新喷涂或补涂。

用锤子敲击检查，如发现空鼓时应重喷。检查合格后，应及时办理隐蔽工程验收手续。

4.2.4　单层钢结构工业厂房安装施工

4.2.4.1　安装前的准备工作

1. 编制施工组织设计

在吊装前应进行钢结构工程的施工组织设计，其内容包括：计算钢结构构件和连接件数量，选择起重机械，确定构件吊装方法，确定吊装流水程序，编制进度计划，确定劳动组织，构件的平面布置，确定质量保证措施、安全措施等。

2. 基础的准备

钢柱基础的顶面通常设计为一平面，通过地脚螺栓将钢柱与基础连成整体。施工时应保证基础顶面标高及地脚螺栓位置准确。其允许偏差为：基础顶面高差为 ±2mm，倾斜度为 1/1000；地脚螺栓位置允许偏差，在支座范围内为 5mm。施工时可用角钢做成固定架，将地脚螺栓安置在与基础模板分开的固定架上。

为保证基础顶面标高的准确，施工时可采用一次浇筑法或二次浇筑法进行。

（1）一次浇筑法

先将基础混凝土浇灌到低于设计标高约 40～60mm 处，然后用细石混凝土精确找平至设计标高，以保证基础顶面标高的准确。这种方法要求钢柱制作尺寸准确，且要保证细石混凝土与下层混凝土的紧密粘结，如图 4-28 所示。

（2）二次浇筑法

钢柱基础分两次浇筑。第一次浇筑到比设计标高低 40～60mm 处，待混凝土有一定强度后，上面放钢垫板，精确校正钢板标高，然后吊装钢柱。当钢柱校正完毕后，在柱脚钢板下浇灌细石混凝土，如图 4-29 所示。这种方法校正柱比较容易，多用于重型钢柱吊装。

当基础采用二次浇筑混凝土施工时，钢柱脚应采用钢垫板或座浆垫板做支承。垫板应设置在靠近地脚栓的柱脚底板加劲板或柱脚下，每根地脚螺栓侧应设 1～2 组垫块，每组垫板不得多于 5 块。垫板与基础面和柱底面的接触应平整、紧密。当采用成对斜垫板时，其叠合长度不应小于垫板长度的 2/3。采用座浆垫板时，应采用无收缩砂浆。柱吊装前砂浆试块强度应高于基础混凝土强度一个等级。

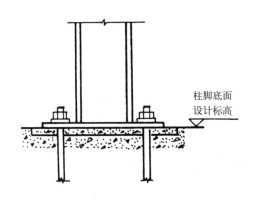

图 4-28　钢柱基础的一次浇筑法

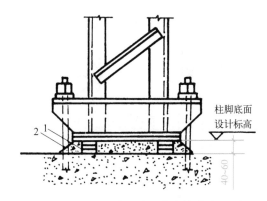

图 4-29　钢柱基础的二次浇筑法（mm）
1—调整柱用的钢垫板；2—柱安装后浇筑的细石混凝土

3. 构件的检查与弹线

在吊装钢构件之前，应检查钢构件的外形和几何尺寸，如有偏差应在吊装前设法消除。

在钢柱的底部和上部弹两个方向的轴线，在底部适当高度弹出标高准线，以便校正钢柱的平面位置、垂直度，屋架和吊车梁的标高等。

对不易辨别上下左右的构件，应在构件上加以标明，以免吊装时搞错。

4. 构件的运输、堆放

钢构件应根据施工组织设计要求的施工顺序，分单元成套供应。运输时，应根据构件的长度、重量选择车辆；钢构件在运输车辆上的支点、两端伸出的长度及绑扎方法均应保证构件不产生变形，不损伤涂层。

钢构件堆放的场地应平整坚实，无积水。堆放时应按构件的种类、型号、安装顺序分区存放。钢结构底层应设有垫枕，并且应有足够的支承面，以防支点下沉。相同型号的钢构件叠放时，各层钢构件的支点应在同一垂直线上，并应防止钢构件被压坏和变形。

4.2.4.2　钢结构构件的吊装工艺

1. 钢柱的吊装

（1）钢柱的吊升

钢柱可采用自行式起重机或塔式起重机用旋转法或滑行法吊升。当钢柱较重时，可采用双机抬吊，用一台起重机抬柱的上吊点，一台起重机抬柱的下吊点，采用双机并立相对旋转法进行吊装，如图 4-30 所示。

（2）钢柱的校正与固定

钢柱的校正包括平面位置、标高、垂直度的校正。平面位置的校正采用经纬仪从两个方向检查钢柱的安装准线。在吊升前应安放标高控制块以控制钢柱底部标高。垂直度的校正用经纬仪检验，如超过允许偏差，用千斤顶进行校正。在校正过程中，随时观察

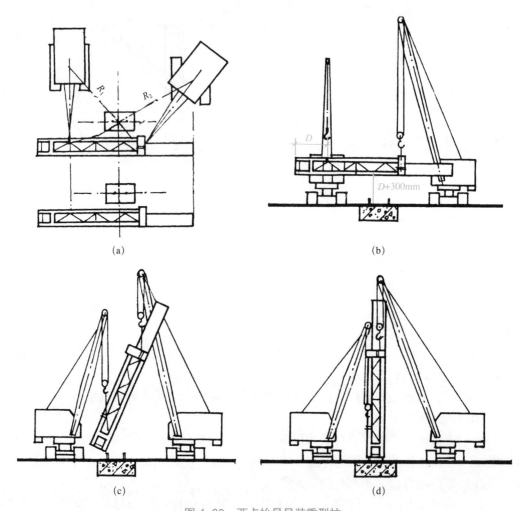

图 4-30　两点抬吊吊装重型柱

（a）柱的平面布置及起重机就位；　（b）两机同时将柱吊升；
（c）两机协调旋转，并将柱吊直；　（d）将柱脚底板孔插入螺栓

柱底部和标高控制块之间是否脱空，以防校正过程中造成水平标高的误差。

为防止钢柱校正后的轴线位移，应在柱底板四边用 10mm 厚钢板定位，并电焊牢固。钢柱复校后，紧固地脚螺栓，并将承重垫块上下点焊固定，防止走动。

2.钢吊车梁的吊装

（1）吊车梁的吊升

钢吊车梁可用自行式起重机吊装，也可以用塔式起重机、桅杆式起重机等进行吊装，对重量很大的吊车梁，可用双机抬吊。

吊车梁吊装时应注意钢柱吊装后的位移和垂直度的偏差，认真做好临时标高垫块工作，严格控制定位轴线，实测吊车梁搁置处梁高制作的误差。钢吊车梁均为简支梁，梁端之间应留有 10mm 左右的间隙并设钢垫板，梁和牛腿用螺栓连接，梁与制动架之间用高强螺栓连接。

（2）钢吊车梁的校正与固定

吊车梁校正的内容包括标高、垂直度、轴线、跨距的校正。标高的校正可在屋盖吊装前进行，其他项目校正可在屋盖安装完成后进行。

吊车梁标高的校正：用千斤顶或起重机对梁作竖向移动，并垫钢板，使其偏差在允许范围内。

吊车梁轴线的校正可用通线法和平移轴线法，跨距的检验用钢尺测量，跨度大的车间用弹簧秤拉测（拉力一般为 $100 \sim 200N$），如超过允许偏差，可用撬棍、钢楔、花篮螺丝、千斤顶等纠正。

3. 钢屋架的吊装与校正

在钢屋架翻身扶直时，由于钢屋架侧向刚度较差，翻身扶直时前应绑扎几道杉木杆，作为临时加固措施。

屋架吊装可采用自行式起重机、塔式起重机或桅杆式起重机等。根据屋架的跨度、重量和安装高度不同，选用不同的起重机械和吊装方法。

屋架的临时固定可用临时螺栓和冲钉。

钢屋架的侧向稳定性差，如果起重机的起重量、起重臂的长度允许时，应先拼装两榀屋架及其上部的天窗架、檩条、支撑等成为整体，然后再一次吊装。这样可以保证吊装稳定性，同时也提高吊装效率。

钢屋架的校正内容主要包括垂直度和弦杆的正直度，垂直度用垂球检验，弦杆的正直度用拉紧的测绳进行检验。

屋架的最后用电焊或高强螺栓进行固定。

4.2.4.3　钢结构安装工程质量要求

1. 钢结构的制作质量要求

（1）进行钢结构制作前应对型钢进行检验，确保钢材的型号符合设计要求。

（2）钢结构所用的钢材，型号规格尽量统一，便于下料。

（3）钢材的表面应除锈、去油污，且不得出现伤痕。

（4）一榀桁架内不得选用肢宽相同而厚度不同的角钢。

（5）受拉杆件的长细比不得超过 250。

（6）焊接的焊缝表面焊波应均匀，不得有裂缝、焊瘤、夹渣、弧坑、烧穿和气孔等现象。

（7）桁架各个杆件的轴线必须在同一平面内，且各轴线均为直线，相交于节点的中心。

（8）构件的隐蔽部位应焊接、涂装，经检查合格后方可封闭。

2. 钢结构的安装质量要求

（1）各节点应符合设计要求，传力可靠。

（2）各杆件的重心线应与设计图中的几何轴线重合，以免各杆件出现偏心受力。

（3）钢结构的各个连接接头，经过检查合格后，方可紧固或焊接。

（4）腹杆的端部应尽量靠近弦杆，以增加桁架的刚度。

（5）在运输、卸装和堆放过程中，不得损坏杆件，并防止构件变形。

（6）用螺栓连接时，其外露丝扣不应少于 2 ~ 3 扣，以免在振动作用下，发生丝扣松动。

【能力拓展】

4.2.5 钢结构单层工业厂房安装技术交底案例

某钢结构单层工业厂房，跨度 24m，柱距 6m，全长 60m。结构形式为钢筋混凝土杯形基础，预制钢筋混凝土工字形柱，屋架采用国家建筑标准图集《梯形钢屋架》05G511，选用屋架型号为 GWJ24 ~ 1A1，屋面结构采用预应力钢筋混凝土大型屋面板。梯形钢屋架设计地震烈度为 7 度，采用标准图集 G511 抗补的有关规定。在现场已经完成钢屋架制作和涂装；预制钢筋混凝土工字形柱、吊车梁、连系梁及柱间支撑安装已经完成，现进行梯形钢屋架安装。安装前，由项目部质检员向参与钢屋架安装施工的班组人员进行技术交底（表 4-19）。

技术交底　　　　　　　　　　　　　　表 4-19

工程名称	××工业厂房	建设单位	×××
监理单位	×××建设监理公司	施工单位	×××建筑工程公司
工程部位	厂房钢屋架安装	交底对象	屋架安装施工班组
交底人	×××	接收人	×××
参加交底人员：（参加的所有人员签字） ×××、×××、×××、×××		交底时间	×××

一、准备工作
1. 材料
（1）钢材：HPB300 钢，钢材应附有质量证明书并应符合设计要求及国家标准的规定。钢材送试验室进行材料试验和可焊性试验合格；
（2）电焊条：采用 E420 电焊条，使用的电焊条必须有出厂合格证明。施焊前应经过烘焙，严禁使用药皮脱落、焊芯生锈的焊条；
（3）螺栓：采用 45 号钢，均须有出厂合格证，且需进行材料试验。
2. 焊接机具准备：采用 XB3-500-2 交流弧焊机 2 台。
3. 吊装机具：采用 QY-50 汽车吊进行吊装，并完成对汽车吊的检查。
4. 钢屋架安装前准备
（1）钢屋架安装前已经完成检查验收并办理验收手续。
（2）复测建筑施工测量放线的轴线控制点和测量标高的水准点。放出标高控制线和屋架轴线的吊装辅助线。
（3）复验屋架支座及支撑系统的预埋件的轴线、标高、水平度、预埋螺栓位置及伸出长度，超过允许偏差时，应做好技术处理。
（4）按照施工组织设计要求搭设操作平台或脚手架。
（5）屋架腹杆设计为拉杆，但吊装时由于吊点位置使其受力改变成压杆时，为防止杆件失稳、变形，必要时采取在平行于屋架上下弦方向通长用杉木 150mm×200mm 临时加固的措施。
（6）测量用的钢尺应与钢结构制造用的钢尺校对，并取得计量单位的鉴定证明。

续表

二、钢屋架安装

1. 安装顺序

(1) 采用综合安装方法从建筑物一端开始,向另一端推进,顺序安装时注意误差累积。

(2) 安装顺序:屋架→垂直、水平支撑系统→屋面板。

2. 安装施工工艺

(1) 钢屋架的扶直与就位:采用汽车吊正向扶直方法进行扶直。

钢屋架的侧向刚度很差,扶直时由于受自重作用,改变了杆件原受力性能,特别是上弦杆件很易因扭曲应力而损伤屋架,特别是节点处,因此在钢屋架扶直时用杉木对上弦杆件等进行绑扎加固。

(2) 屋架扶直时,起重机的吊钩应对准屋架中心,左右两边的绳索应对称,吊索与水平面的夹角要大于45°。吊索应用滑轮使其受力均匀,这样可避免屋架在扶直过程中产生扭曲应力。在钢屋架接近扶直时,吊钩应对准下弦中心,以防止屋架左右摇摆。

(3) 吊装前用杉木对钢屋架加固,以减少吊装时的侧向变形,现除用150mm×200mm通长方木对屋架上下弦进行加固外,另用3根150mm×200mm方木加固腹杆,绑扎点应在屋架的节点处,用8号钢丝绑扎。

(4) 钢屋架扶直就位:按施工组织设计平面布置要求进行扶直就位,屋架就位后,应用8号钢丝和支撑与已安装的钢筋混凝土柱和已就位的屋架相互拉牢撑紧,以保持屋架的稳定。

(5) 屋架的吊装绑扎:绑扎点应选在上弦的节点处,且左右对称,高于屋架的重心,使屋架吊起后能基本保持水平、不摇晃、不倾翻。在屋架的两端用麻绳作为溜绳,由2名工人拉紧溜绳,以便于控制屋架转动。屋架采用4点绑扎,吊索与水平线的夹角不能小于45°。

(6) 屋架的吊升、就位和临时固定

◆ 吊升:屋架吊起时先将屋架吊离地面300mm左右,然后将屋架转至吊装位置的下方,再将屋架提升到柱顶上方300mm左右。

◆ 就位:将屋架端部的对位中线与钢筋混凝土柱顶的定位轴线对准后,然后将屋架缓缓降至柱顶。

◆ 临时固定:屋架就位后应立即进行临时固定,经检查固定稳妥后方可摘钩离去。

第1榀屋架临时固定方法:用4根缆风绳从两边屋架拉牢,再与抗风柱按设计图纸要求进行连接。

第2榀屋架的临时固定,可用工具式水平支撑与第1榀连接,以后各榀屋架与前1榀屋架采用相同方法进行连接。

工具式支撑可用φ50~φ60钢管制作,其两端各有两只撑脚,撑脚上设有可调螺栓,利用调整螺栓将新上1榀屋架上弦两边夹紧。每榀屋架一边至少有2个工具式支撑,经反复用调整螺栓进行调整使新上的1榀屋架位置准确,且在垂直平面内。

(7) 屋架最后固定

◆ 屋架两端与钢筋混凝土柱的固定按设计图纸采用螺栓固定。待屋架经过校正固定后,应将螺栓与螺母焊接以防止松动。

◆ 安装螺栓孔不能任意用气割扩孔,永久性螺栓不得垫2个以上垫圈,螺栓外露丝扣长度不少于2~3扣。

◆ 屋架支座、支撑系统的安装做法必须符合设计要求。

(8) 垂直、水平支撑系统:在屋架固定后,安装屋架间的垂直支撑和水平支撑。

(9) 屋面板安装:在完成屋架间的垂直支撑和水平支撑的安装后即可安装屋面板,屋面板的安装顺序应自两边檐口左右对称地逐块铺向屋脊,避免屋架承受半边荷载。屋面板对位后,立即进行电焊固定,每块屋面板可焊3点,最后一块焊2点。每个角上的贴角焊缝厚度不小于5mm,焊缝长度不小于60mm。

3. 检查、验收

(1) 每榀屋架安装后重点检查连接部位,其连接质量必须符合设计要求。

(2) 屋架安装的垂直度、侧向弯曲,屋架弦杆在相邻节点间的平直度必须符合表4-20的规定。

(3) 测量屋架支座的标高、轴线位移、屋架跨中挠度并记录结果。

4. 除锈、油漆

(1) 连接处焊缝无焊渣和油污,除锈合格后方可进行油漆作业。

(2) 涂料及漆膜厚度应符合设计要求。

5. 屋架安装质量标准

(1) 主控项目

◆ 钢屋架安装工程的质量检验评定,应在焊接质量检验评定符合标准规定后进行。

◆ 钢屋架必须符合设计要求和施工规范规定。由于堆放、运输和吊装造成的构件变形必须矫正。

◆ 支座位置、做法正确,接触面平稳、牢固。

(2) 一般项目

◆ 标记中心和标高完备清楚。

◆ 结构表面干净,无焊疤、油污和泥沙。

续表

◆ 允许偏差项目（表 4-20）。

钢屋架安装允许偏差   表 4-20

项次	项目	允许偏差（mm）	检验方法
1	屋架弦杆在相邻节点间平直度	$e/1000$，且不大于 5	用拉线和钢尺检查
2	垂直度	$h/250$，且不大于 15	用经纬仪或吊线和钢尺检查
3	侧向弯曲	$L/1000$，且不大于 10	用拉线和钢尺检查

注：h 为屋架高度；L 为屋架长度；e 为弦杆在相邻节点间的距离。

6. 施工注意事项

（1）安装屋面板就位时，缓慢下落。不得碰撞已安装好的钢屋架、天窗架等。

（2）吊装损坏的防腐底漆应涂补，以保证漆膜厚度能符合规范要求。

（3）常见质量通病及防治办法如下：

◆ 螺栓孔眼不对，任意扩孔或改为焊接：安装时发现上述问题应报告技术负责人，经与设计单位洽商后，按规范或洽商的要求进行处理。

◆ 现场焊接质量达不到设计及规范要求：焊工须有考试合格证，并应编号，焊接部位按编号做检查记录，全部焊缝全数外观检查达不到要求的焊缝补焊后应复验。

◆ 不使用安装螺栓，直接安装高强螺栓：安装时必须按规范要求先使用安装螺栓临时固定，调整紧固后再安装高强螺栓并替换。

◆ 屋架支座连接构造不符合设计要求：钢屋架安装最后检查验收，如支座构造不符合设计要求时，不得办理验收手续。

注：本表一式四份，建设单位、监理单位、施工单位、城建档案馆各一份。

能力测试与实践活动

【能力测试】

填空题

（1）钢结构的焊接连接方法有_____、_____、_____ 和_____ 连接。

（2）钢结构构件的螺栓连接主要有_____ 和 _____ 连接。

（3）钢结构普通螺栓连接即将_____、_____、_____ 机械地和连接件连接在一起的一种连接方式。

（4）高强度螺栓连接按其受力状况分为_____、_____、承压型等类型。

【实践活动】

参观已建成的单层钢结构工业厂房，认知各钢结构构件的名称、形状、作用、连接方式和质量要求等。

项目 4.3 结构安装工程施工的安全技术

【项目概述】

结构安装工程的特点是构件重，操作面小，高空作业多，机械化程度高，多工程上下交叉作业等，如果措施不当，极易发生安全事故。组织施工时，要重视这些特点，采取相应的安全技术措施。

【学习支持】

建筑安装工程施工规范

1.《建筑工程施工质量验收统一标准》GB 50300-2013

2.《建筑施工安全检查标准》JGJ 59-2011

3.《建筑施工安全技术统一规范》GB 50870-2013

4.《建筑施工起重吊装工程安全技术规范》JGJ 276-2012

【任务实施】

4.3.1 结构安装工程的安全技术

结构安装工程安全技术以安全教育、安全制度、起重作业、高空作业及防雷防电安全技术等方面具体措施的制定和实施为主要内容。

4.3.1.1 防止起重机倾翻的措施

（1）起重机的行驶道路必须平整坚实，松软土层要进行夯实或换填处理。起重机作业时尽量避免机身倾斜。当起重机通过墙基或地梁时，应在墙基两侧铺垫枕木或石子，以免起重机直接辗压在墙基或地梁上。

（2）严禁超载吊装。

（3）禁止斜吊。斜吊是指重物不在起重机起重臂顶的正下方，吊钩滑车组不与地面垂直。斜吊会造成超负荷及钢丝绳出槽，甚至造成拉断绳索。斜吊还会使重物在离开地面后发生快速摆动，可能碰伤人或物体。

（4）尽量避免满负荷行驶，如需作短距离负荷行驶，只能将构件吊离地面300mm左右慢速行驶，并将构件转至起重机的前方，用拉绳控制构件摆动。

（5）双机抬吊时，根据起重机的起重能力进行合理的负荷分配，并在操作时要统一指挥，互相密切配合。在整个抬吊过程中，两台起重机的吊钩滑车组均应基本保持垂直状态。

（6）不吊重量不明的重大构件。

（7）禁止在6级及以上风的情况下进行吊装作业。

（8）指挥人员应使用统一的指挥信号，信号要鲜明、准确。起重机驾驶人员必须听从指挥。

4.3.1.2 防止高空坠落的措施

（1）高空作业的操作人员必须正确使用安全带。安全带一般应高挂低用，防止绊倒自己。

（2）在高空使用撬杠时，人要站稳，如附近有脚手架或已安装好构件，应一手扶好，一手操作。撬杠插入深度要适宜，如果撬动距离较大，则逐步撬动，不要急于求成。

（3）工人如需在高空作业时，尽可能搭设工具式临时操作台。

（4）在悬空的屋架上弦杆上行走时，应在其上设置安全防护栏杆。

（5）雨期和冬期施工时，必须采取防滑措施。

（6）登高用的梯子必须支设牢固。使用时用绳子和已固定的构件绑牢。与地面的夹角控制在 60° ~ 70° 为宜。

（7）操作人员在脚手板上行走时，应走稳扶好，防止踩上挑头板。

（8）楼板或屋面板设有预留孔洞时，应及时用木板遮盖严密。

（9）高空操作人员必须穿防滑鞋，不得穿硬底皮鞋。

4.3.1.3 防止高空落物伤人的措施

（1）现场操作人员必须戴安全帽。

（2）高空操作人员使用的工具、零配件等，应放在随身佩带的工具袋内，不得随意向下抛扔。

（3）在高空气割或电焊切割时，应采取防止火花落下伤人的措施。

（4）地面人员尽量不得在高空作业面的正下方停留或通过；不得在起重机的起重臂或正在吊装的构件下方停留或通过。

（5）构件安装后，只有确保连接安全可靠后才能够拆除临时固定工具。

（6）吊装现场周围设置临时围栏和警示牌，禁止非工作人员入内。

4.3.1.4 防止触电、气瓶爆炸的措施

（1）起重机尽量避免从电线下行驶，如不能避免则必须保证吊杆最高点与电线之间的距离应符合表 4-21 和表 4-22 的规定。

起重机吊杆最高点与电线水平距离 表 4-21

线路电压（kV）	距离不小于（m）
1以下	1
20以下	1.5
20以上	2.5

起重机与电线之间应保持的水平距离　　　　表 4-22

线路电压（kV）	距离不小于（m）
1 以下	1.5
20 以下	2.0
110 以下	4
220 以下	6

（2）电焊机的电源线的长度不宜超过 5m 且必须架空。电焊机手把线的正常电压为 60～80V；手把线外皮应保持完好无损，破皮应用胶皮严密包扎；电焊机外壳应接地。

（3）塔式起重机和 15m 以上的长重机应设置避雷防装置。

（4）氧气瓶搬运过程中注意轻拿轻放，采取防震措施；氧气瓶严禁暴晒，更不得接近火源，如阀门遭冻结不得用火熏烤；防止机油溅落在氧气瓶上。

（5）乙炔发生器放置的位置距离火电源 10m 以上。注意高空电焊作业时的顺风方向位置。

（6）电石桶应密封保存，存放环境干燥，防止遇水遇潮。打开电石桶时应使用不会产生火花的工具，如铜凿等。

【能力拓展】

4.3.2　安全技术交底案例

对前述钢结构单层工业厂房安装技术交底案例中的钢结构单层工业厂房梯形钢屋架安装进行安全技术交底。安装前，由项目部安全员向参与钢屋架安装施工的班组人员进行安全技术交底（表 4-23）。

安全交底　　　　表 4-23

工程名称	×××工业厂房	建设单位	×××
监理单位	×××建设监理公司	施工单位	×××建筑工程公司
工程部位	厂房钢屋架安装	交底对象	屋架安装施工班组
交底人	×××	接收人	×××
参加交底人员：（参加的所有人员签字） ×××、×××、×××、×××		交底时间	×××
1. 钢屋架安装顺序与安装步骤应按本工程安装施工方案要求进行。 2. 凡参与钢屋架安装的操作人员必须持有上岗证，有较熟练的安装经验。特别是汽车吊司机，应熟悉吊车的性能、使用范围、操作步骤、安装程序，使用后应妥善保管保养。 3. 钢丝绳在使用中应经常检查： （1）磨损及断丝情况、锈蚀与润滑情况。 （2）钢丝绳不得扭劲及结扣，绳股不应凸出。使用钢丝绳安全系数不得小于 5.5。			

续表

（3）绳卡应紧固可靠。 （4）钢丝绳在滑轮与卷筒位置应正确，在卷筒上应固定牢靠。 （5）钢丝绳严禁与架空电线接触，应避免与尖棱的物体摩擦。 4. 吊钩在使用前应检查： （1）表面有无裂纹或刻痕。 （2）吊钩环自然磨损不得超过原断面直径的10%。 （3）钩劲是否有变形。 （4）是否存在各种变形和钢材疲劳裂纹。 （5）凡属起重范围之内的信号指挥和挂钩工人应经过严格挑选和培训，使他们熟知本工种的安全操作规程。 5. 汽车吊不准"带病"作业、不准超负荷作业、不准在吊装中维修。 6. 汽车吊司机与信号工在吊装前，应到现场熟悉吊装任务，包括屋架堆放位置、重量等，司机应与信号工互相熟悉指挥吊装信号，包括指挥时手势、旗语、哨声。吊装时做到"三不挂"，即：不明重量不挂、屋架与地面连接不挂、斜牵斜吊不挂。 7. 吊装屋架时，钢筋混凝土柱与屋架固定，应搭设临时脚手架或活动操作架进行安装，最好使用工具式吊装用操作台，其自重轻，装拆及使用方便。 8. 汽车吊在吊装时尽量避免或减少升降起重臂，尽量使用调整钢丝绳长度，以避免不安全事故发生。

注：本表一式四份，建设单位、监理单位、施工单位、城建档案馆各一份。

实践活动及评价

【实践活动】

编制一个工程安装案例，让学生分析案例中存在哪些安全隐患以及正确的处理措施。

【活动评价】

学生自评 （20%）：	分析程度	全面 ☐		基本全面 ☐		不沾边 ☐
	处理措施	正确、合理 ☐	基本正确、合理 ☐			错误 ☐
小组互评 （40%）：	掌握程度	完全掌握 ☐		基本掌握 ☐		没有掌握 ☐
	处理措施	正确、合理 ☐	基本正确、合理 ☐			错误 ☐
	工作认真努力，团队协作	好 ☐		一般 ☐		还需努力 ☐
教师评价 （40%）：	分析程度	全面 ☐		基本全面 ☐		不沾边 ☐
	处理措施	正确、合理 ☐	基本正确、合理 ☐			错误 ☐

模块 5
主体结构防水工程施工

【模块概述】

　　建筑防水工程在房屋建筑中发挥功能保障作用。防水工程质量的优劣，不仅关系到建（构）筑物的使用寿命，还直接影响到人们生产、生活环境和卫生条件。因此，建筑防水工程质量除了考虑设计的合理性、防水材料的正确选择外，更要注意其施工工艺及施工质量。

　　建筑工程防水按其部位可分为基础防水、墙面防水、屋面防水、卫生间防水等。本模块主要介绍屋面防水和卫生间防水施工。

　　按防水构造做法又可分为刚性自防水和用各种防水卷材、防水涂料作为防水层的柔性防水。

【学习目标】

　　通过学习，你将能够：

　　（1）理解建筑屋面防水的构造做法、构造要求和构造特点；

　　（2）掌握卷材防水屋面、涂膜防水屋面防水施工工艺、施工方法和操作规程；

　　（3）掌握防水施工质量标准及要求；常见屋面渗漏防治方法；

　　（4）掌握防水施工安全技术要求；会协助进行现场管理；能协助检查检验批施工质量；

　　（5）理解卫生间防水施工工艺、施工方法；

　　（6）掌握卫生间防水施工质量检查标准及方法。

项目 5.1 屋面防水工程施工

【项目描述】

屋面防水工程是房屋建筑的一项重要工程。防水屋面的常用类型有卷材防水屋面、涂膜防水屋面和刚性防水屋面等。屋面防水工程主要包含基层与保护层、保温与隔热层、防水与密封工程、瓦面与板面工程和细部构造工程等子分部工程。

本模块主要学习屋面防水的构造及对材料的要求，主要施工方法和施工工艺，施工质量标准及检测验收方法等。

【学习支持】

屋面防水工程施工相关规范

1.《屋面工程施工质量验收规范》GB 50207-2012
2.《建筑工程施工质量验收统一标准》GB 50300-2013
3.《屋面工程技术规范》GB 50345-2012
4.《建筑地面工程施工质量验收规范》GB 50209-2010
5.《弹性体改性沥青防水卷材》GB 18242-2008

5.1.1 屋面防水材料及防水构造

【学习支持】

5.1.1.1 常用防水材料及性能

常用屋面防水材料主要有防水卷材和防水涂料两大类。

1. 防水卷材

卷材防水屋面是用粘结材料将防水卷材粘贴形成防水层的屋面。这种屋面具有重量轻、防水性能好的优点，其防水层的柔韧性好，能适应一定程度的结构振动和胀缩变形。常用卷材有高聚物改性沥青防水卷材和合成高分子防水卷材等。

主要防水卷材的分类参见表 5-1。

表 5-1
主要防水卷材分类

类别		防水卷材名称
高聚物改性沥青防水卷材		SBS、APP、SBS-APP、丁苯橡胶改性沥青卷材、胶粉改性沥青卷材、再生橡胶卷材等
合成高分子防水卷材	硫化型橡胶或橡胶共混卷材	三元乙丙卷材、氯磺化聚乙烯卷材、丁基橡胶卷材、氯丁橡胶卷材、氯化聚乙烯-橡胶共混卷材等
	非硫化型橡胶或橡塑共混卷材	丁基橡胶卷材、氯丁橡胶卷材、氯化聚乙烯-橡胶共混卷材等
	合成树脂系防水卷材	氯化聚乙烯卷材、PVC 卷材等
特种卷材		热熔卷材、冷自粘卷材、带孔卷材、热反射卷材、沥青瓦等

高聚物改性沥青防水卷材的外观质量要求参见表5-2。

高聚物改性沥青防水卷材外观质量　　　　　　　　　　表 5-2

项目	质量要求
孔洞、缺边、裂口	不允许
边缘不整齐	不超过 10mm
胎体露白、未浸透	不允许
撒布材料粒度、颜色	均匀
每卷卷材的接头	不超过 1 处，较短的一段不应小于 1000mm，接头处应加长 150mm

合成高分子防水卷材外观质量的要求参见表5-3。

合成高分子防水卷材外观质量　　　　　　　　　　表 5-3

项目	质量要求
折痕	每卷不超过 2 处，总长度不超过 20mm
杂质	大于 0.5mm 颗粒不允许，每 $1m^2$ 不超过 $9mm^2$
凹痕	每卷不超过 6 处，深度不超过本身厚度的 30%，树脂深度不超过 15%
胶块	每卷不超过 6 处，每处面积不大于 $4mm^2$
每卷卷材的接头	橡胶类每 20m 不超过 1 处，较短的一段不应小于 3000mm，接头处应加长 150mm，树脂类 20m 长度内不允许有接头

各种防水材料及制品均应符合设计要求，具有质量合格证明，进场前应按规范要求进行抽样复检，严禁使用不合格产品。

2. 防水涂料

根据防水涂料成膜物质的主要成分，适用涂膜防水层的涂料可分为高聚物改性沥青防水涂料和合成高分子防水涂料二类。根据防水涂料形成液态的方式，可分为溶剂型、反应型和水乳型三类（表5-4）。各类防水涂料的质量要求分别见表5-5～表5-7。

主要防水涂料的分类　　　　　　　　　　表 5-4

类别		材料名称
高聚物改性沥青防水涂料	溶剂型	再生橡胶沥青涂料、氯丁橡胶沥青涂料等
	乳液型	丁苯胶乳沥青涂料、氯丁胶乳沥青涂料、PVC 煤焦油涂料等
合成高分子防水涂料	乳液型	硅橡胶涂料、丙烯酸酯涂料、AAS 隔热涂料等
	反应型	聚氨酯防水涂料、环氧树脂防水涂料等

高聚物改性沥青防水涂料质量要求　　　表 5-5

项目		质量要求
固体含量（%）		≥ 43
耐热度（800℃，5h）		无流淌、起泡和滑动
柔性（-100℃）		3mm 厚，绕 φ 20mm 圆棒，无裂纹、断裂
不透水性	压　力（MPa）	≥ 0.1
	保持时间（min）	≥ 30 不渗透
延伸（20±2℃拉伸）（mm）		≥ 4.5

合成高分子防水涂料性能要求　　　表 5-6

项目		质量要求		
		反应固化型	挥发固化型	聚合物水泥涂料
固体含量（%）		≥ 94	≥ 65	≥ 65
拉伸强度（MPa）		≥ 1.65	≥ 1.5	≥ 1.2
断裂延伸率（%）		≥ 300	≥ 300	≥ 200
柔性（℃）		-30 弯折无裂纹	-20 弯折无裂纹	-10，绕 φ 10mm 圆棒，无裂纹
不透水性	压　力（MPa）	≥ 0.3	≥ 0.3	≥ 0.3
	保持时间（min）	≥ 30	≥ 30	≥ 30

胎体增强材料质量要求　　　表 5-7

项目		质量要求		
		聚酯无纺布	化纤无纺布	玻纤网布
外观		均匀，无团状，平整无折皱		
拉力（宽 50mm）（N）	纵向	≥ 150	≥ 45	≥ 90
	横向	≥ 100	≥ 35	≥ 50
延伸率（%）	纵向	≥ 10	≥ 20	≥ 3
	横向	≥ 20	≥ 25	≥ 3

5.1.1.2　屋面防水构造

建筑屋面按排水坡度大小分为平屋面和坡屋面，本节主要学习使用广泛的平屋面的构造。

1. 卷材防水屋面构造

卷材防水屋面的构造如图 5-1 所示。

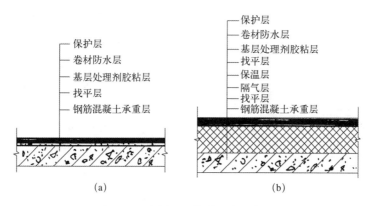

图 5-1　卷材屋面构造层次示意图
(a) 无保温卷材屋面；　(b) 保温卷材屋面

2. 涂膜防水屋面构造

涂膜防水屋面是在屋面基层上涂刷防水涂料，经固化后形成一层有一定厚度和弹性的整体涂膜从而达到防水的一种防水屋面形式，一般构造层次如图 5-2 所示。这种屋面具有施工操作简便，无污染，冷操作，无接缝，能适应复杂基层，防水性能好，温度适应性强，容易修补等特点。适用于防水等级为Ⅲ级、Ⅳ级的屋面防水，也可作为Ⅰ级、Ⅱ级屋面多道防水设防中的一道防水层。

涂膜防水屋面应设置保护层。保护层材料可采用水泥砂浆或块材等。采用水泥砂浆或块材时，应在涂膜与保护层之间设置隔离层。

涂膜防水层对基层的要求与卷材防水层相同。

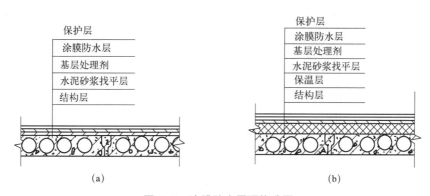

图 5-2　涂膜防水屋面构造图
(a) 无保温层涂膜屋面；　(b) 有保温层涂膜屋面

3. 刚性防水屋面构造

刚性防水屋面是指利用刚性防水材料做防水层的屋面。其主要有普通细石混凝土防水屋面、补偿收缩混凝土防水屋面、块体刚性防水屋面、预应力混凝土防水屋面等。与卷材及涂膜防水屋面相比，刚性防水屋面所用材料易得，价格便宜，耐久性好，维修方便，但刚性防水层材料的表观密度大，抗拉强度低，极限拉应变小，易受混凝土或砂浆

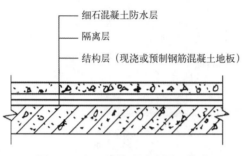

图 5-3　细石混凝土防水屋面构造

的干湿变形、温度变形和结构变位的影响而产生裂缝。其主要适用于防水等级为Ⅲ级的屋面防水，也可用作Ⅰ、Ⅱ级屋面多道防水设防中的一道防水层，不适用于设有松散材料保温层的屋面以及受较大振动或冲击和坡度大于 15% 的建筑屋面。

刚性防水屋面的一般构造如图 5-3 所示。

防水层的细石混凝土宜用普通硅酸盐水泥或硅酸盐水泥，用矿渣硅酸盐水泥时应采取减少泌水性措施。水泥强度等级不宜低于 32.5 级。不得使用火山灰质水泥。防水层的细石混凝土粗骨料的最大粒径不宜超过 15mm，含泥量不应大于 1%；细骨料应采用中砂或粗砂，含泥量不应大于 2%；拌合用水应采用不含有害物质的洁净水。混凝土水灰比不应大于 0.55，每立方米混凝土水泥最小用量不应小于 330kg，含砂率宜为 35% ~ 40%，灰砂比应为 1∶2 ~ 1∶2.5，并宜掺入外加剂；混凝土强度等级不得低于 C20。普通细石混凝土、补偿收缩混凝土的自由膨胀率应为 0.05% ~ 0.1%。

块体刚性防水层使用的块体应无裂纹、无石灰颗粒、无灰浆泥面、无缺棱掉角，质地密实，表面平整。

4. 屋面防水的细部构造

（1）檐口和檐沟构造

檐口 800mm 范围内的卷材应满粘；卷材收头应在找平层的凹槽内用金属压条钉压固定，并应用密封材料封严；涂膜收头应用防水涂料多遍涂刷；檐口端部应抹聚合物水泥砂浆，其下端应做鹰嘴和滴水槽（图 5-4）；挑檐沟檐口构造如图 5-5 所示；刚性防水屋面檐沟构造如图 5-6 所示。

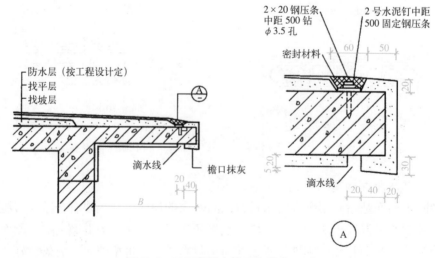

图 5-4　无组织排水檐口构造（mm）

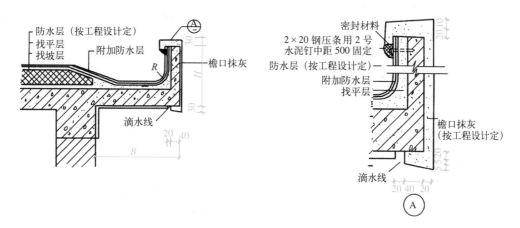

图 5-5 挑檐沟檐口构造（mm）

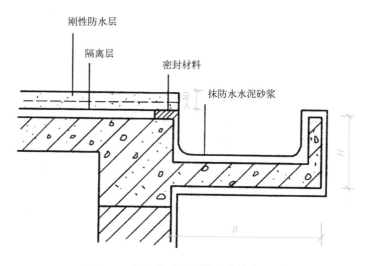

图 5-6 刚性防水屋面檐沟构造（mm）

（2）泛水构造

泛水指防水屋面与垂直墙面结合部防水层的构造（图 5-7）。泛水处加铺一层附加卷材层。泛水的构造要点如下：

◆ 泛水高度 ≥ 250mm；

◆ 屋面与立墙交界处应将找平层做成圆弧形或做 45° 斜面，使卷材能紧贴于找平层上，而不致形成空鼓现象；

◆ 做好收头，为防止卷材下滑，所以必须将泛水卷材的上端加以固定；当垂直墙为砖墙时，砌筑时预留凹槽为 60mm×50mm，当为混凝土墙体时，模板安装时钉 100mm×10mm 凹槽，收头处用防水油膏封闭；

◆ 泛水顶部应有挡雨措施，防止雨水顺立墙流过卷材收口处引起漏水。

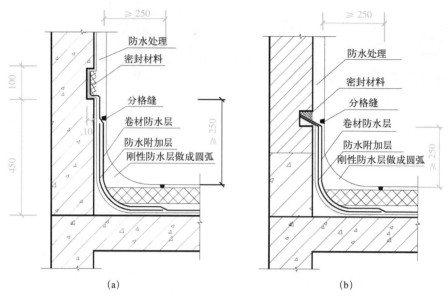

图 5-7　泛水构造（mm）
(a) 混凝土墙或柱；(b) 砖墙

（3）水落口

水落口杯上口应设在沟底的最低处，如图 5-8 所示。水落口处不得有渗漏和积水现象；水落口杯应安装牢固；水落口周围直径 500mm 范围内坡度不应小于 5%，水落口周围的附加层铺设应符合设计要求；防水层及附加层伸入水落口杯内不应小于 50mm，并应粘结牢固。

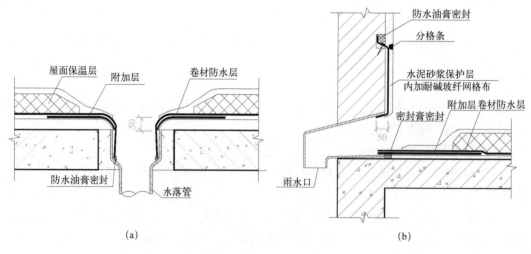

图 5-8　水落口构造（mm）
(a) 立管式；(b) 弯管式

（4）变形缝

变形缝的泛水高度及附加层铺设应符合设计要求；防水层应铺贴或涂刷至泛水墙的顶部；等高变形缝顶部宜加扣混凝土或金属盖板（图 5-9a）。混凝土盖板的接缝应用密封材料封严；金属盖板应铺钉牢固，搭接缝应顺流水方向，并应做好防锈处理；高低跨变形缝在高跨墙面上的防水卷材封盖和金属盖板，采用金属压条钉压固定，并用密封材料封严（图 5-9b）。

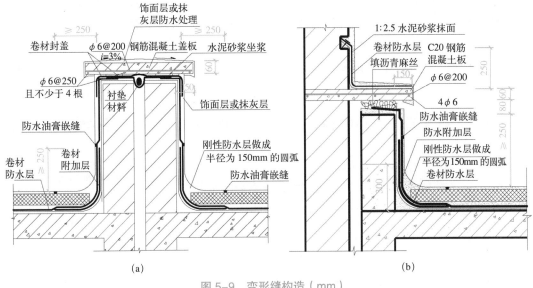

图 5-9 变形缝构造（mm）

(a) 等高变形缝； (b) 高低跨变形缝

（5）管道出屋面

伸出屋面管道的泛水高度及附加层铺设，应符合设计要求（图 5-10）；伸出屋面管道周围的找平层应抹出高度不小于 30mm 的排水坡，卷材防水层收头应用金属箍固定，并应用密封材料封严；涂膜防水层收头应用防水涂料多遍涂刷。

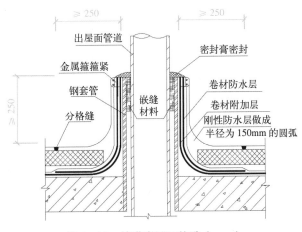

图 5-10 管道出屋面构造（mm）

5.1.2 屋面防水施工

【任务实施】

5.1.2.1 卷材防水屋面施工

1.找平层施工

找平层是屋面基层的组成部分，设在结构层表面、找坡层表面或保温层表面。找平层一般采用水泥砂浆、细石混凝土或沥青砂浆。找平层应有足够的强度、刚度，还应做到平整、坚实、清洁、无凹凸形及尖锐颗粒。

采用水泥砂浆或沥青砂浆找平层做基层时，其厚度和技术要求应符合表5-8的规定。

找平层厚度和技术要求

表5-8

类别	基层种类	厚度（mm）	技术要求
水泥砂浆找平层	整体混凝土	15~20	1：2.5～1：3（水泥：砂）体积比，水泥强度等级不低于42.5
	整体或板状材料保温层	20~25	
	装配式混凝土板、松散材料保温层	20~30	
细石混凝土找平层	松散材料保温层	30~35	混凝土强度等级不低于C20
沥青砂浆找平层	整体混凝土	15~20	质量比1：8（沥青：砂）

为防止由于温差及混凝土构件收缩而使防水屋面开裂，找平层应留分格缝，缝宽一般为5～20mm。缝应留在预制板支承边的拼缝处，当找平层采用水泥砂浆或细石混凝土时，其纵、横方向的最大间距不宜大于6m。分格缝处应附加200～300mm宽的油毡，用沥青胶结材料单边点贴覆盖。

（1）工艺流程

水泥砂浆找平层施工工艺流程如下：

基层清理→管道根部封堵→标高坡度弹线→洒水湿润→找平层施工→养护→验收。

（2）水泥砂浆找平层施工要点

找平层施工前，屋面保温层应进行检查验收，并办理验收手续。各种穿过屋面的预埋管件、烟囱、女儿墙、伸缩缝等根部，应按设计施工图及规范要求处理好。根据设计要求的标高、坡度，找好规矩并弹线。施工找平层时应将原表面清理干净，有利于基层与找平层的结合，如浇水湿润、喷涂沥青稀料等。

1）基层清理：将结构层、保温层上表面的松散杂物清扫干净，凸出基层表面的灰渣等粘结杂物要铲平，不得影响找平层的有效厚度。

2）管道根部封堵：大面积做找平层前，应先将出屋面的管道根部、变形缝处理好。

3）抹水泥砂浆找平层

①洒水湿润：抹找平层水泥砂浆前，应适当洒水湿润基层表面，使其利于基层与找平层的结合，但不可洒水过量，以免影响找平层表面的干燥。

②贴控制标高贴灰饼、冲筋：根据坡度要求，拉线找坡，一般按 1 ~ 2m 的间距贴控制标高灰饼，铺抹找平砂浆时，先按流水方向以间距 1 ~ 2m 冲筋，并设置找平层分格缝，宽度一般为 20mm，并且将缝与保温层连通，分格缝最大间距为 6m。

③铺装水泥砂浆：按分格块装灰、铺平，用刮扛靠着冲筋条刮平，找坡后用木抹子搓平，铁抹子压光。待浮水沉失后，人踏上去有脚印但不下陷时，再用铁抹子压第 2 遍即可。找平层水泥砂浆配合比一般为 1：3，拌合稠度控制在 70mm。

4）养护：找平层抹平、压实以后 24h 可浇水养护，一般养护期为 7d，经干燥后铺设防水层。

（3）找平层质量要求

其平整度的质量要求为：用 2m 长的直尺检查，基层与直尺间的最大空隙不应超过 5mm，空隙仅允许平缓变化，每米长度内不得多于 1 处。

2. 屋面保温层施工

（1）保温材料

平屋面保温材料常用松散保温材料和板状保温材料。松散材料主要有膨胀珍珠岩和膨胀蛭石；板状保温材料主要有泡沫混凝土板块、聚苯板、膨胀珍珠岩和膨胀蛭石板。产品应有出厂合格证，使用时应按照设计要求选用厚度、规格一致、外形整齐的保温材料板；同时要求保温材料的导热系数、表观密度（或干密度）、抗压强度（或压缩强度）、燃烧性能等，必须符合设计要求。

保温材料验收时应检查出厂合格证、质量检验报告和进场检验报告。

（2）工艺流程

屋面保温层施工工艺流程如下：

基层清理→弹线找坡→管道根部固定→隔气层施工→保温层铺设→抹找平层。

（3）施工要点

1）基层清理：铺设保温材料的基层（结构层）施工完以后，先将预制构件的吊钩等露在板面以上的铁件进行处理，处理点应抹水泥砂浆，经检查验收合格，方可铺设保温材料；穿过结构的管道根部部位，应用细石混凝土填塞密实，以使管道固定。

直接在预制或现浇混凝土结构层表面铺设保温层时，应先将板面杂物、灰尘清理干净。

2）弹线找坡：按设计坡度及流水方向，找出屋面坡度走向，确定保温层的厚度范围。

3）管道根部固定：穿结构的管道根部在保温层施工前，应用细石混凝土塞堵密实。

4）隔气层施工：铺设隔气层的屋面应先将表面清扫干净，且要求干燥、平整，不得有松散、开裂、空鼓等缺陷；隔气层的构造做法必须符合设计要求和施工及验收规范的规定。隔气层材料涂刷应均匀，无漏刷。

5）保温层铺设

①板状材料保温层采用干铺法施工时，保温材料板应紧靠在基层表面上并铺平垫稳；分层铺设的板块上下层接缝应相互错开，板间缝隙应采用同类材料的碎屑嵌填密实。板状材料保温层采用粘贴法施工时，胶粘剂应与保温材料的材性相容，并应贴严、粘牢；板状材料保温层的平面接缝应挤紧拼严，不得在板块侧面涂抹胶粘剂，超过 2mm

的缝隙应采用相同材料板条填塞严实。板状保温材料采用机械固定法施工时，应选择专用螺钉和垫片；固定件的规格、数量和位置应符合设计要求；垫片应与保温层表面齐平；固定件与结构层之间应连接牢固。

板状材料保温层的厚度应符合设计要求，其正偏差应不限，负偏差应为 5%，且不得大于 4mm。板状材料保温层表面平整度的允许偏差为 5mm，接缝高低差的允许偏差为 2mm。

②喷涂硬泡聚氨酯保温层

保温层施工前应对喷涂设备进行调试，并应制备试样进行硬泡聚氨酯的性能检测。喷涂硬泡聚氨酯的配合比应准确计量，发泡厚度应均匀一致。喷涂时喷嘴与施工基面的间距应由试验确定。一个作业面应分遍喷涂完成，每遍厚度不宜大于 15mm；当日的作业面应在当日连续地喷涂施工完毕。硬泡聚氨酯喷涂后 20min 内严禁上人；喷涂硬泡聚氨酯保温层完成后，应及时做保护层。

喷涂硬泡聚氨酯所用原材料的质量及配合比，应符合设计要求。喷涂硬泡聚氨酯保温层的厚度应符合设计要求，其正偏差应不限，不得有负偏差。喷涂硬泡聚氨酯应分遍喷涂，粘结应牢固，表面应平整，找坡应正确。喷涂硬泡聚氨酯保温层表面平整度的允许偏差为 5mm。

6) 抹找平层：详见 5.1.2.1 找平层施工。

3. 卷材防水层施工

卷材防水层施工的一般工艺流程如图 5-11 所示。

（1）卷材防水层铺贴方向

卷材铺贴方向应结合卷材搭接缝顺水接茬和卷材铺贴可操作性两方面因素综合考虑。卷材铺贴应在保证顺直的前提下，宜平行屋脊铺贴。屋面坡度大于 25% 时，为了防止卷材下滑，卷材应采取满粘和钉压等方法固定，固定点应封闭严密。当卷材防水层采用叠层方法施工时，上下层卷材不得相互垂直铺贴，应尽可能避免接缝叠加。

（2）卷材防水层施工顺序

屋面防水层施工时，应先做好节点、附加层和屋面排水比较集中部位（如屋面与水落口连接处、檐口、天沟、屋面转角处、板端缝等）的处理，然后由屋面最低标高处向上施工。铺贴天沟、檐沟卷材时，宜顺天沟、檐口方向，尽量减少搭接。铺贴多跨和有高低跨的屋面时，应按先高后低、先远后近的顺序进行。大面积屋面施工时，应根据屋面特征及面积大小等因素合理划分流水施工段。施工段的界线宜设在屋脊、天沟、变形缝等处。

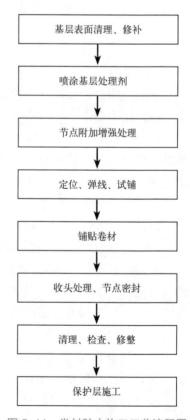

图 5-11 卷材防水施工工艺流程图

（3）卷材防水层搭接方法及宽度要求

为确保卷材防水层的质量，所有卷材铺贴时均应用搭接法（图 5-12），平行屋脊的卷材搭接缝应顺水流方向，卷材搭接宽度应符合表 5-9 的规定。为了避免卷材防水层搭接缝缺陷重合，上下层卷材长边搭接缝应错开，错开的距离不得小于幅宽的 1/3。为了避免 4 层卷材重叠，影响接缝质量，同一层相邻两幅卷材短边搭接缝也应错开，错开的距离不得小于 500mm。

卷材搭接宽度（mm） 表 5-9

卷材类别		搭接宽度
合成高分子防水卷材	胶粘剂	80
	胶粘带	50
	单缝焊	60，有效焊接宽度不小于 25
	双缝焊	80，有效焊接宽度 10×2+ 空腔宽
高聚物改性沥青防水卷材	胶粘剂	100
	自粘	80

叠层铺设的各层卷材，在天沟与屋面的连接处，应采用叉接法搭接，搭接缝应错开，接缝宜留在屋面或天沟侧面，不宜留在沟底。

4. 隔离层施工

在柔性防水层上设置块体材料、水泥砂浆、细石混凝土等刚性保护层时，为了防止刚性保护层胀缩变形时对防水层造成的损坏，应在保护层与防水层之间应铺设隔离层。

当基层比较平整时，在已完成雨后或淋水、蓄水检验合格的防水层上面，可以直接干铺塑料膜、土工布或卷材。当基层不太平整时，隔离层宜采用低强度等级黏土砂浆、水泥石灰砂浆或水泥砂浆。铺抹

图 5-12　卷材搭接

砂浆时，铺抹厚度宜为 10mm，表面应抹平、压实并养护；待砂浆干燥后，其上干铺一层塑料膜、土工布或卷材。隔离层所用的材料应能经得起保护层的施工荷载，塑料膜的厚度不应小于 0.4mm，土工布应采用聚酯土工布，单位面积质量不应小于 200g/m²，卷材厚度不应小于 2mm。

隔离层所用材料的质量及配合比，应符合设计要求；隔离层不得有破损和漏铺现象。塑料膜、土工布、卷材应铺设平整，其搭接宽度不应小于 50mm，不得有皱折。低强度等级砂浆表面应压实、平整，不得有起壳、起砂现象。

5. 保护层施工

防水层上的保护层施工，应待卷材铺贴完成或涂料固化成膜，并经检验合格后进行。沥青类的防水卷材也可直接采用卷材上表面覆有的矿物粒料或铝箔作为保护层。

（1）混凝土预制板保护层

混凝土预制板保护层的结合层可采用砂或水泥砂浆。混凝土板的铺砌必须平整，并满足排水要求。在砂结合层上铺砌块体时，砂层应洒水压实、刮平；板块对接铺砌，缝隙应一致，缝宽 10mm 左右，砌完洒水轻拍压实。板缝先填砂一半高度，再用 1∶2 水泥砂浆勾成凹缝。为防止砂子流失，在保护层四周 500mm 范围内，应改用低强度等级水泥砂浆做结合层。采用水泥砂浆做结合层时，应先在防水层上做隔离层，隔离层可采用热砂、干铺油毡、铺纸筋灰或麻刀灰、黏土砂浆、白灰砂浆等多种方法施工。预制块体应先浸水湿润并阴干。摆铺完后应立即挤压密实、平整，使之结合牢固。预留板缝（10mm）用 1∶2 水泥砂浆勾成凹缝。

上人屋面的预制块体保护层的块体材料应按照楼地面工程质量要求选用，结合层应选用 1∶2 水泥砂浆。

（2）水泥砂浆保护层

水泥砂浆保护层与防水层之间应设置隔离层。保护层用的水泥砂浆配合比一般为 1∶2.5 ～ 1∶3（体积比）。保护层施工前，应设置分格缝，分格面积宜为 1m²。铺设水泥砂浆时应随铺随拍实，并用刮尺刮平。排水坡度应符合设计要求。

（3）细石混凝土保护层

施工前应在防水层上铺设隔离层，并按设计要求支设好分格缝木模，设计无要求时，分格缝纵横间距不应大于 6m（图 5-13a）。分格缝的宽度宜为 10 ～ 20mm。一个分格内的混凝土应连续浇筑，不留施工缝。振捣宜采用铁辊滚压或人工拍实，以防破坏防水层。拍实后随即用刮尺按排水坡度刮平，初凝前用木抹子提浆抹平，在混凝土初凝后及时取出分格缝木模，终凝前用铁抹子压光。

细石混凝土保护层浇筑完应及时进行养护，养护时间不应少于 7d。养护期满即将分格缝清理干净，待干燥后嵌填密封材料（图 5-13b）。

6. 屋面特殊部位的铺贴要求

天沟、檐沟、檐口、水落口、泛水、变形缝和伸出屋面管道的防水构造，必须符合设计要求。天沟、檐沟、檐口、泛水和立面卷材收头的端部应裁齐，塞入预留凹槽内，用金属压条，钉压固定，最大钉距不

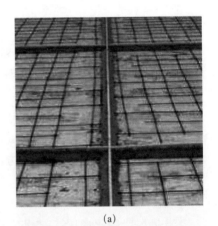

(a)

(b)

图 5-13 混凝土面层分格缝
(a) 分格缝木模安装；
(b) 分格缝用密封材料嵌填

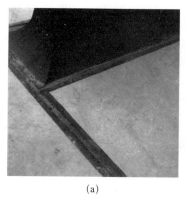

(a)　　　　　　　　　　　　　　(b)　　　　　　　　　　　　　　(c)

图 5-14　泛水铺贴
(a) 楼梯间出屋面；　(b) 女儿墙；　(c) 烟囱处

应大于 900mm，并用密封材料嵌填封严，凹槽距屋面找平层不小于 250mm，凹槽上部墙体应做防水处理，铺贴好的泛水如图 5-14 所示。

水落口杯应牢固地固定在承重结构上，如系铸铁制品，所有零件均应除锈，并刷防锈漆；天沟、檐沟铺贴卷材应从沟底开始。如沟底过宽，卷材纵向搭接时，搭接缝必须用密封材料封口，密封材料嵌填必须密实，连续，饱满，粘结牢固，无气泡、开裂、脱落等缺陷。沟内卷材附加层在与屋面交接处宜空铺，其空铺宽度不小于 200mm，其卷材防水层应由沟底翻上至沟外檐顶部，卷材收头应用水泥钉固定并用密封材料封严，铺贴檐口 800mm 范围内的卷材应采取满粘法。

水落口防水层应贴入水落口杯内不小于 50mm，水落口周围直径 500mm 范围内的坡度不小于 5%，并用密封材料封严。

变形缝处的泛水高度不小于 250mm，伸出屋面管道的周围与找平层或细石混凝土防水层之间，应预留 20mm×20mm 的凹槽，并用密封材料嵌填严密；在管道根部直径 500mm 范围内，找平层应抹出高度不小于 30mm 的圆台（图 5-15）。管道根部四周应

图 5-15　管道出屋面

增设附加层，宽度和高度均不小于 300mm。管道上的防水层收头应用金属箍紧固，并用密封材料封严。

5.1.2.2 涂膜防水屋面施工

5-1 涂膜防水屋面

1. 涂膜防水施工工艺流程

涂膜防水施工的一般工艺流程是：基层表面清理、修理→喷涂基层处理剂→特殊部位附加增强处理→涂布防水涂料及铺贴胎体增强材料→清理与检查修理→保护层施工。

2. 涂膜防水施工要点

基层处理剂常用涂膜防水材料稀释后使用，其配合比应根据不同防水材料按要求配置。

涂膜防水必须由两层以上涂层组成，每层应刷 2～3 遍，且应根据防水涂料的品种，分层分遍涂布，不能一次涂成，并待先涂的涂层干燥成膜后，方可涂后一遍涂料，其总厚度必须达到设计要求。涂膜厚度选用应符合表 5-10 规定。

涂膜厚度选用表   表 5-10

屋面防水等级	设防道数	高聚物改性沥青防水涂料	合成高分子防水涂料
I 级	三道或三道以上设防	—	不应小于 1.5mm
II 级	二道设防	不应小于 3mm	不应小于 1.5mm
III 级	一道设防	不应小于 3 mm	不应小于 2mm
IV 级	一道设防	不应小于 2mm	—

涂料的涂布顺序为：先高跨后低跨，先远后近，先立面后平面。同一屋面上先涂布排水较集中的水落口、天沟、檐口等节点部位，再进行大面积涂布。涂层应厚薄均匀、表面平整，不得有露底、漏涂和堆积现象。两涂层施工间隔时间不宜过长，否则易形成分层现象。涂层中夹铺增强材料时，宜边涂边铺胎体。胎体增强材料长边搭接宽度不得小于 50mm，短边搭接宽度不得小于 70mm。当屋面坡度小于 15% 时，可平行屋脊铺设胎体增强材料；屋面坡度大于 15% 时，应垂直屋脊铺设胎体增强材料。采用二层胎体增强材料时，上下层不得相互垂直铺设，搭接缝应错开，其间距不应小于幅宽的 1/3。找平层分格缝处应增设胎体增强材料的空铺附加层，其宽度以 200～300mm 为宜。涂膜防水层收头应用防水涂料多遍涂刷或用密封材料封严。在涂膜未干前，不得在防水层上进行其他施工作业。涂膜防水屋面上不得直接堆放物品。涂膜防水屋面的隔气层设置原则与卷材防水屋面相同。

【知识拓展】

5.1.2.3 复合防水屋面施工

由于涂膜防水层具有粘结强度高，可修补防水层基层裂缝缺陷，防水层无接缝，整体性好的特点；卷材与涂料复合使用时，卷材防水层强度高，耐穿刺，厚薄均匀，使用寿命长，宜设置在涂膜防水层的上面。

复合防水层防水涂料与防水卷材之间应粘接牢固，特别是在天沟和立面防水部位，如粘接不牢容易出现空鼓和分层现象时，一旦卷材破损，防水层会出现窜水现象。另外由于空鼓或分层，会加速卷材热老化和疲劳老化，降低卷材使用寿命。防水卷材的粘结质量应符合表 5-11 的要求。

防水卷材的粘结质量   表 5-11

项　　目	自粘聚合物改性沥青防水卷材和带自粘层防水卷材	高聚物改性沥青防水卷材胶粘剂	合成高分子防水卷材胶粘剂
粘结剥离强度（N/10mm）	≥ 10 或卷材断裂	≥ 8 或卷材断裂	≥ 15 或卷材断裂
剪切状态下的粘合强度（N/10mm）	≥ 20 或卷材断裂	≥ 20 或卷材断裂	≥ 20 或卷材断裂
浸水 168h 后粘结剥离强度保持率（%）	—	—	≥ 70

注：防水涂料作为防水卷材粘结材料复合使用时，应符合相应的防水卷材胶粘剂规定。

复合防水层施工质量应按卷材防水施工质量和涂膜防水施工质量要求组织施工。

在复合防水层中，如果防水涂料既是涂膜防水层，又是防水卷材的胶粘剂，那么不能单独对涂膜防水层进行验收，只能待复合防水层完工后整体验收。如果防水涂料不是防水卷材的胶粘剂，那么应对涂膜防水层和卷材防水层分别验收。复合防水层的总厚度，主要包括卷材厚度、卷材胶粘剂厚度和涂膜厚度。在复合防水层中，如果防水涂料既是涂膜防水层，又是防水卷材的胶粘剂，那么涂膜厚度应适当增加。

5.1.2.4　刚性防水屋面施工

1. 对基层要求

刚性防水屋面的结构层宜为整体现浇的钢筋混凝土。当屋面结构层采用装配式钢筋混凝土板时，应用强度等级不小于 C20 的细石混凝土嵌缝，嵌缝的细石混凝土宜掺膨胀剂。当屋面板板缝宽度大于 40mm 或上窄下宽时，板缝内必须设置构造钢筋，板端缝应进行密封处理。

5-2 刚性防水屋面

2. 隔离层施工

在结构层与防水层之间宜增加一层低强度等级砂浆、卷材、塑料薄膜等材料构成隔离层，使结构层和防水层变形互不约束，以减少混凝土产生拉应力而导致混凝土防水层开裂。

（1）黏土砂浆（或石灰砂浆）隔离层施工

预制板缝填嵌细石混凝土后板面应清扫干净，洒水湿润，但不得积水，将按石灰膏：砂：黏土（体积比）=1：2.4：3.6（或石灰膏：砂 =1：4）配制的砂浆拌合均匀，砂浆以干稠为宜，铺抹的厚度 10 ～ 20mm，要求表面平整、压实、抹光。待砂浆基本干燥后，方可进行下道工序施工。

（2）卷材隔离层施工

用 1：3 的水泥砂浆将结构层找平，并压实抹光养护，在干燥的找平层上铺一层 3～8mm 干细砂滑动层，在其上铺一层卷材，搭接缝用热沥青胶胶结；也可以在找平层上直接铺一层塑料薄膜。

隔离层继续施工时，要注意对隔离层加强保护。混凝土运输不能直接在隔离层表面进行，应采取垫板等措施；绑扎钢筋时不得扎破表面，浇捣混凝土时更不能振酥隔离层。

3. 分格缝的设置

为防止大面积的刚性防水层因温差、混凝土收缩等影响而产生裂缝，应按设计要求设置分格缝。其位置一般应设在结构应力变化较突出的部位，如结构层屋面板的支承端、屋面转折处、防水层与突出屋面结构的交接处，并应与板缝对齐。分格缝的纵横间距一般不大于 6m。

分格缝的一般做法是在施工刚性防水层前，先在隔离层上定好分格缝位置，再安放分格条，然后按分隔板块浇筑混凝土，待混凝土初凝后，将分格条取出即可。分格缝处可采用嵌填密封材料并加贴防水卷材的办法进行处理，以增加防水的可靠性。

4. 防水层施工

（1）普通细石混凝土防水层施工

混凝土浇筑应按先远后近、先高后低的原则进行，1 个分格缝内的混凝土必须 1 次浇筑完毕，不得留施工缝。细石混凝土防水层的厚度不应小于 40mm，并应配置双向钢筋网片，间距 100～200mm，但在分格缝处应断开，钢筋网片应放置在混凝土的中上部，其保护层厚不应小于 10mm。混凝土的质量要严格保证，加入外加剂时，应准确计量，投料顺序得当，搅拌均匀。混凝土搅拌应采用机械搅拌，搅拌时间不少于 2min，混凝土运输过程中应防止漏浆和离析。混凝土浇筑时，先用平板振动器振实，再用滚筒滚压至表面平整、泛浆，然后用铁抹子压实抹平，并确保防水层的设计厚度和排水坡度。抹压时严禁在表面洒水、加水泥浆或撒干水泥。待混凝土初凝收水后，应进行 2 次表面压光，或在终凝前 3 次压光成活，以提高其抗渗性。混凝土浇筑 12～24h 后应进行养护，养护时间不应少于 14d。养护初期屋面不得上人。施工时的气温宜在 5～35℃，以保证防水层的施工质量。

（2）补偿收缩混凝土防水层施工

补偿收缩混凝土防水层是在细石混凝土中掺入膨胀剂拌制而成，硬化时混凝土产生微膨胀，以补偿普通混凝土的收缩；在配筋情况下，由于钢筋限制其膨胀，从而使混凝土产生自应力，起到致密混凝土，提高混凝土抗裂性和抗渗性的作用。其施工要求与普通细石混凝土防水层大致相同。当用膨胀剂拌制补偿收缩混凝土时应按配合比准确称量，搅拌投料时膨胀剂应与水泥同时加入。混凝土连续搅拌时间不应少于 3min。

5.1.2.5　常见屋面渗漏防治方法

造成屋面渗漏的原因是多方面的，包括设计、施工、材料质量、维修管理等。要提高屋面防水工程的质量，应以材料为基础，以设计为前提，以施工为关键，并加强维护，对屋面工程进行综合治理。

1. 屋面渗漏的原因

（1）山墙、女儿墙和突出屋面的烟囱等墙体与防水层相交部位渗漏雨水

其原因是节点做法过于简单，垂直面卷材与屋面卷材没有很好地分层搭接，或卷材收口处开裂。在冬季不断冻结，夏天炎热溶化，使开口增大，并延伸至屋面基层，造成漏水。此外，由于卷材转角处未做成圆弧形、钝角或角太小，女儿墙压顶砂浆标号低，滴水线未做或没有做好等原因，也会造成渗漏。

（2）天沟漏水

其原因是天沟长度大，纵向坡度小，雨水口少，雨水斗四周卷材粘贴不严，排水不畅，造成漏水。

（3）屋面变形缝（伸缩缝、沉降缝）处漏水

其原因是处理不当，如铁皮凸棱安反，铁皮安装不牢，泛水坡度不当等造成漏水。

（4）挑檐、檐口处漏水

其原因是檐口砂浆未压住卷材，封口处卷材张口，檐口砂浆开裂，下口滴水线未做好而造成漏水。

（5）雨水口处漏水

其原因是雨水口处水斗安装过高，泛水坡度不够，使雨水沿雨水斗外侧流入室内，造成渗漏。

（6）厕所、厨房的通气管道根部处漏水

其原因是防水层未盖严或包管高度不够，在油毡上口未缠麻丝或铅丝，油毡没有做压毡保护层，使雨水沿出气管进入室内造成渗漏。

（7）大面积漏水

其原因是屋面防水层找坡不够，表面凹凸不平，造成屋面积水而渗漏。

2. 屋面渗漏的预防及治理办法

遇上女儿墙压顶开裂时，可铲除开裂压顶的砂浆，重抹 1：2.5～1：2 的水泥砂浆，并做好滴水线，有条件者可换成预制钢筋混凝土压顶板。突出屋面的烟囱、山墙、管道根部等与屋面交接处、转角处做成钝角，垂直面与屋面的卷材应分层搭接，对已漏水的部位，可将转角渗漏处的卷材割开，并分层将旧卷材烤干剥离，清除原有沥青胶，按图 5-16、图 5-17 构造处理。

出屋面管道：管道根部处做成钝角，并建议设计单位加做防雨罩，使防水卷材在防雨罩下收头，如图 5-18 所示。

檐口漏雨：将檐口处旧卷材掀起，用 24 号镀锌铁皮将其钉于檐口，将新卷材贴于铁皮上，如图 5-19 所示。

雨水口漏雨渗水：将雨水斗四周卷材铲除，检查短管是否紧贴基层板面或铁水盘。如短管浮搁在找平层上，则将找平层凿掉，清除后安装好短管，再用搭槎法重做卷材防水层，然后进行雨水斗附近卷材的收口和包贴，如图 5-20 所示。

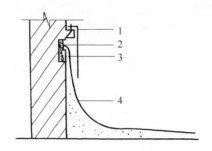

图 5-16　女儿墙白铁泛水
1—白铁泛水；2—水泥砂浆堵缝；
3—预埋木砖；4—防水卷材

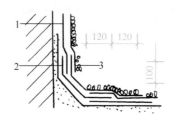

图 5-17　转角渗漏处卷材处理（mm）
1—原有卷材；2—干铺一层新卷材；
3—新附加卷材

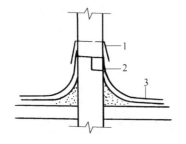

图 5-18　出屋面管加铁皮防雨罩
1—24号镀锌铁皮防雨罩；2—铅丝或麻绳；
3—防水卷材

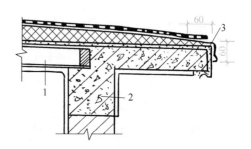

图 5-19　檐口漏雨处理（mm）
1—屋面板；2—圈梁；
3—24号镀锌铁皮

　　如用铸铁弯头代替雨水斗时，则需将弯头凿开取出，清理干净后再安装弯头，并铺一层卷材，使其伸入弯头内大于 50mm 的宽度，最后做防水层至弯头内并与弯头端部搭接顺畅、抹压密实。

　　对于大面积渗漏屋面，针对不同原因可采用不同方法治理。一般是将原豆石保护层清扫一遍，去掉松动的浮石，抹 20mm 厚水泥砂浆找平层，然后做防水涂料防水层和粗砂保护层。

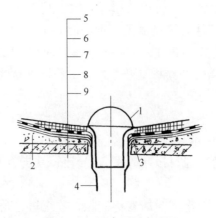

图 5-20　雨水口漏水处理
1—雨水罩；2—轻质混凝土；3—雨水斗紧贴基层；4—短管；5—沥青胶或油膏灌缝；
6—防水层；7—附加第一层卷材；8—附加第二层卷材；9—水泥砂浆找平层

5.1.3　屋面防水工程冬期、雨期施工要求

5.1.3.1　屋面防水工程冬期施工

卷材屋面不宜在低于 0℃ 的情况下施工。冬期施工时，可利用日照采暖使基层达到正温进行柔毡铺贴。柔毡铺贴前，应先将柔毡卷材放在 15℃ 以上的室内预热 8h，并在铺贴前将柔毡表面的滑石粉清扫干净，按施工进度的要求，分批送到屋面使用。

铺设前，应检查基层的强度、含水率及平整度。基层含水率不超过 15%，防止基层含水率过大，转入常温后水分蒸发引起油毡鼓泡。

扫清基层上的霜雪、冰层、垃圾，然后涂刷冷底子油一度。铺贴卷材时，应做到随涂粘结剂随铺贴和压实卷材，以免沥青胶冷却粘结不好，产生孔隙气泡等。沥青胶厚度宜控制在 1 ~ 2mm，最大不应超过 2mm。

5.1.3.2　屋面防水工程雨期施工

（1）卷材层面应尽量在雨季前施工，并同时安装屋面的落水管。

（2）雨天严禁进行油毡屋面施工，油毡、保温材料不准淋雨。

（3）雨天屋面工程宜采用"湿铺法"施工工艺，"湿铺法"就是在"潮湿"基层上铺贴卷材，先喷刷 1 ~ 2 道冷底子油，喷刷工作宜在水泥砂浆凝结初期进行操作，以防基层浸水。如基层浸水，应在基层表面干燥后方可铺贴油毡；如基层潮湿且干燥有困难时，可采用排气屋面。

5.1.4　屋面防水施工检验批质量验收

某 6 层砖混结构商住楼，屋面防水材料采用 SBS 改性沥青卷材，屋面防水面积为 2800m²，现对屋面防水分项工程质量进行验收。

【任务实施】

5.1.4.1　屋面防水工程检验批质量验收

1. 屋面防水工程检验批划分

屋面工程各分项工程宜按屋面面积每 500 ~ 1000m² 划分为 1 个检验批，不足 500m² 应按 1 个检验批划分。

防水与密封工程各分项工程每个检验批的抽检数量，防水层应按屋面面积每 100m² 抽查 1 处，每处应为 10m²，且不得少于 3 处；接缝密封防水应按每 50m 抽查 1 处，每处应为 5m，且不得少于 3 处。

该屋面防水面积为 2800m²，划分为 3 个检验批，质量验收结果见表 5-12。

2. 屋面防水工程检验批质量验收记录表填写

屋面防水工程检验批的质量验收可按《屋面工程质量验收规范》GB 50207 的表格

进行验收记录（表 5-12）。

屋面防水工程检验批质量验收记录   表 5-12

工程名称	××商住楼	分项工程名称	屋面防水	验收部位	屋面
施工单位	×××建筑工程公司			项目经理	×××
施工执行标准名称及编号	《屋面防水工程施工工艺标准》QB×××—××××			专业工长	×××
分包单位	/			施工班组长	×××

施工质量验收规范的规定			施工单位检查评定记录	监理（建设）单位验收记录
主控项目	1	防水卷材及其配套材料的质量，应符合设计要求	有出厂合格证、质量检验报告和进场有见证复验报告，符合设计要求	同意验收
	2	卷材防水层不得有渗漏和积水现象	雨后观察和蓄水试验未发现渗漏和积水现象，符合要求	
	3	卷材防水层在檐口、檐沟、天沟、水落口、泛水、变形缝和伸出屋面管道的防水构造，应符合设计要求	全面观察检查和检查隐蔽工程验收记录，均符合设计要求	
一般项目	1	卷材的搭接缝应粘结或焊接牢固，密封应严密，不得扭曲、皱折和翘边	全面观察检查，均符合规范规定	同意验收
	2	卷材防水层的收头应与基层粘结，钉压应牢固，密封应严密	全面观察检查，均符合规范规定	
	3	屋面排气构造的排气道应纵横贯通，不得堵塞；排气管应安装牢固，位置应正确，封闭应严密	观察检查，均符合规范规定	
	4	卷材防水层的铺贴方向应正确，卷材搭接宽度的允许偏差为 -10mm	-8 -6 -5 -9 -8 -6 -5 -11	

卷材搭接宽度共实测8个点，其中合格7点，不合格1点，合格率87.5%

施工单位检查评定结果	主控项目全部合格，一般项目满足规范规定要求，资料齐全完整，检查评定结果为合格。 项目专业质量检查员：××× ××××年××月××日
监理（建设）单位验收结论	同意验收。 监理工程师（建设单位项目专业技术负责人）：××× ××××年××月××日

注：表中"施工质量验收规范的规定"一栏中的主控项目和一般项目的质量标准要求见第5.1.4.2节。屋面防水工程施工质量由施工项目专业质量检查员对照规范要求检查合格后，填写"屋面防水工程检验批质量验收记录表"，监理工程师（建设单位项目技术负责人）组织项目专业技术负责人进行验收并签署验收结论。

【学习支持】

5.1.4.2　屋面防水层检验批质量验收标准

屋面防水工程检验批验收时，按主控项目和一般项目进行验收，其主控项目应全部符合规范规定；一般项目应有 80% 及以上的抽检处符合规范规定；有允许偏差的项目，最大超差值为允许偏差值的 1.5 倍。

1. 卷材屋面防水层检验批质量验收标准

（1）主控项目

◆ 卷材防水层所用卷材及其配套材料必须符合设计要求。

检验方法：检查出厂合格证、质量检验报告和现场抽样复验报告。

◆ 卷材防水层不得有渗漏或积水现象。

检验方法：雨后或淋水、蓄水检验。

◆ 卷材防水层在天沟、檐沟、檐口、水落口、泛水、变形缝和伸出屋面管道等细部做法必须符合设计要求。

检验方法：观察检查和检查隐蔽工程验收记录。

（2）一般项目

◆ 卷材防水层的搭接缝应粘（焊）结牢固，密封严密，不得有皱折、翘边和鼓泡等缺陷；防水层的收头应与基层粘结并固定牢固，缝口封严，不得翘边。

检验方法：观察检查。

◆ 卷材防水层上的撒布材料（如绿豆砂、云母或蛭石）和浅色涂料保护层应铺撒和涂刷均匀，粘结牢固；水泥砂浆或细石混凝土保护层与卷材防水层间应设置隔离层；刚性保护层的分格缝留置应符合设计要求。

检验方法：观察检查。

◆ 排气屋面的排气道、排气孔应纵横贯通，不得堵塞；排气管应安装牢固，位置正确，封闭严密。

检验方法：观察检查。

◆ 卷材的铺贴方向应正确，卷材搭接宽度的允许偏差为 10mm。

检验方法：观察检查。

2. 涂膜屋面防水层检验批质量验收标准

（1）主控项目

◆ 防水涂料和胎体增强材料必须符合设计要求。

检验方法：检查出厂合格证、质量检验报告和现场抽样复验报告。

◆ 涂膜防水层不得有渗漏或积水现象。

检验方法：雨后或淋水、蓄水检验。

◆ 涂膜防水层在天沟、檐沟、檐口、水落口、泛水、变形缝和伸出屋面管道等细部做法必须符合设计要求。

检验方法：观察检查和检查隐蔽工程验收记录。

（2）一般项目

◆ 涂膜防水层的平均厚度应符合设计要求，最小厚度不应小于设计厚度的 80%。

检验方法：针测法或取样量测。

◆ 涂膜防水层与基层应粘结牢固，表面平整，涂刷均匀，不得有流淌、皱折、鼓泡、露胎体和翘边等缺陷。

检验方法：观察检查。

◆ 涂膜防水层上的撒布材料或浅色涂料保护层应铺撒或涂刷均匀，粘结牢固；水泥砂浆或细石混凝土保护层与涂膜防水层间应设隔离层；刚性保护层的分格缝留置应符合设计要求。

检验方法：观察检查。

【能力拓展】

5.1.5 屋面防水工程施工技术交底案例

某 6 层砖混结构商住楼，屋面防水材料采用 SBS 改性沥青卷材，屋面防水面积 2800m²，在进行屋面防水工程施工前，项目部质检员向参与施工的防水施工班组人员进行技术交底（表 5-13）。

技术交底   表 5-13

工程名称	×××商住楼	建设单位	×××
监理单位	××建设监理公司	施工单位	××建筑工程公司
工程部位	屋面防水层	交底对象	防水施工班组
交 底 人	×××	接 收 人	×××
参加交底人员：（参加的所有人员签字） ×××、×××、×××、×××		交底时间	×××

一、准备施工

1. 材料及要求

（1）规格、材质：满足设计要求。

（2）资料：要经有关部门认证许可并有出厂合格证。

（3）见证取样：防水卷材及配套材料运至施工现场后，会同监理、建设单位一起按照试验要求取样，然后一起送见证试验室，试验合格方准使用。

（4）高聚物改性沥青防水卷材：聚合物改性沥青卷材，厚 4mm。

（5）配套材料

◆ 氯丁橡胶沥青胶粘剂：由氯丁橡胶加入沥青及溶剂等配制而成，为黑色液体。

◆ 橡胶沥青嵌缝膏：即密封膏，用于细部嵌固边缝。

◆ 保护层料：依设计要求。

◆ 70 号汽油、二甲苯，用于清洗受污染的部位。

2. 主要机具

电动搅拌器、高压吹风机、铁抹子、滚动刷、汽油喷灯、剪刀、钢卷尺、笤帚、小线、粉笔等。

3. 作业条件

（1）找平层施工完毕，并经养护、干燥，含水率不大于 9%。

（2）找平层坡度应符合设计要求，不得有空鼓、开裂、起砂、脱皮等缺陷。

（3）找平层各种阴阳角、管道根部抹圆角。

（4）立面上卷高度 ≥ 250mm。

（5）做好挑檐、女儿墙、人孔、沉降缝等的防腐木砖。

（6）下水口的位置、出墙距离不能影响雨漏斗的安装，不能与各楼层的通气孔、空调孔紧贴。

（7）作业人员应持证上岗。

续表

(8) 安全防护到位并经安全员验收，准备好卷材及配套材料，存放和操作应远离火源，防止发生事故。

(9) 出屋面的各种管道、避雷设施施工完毕，会同相关工长、质检员进行交接验收，合格后填写交接验收记录表。

二、质量要求

（一）主控项目

1. 卷材防水层所用卷材及其配套材料，必须符合设计要求。

2. 卷材防水层不得有渗漏或积水现象。

3. 卷材防水层在天沟、檐沟、檐口、水落口、泛水、变形缝和伸出屋面管道的防水构造，必须符合设计要求。

（二）一般项目

1. 卷材防水层的搭接缝应粘（焊）结牢固，密封严密，不得有皱折、翘边和鼓泡等缺陷。

2. 卷材防水层上的撒布材料和浅色涂料保护层应铺撒或涂刷均匀，粘结牢固。

3. 排气屋面的排气道应纵横贯通，不得堵塞。排气管应安装牢固，位置正确，封闭严密。

4. 卷材铺贴方向应正确，卷材搭接宽度的允许偏差为 -10mm。

三、高聚物改性沥青卷材防水层热熔法施工操作工艺

1. 工艺流程

清理基层→涂刷基层处理剂→铺贴卷材附加层→铺贴卷材→热熔封边→蓄水试验→保护层施工。

2. 操作要点

（1）清理基层：施工前将验收合格的基层表面尘土、杂物清理干净。

（2）涂刷基层处理剂：高聚物改性沥青卷材施工，按产品说明书配套使用，基层处理剂是将氯丁橡胶沥青胶粘剂加入工业汽油稀释，搅拌均匀，用长把滚刷均匀涂刷于基层表面上，常温经过 4h 后，开始铺贴卷材。

（3）附加层施工：先在女儿墙、水落口、管道根部、檐口、阴阳角等部位施做附加层，附加层的范围应符合设计要求。

（4）铺贴卷材施工要点

◆ 卷材的厚度应符合设计要求。将改性沥青防水卷材剪成相应尺寸，用原卷心卷好备用；铺贴时随放卷随用火焰喷枪加热基层和卷材的交接处，喷枪口距加热面 300mm 左右，经往返均匀加热，趁卷材的材面刚刚熔化时，将卷材向前滚铺、粘贴。

◆ 卷材应平行屋脊从檐口往上铺贴，长边及端头的搭接宽度，满粘法均为 80mm，且端头接茬要错开 50mm。

◆ 卷材应从流水坡度的下坡开始，按卷材规格弹出基准线铺贴，并使卷材的长向与流水坡向垂直。注意卷材配制，应减少阴阳角处的接头。

◆ 铺贴平面与立面相连接的卷材，应由下向上进行，使卷材紧贴阴阳角，铺展时对卷材不可拉得太紧，且不得有皱折、空鼓等现象。

（5）热熔封边：将卷材搭接处用喷枪加热，趁热使二者粘结牢固，以边缘挤出沥青为度；末端收头用密封膏嵌填严密。

（6）防水层蓄水试验：卷材防水层完工后，将所有雨水口堵住，然后储水，水面应高出屋面最高点 20mm，24h 后进行认真观察，尤其是管道根部、风道根，不漏不渗为合格，否则应进行返工，直到不漏不渗为止。

（7）防水工长对细部做法进行检查合格后填写检验批验收记录表，然后请质检员进行核定，质检员核定后，报监理验收，验收合格后方可与下道工序（保护层）的工长进行交接检查，检查无问题后填写交接检记录后即可进行保护层施工。

四、保护层施工

上人屋面按设计要求做刚性防水层屋面保护层。

五、应注意的质量问题

1. 施工时应找好线，放好坡，找平层施工中应拉线检查。做到坡度符合要求，防止造成屋面不平整积水。

2. 铺贴卷材时应掌握基层含水率，不符合要求不能铺贴卷材，同时铺贴时应平、实，压边紧密，粘结牢固，防止造成空鼓。

3. 铺贴附加层时，应使附加层紧贴到位，封严、压实，不得有翘边等现象避免造成细部渗漏。

4. 女儿墙卷材封口处应压实钉牢固定，用油膏封口。

5. 管道根部应做圆弧，上面做伞罩，用沥青麻丝缠绕收头。

6. 卷材应深入下水口 50mm。

六、成品保护

1. 已铺好的卷材防水层，应采取措施进行保护，严禁在防水层上进行施工作业和运输，并应及时做防水层的保护层。

2. 穿过屋面、墙面防水层处的管位，施工中与完工后不得损坏变位。

3. 变形缝、水落口等处防水层施工前，应进行临时封堵，防水层完工后，应进行清除，保证管、缝内通畅，满足使用功能。

4. 屋面施工时不得污染墙面、檐口及其他已施工完成的成品。

注：本表一式四份，建设单位、监理单位、施工单位、城建档案馆各一份。

能力测试

1. 单项选择题

（1）屋面水泥砂浆找平层与突出屋面结构的连接处以及转角处均应做成（　　）。

  A. 钝角   B. 圆弧

  C. 直角   D. 锐角

（2）屋面坡度在 3%~15% 之内时，卷材可（　　）屋脊铺贴。

  A. 平行   B. 垂直

  C. 平行或垂直   D. 任意

（3）当屋面坡度小于 3% 时，卷材宜（　　）屋脊铺贴。

  A. 平行   B. 垂直

  C. 平行或垂直   D. 任意

（4）铺贴卷材应采用搭接方法，上、下两层卷材的铺贴方向应（　　）。

  A. 垂直   B. 45° 斜交

  C. 平行   D. 60° 斜交

（5）卷材的铺贴方向应正确，卷材搭接宽度的允许偏差为（　　）mm。

  A. 10   B. 20

  C. 50   D. 100

2. 多项选择题

（1）建筑物需要防水的部位有（　　）。

  A. 外墙面   B. 地下室

  C. 厨卫间   D. 屋面

（2）屋面常用的卷材防水材料有（　　）。

  A. 沥青防水卷材   B. 高聚物改性沥青防水卷材

  C. 合成高分子防水卷材   D. 塑料薄膜防水卷材

（3）细石混凝土刚性防水的要求有（　　）。

  A. 厚度不小于 40 mm，配置双向钢筋网片

  B. 设置分隔缝

  C. 钢筋网片应放置在混凝土的下部

  D. 钢筋网片应放置在混凝土中上部

（4）铺贴 SBS 改性沥青防水卷材的方法有（　　）。

  A. 热熔法   B. 冷粘法

  C. 自粘法   D. 热风焊接法

项目 5.2　住宅室内防水工程施工

【项目描述】

住宅室内防水是指卫生间、浴室的楼、地面应设置的防水层，墙面、顶棚应设置的防潮层和门口应有的阻止积水外溢的措施，特别是卫生间、浴室的楼、地面和墙面的穿墙管道多，设备多，阴阳转角复杂，房间长期处于潮湿状态等对使用、施工造成的不利条件使其防水施工有一定的特殊性。传统的卷材防水做法已不适应卫生间防水施工，住宅室内防水工程宜使用聚氨酯防水涂料、聚合物乳液防水涂料、聚合物水泥防水涂料和水乳型沥青防水涂料等水性或反应型防水涂料等新材料和新工艺，可以使卫生间的地面和墙面形成一个没有接缝、封闭严密的整体防水层，确保防水工程质量。

【学习支持】

住宅室内防水工程施工相关规范
1.《建筑工程施工质量验收统一标准》GB 50300-2013
2.《建筑地面工程施工质量验收规范》GB 50209-2010
3.《住宅室内防水工程技术规程》JGJ 298-2013
4.《弹性体改性沥青防水卷材》GB 18242-2008
5.《聚合物水泥防水涂料》GB/T 23445-2009
6.《聚合物乳液建筑防水涂料》JC/T 864-2008
7.《聚合物水泥防水砂浆》JC/T 984-2011

【学习支持】

5.2.1　住宅室内防水施工

住宅室内防水材料宜根据不同的设防部位，按照防水涂料、防水卷材、刚性防水材料的优先次序选用防水材料，并注意材料之间的相容性，密封材料宜采用与主体防水层相匹配的柔性材料。

住宅室内防水工程宜使用聚氨酯防水涂料、聚合物乳液防水涂料、聚合物水泥防水涂料和水乳型沥青防水涂料等水性或反应型防水涂料。室内防水工程不得使用溶剂型防水材料。

5.2.1.1　室内防水对材料的要求

1. 水泥

用于配制防水混凝土的水泥宜采用硅酸盐水泥、普通硅酸盐水泥。不得使用过期或受潮结块的水泥，不得将不同品种或强度等级的水泥混合使用。

2. 防水涂料

室内防水工程常用的防水涂料有：聚合物水泥防水涂料、聚合物乳液防水涂料、聚氨酯防水涂料、聚合物水泥防水浆料和水乳型沥青防水涂料等。

（1）聚合物水泥防水涂料

聚合物水泥防水涂料Ⅰ型产品不宜用于长期浸水环境的防水工程；Ⅱ型产品可用于长期浸水环境和干湿交替环境的防水工程环境；Ⅲ型产品宜用于住宅室内墙面或顶棚的防潮。其质量性能指标应符合表 5-14 的要求，有害物质限量应符合表 5-18、表 5-19的规定。

聚合物水泥防水涂料   表 5-14

项目		性能指标		
固体含量（%）		≥ 70	≥ 70	≥ 70
拉伸强度*	无处理（MPa）	≥ 1.2	≥ 1.8	≥ 1.8
	加热处理后保持率（%）	≥ 80	≥ 80	≥ 80
	碱处理后保持率（%）	≥ 60	≥ 70	≥ 70
断裂伸长率*	无处理（%）	≥ 200	≥ 80	≥ 30
	加热处理（%）	≥ 150	≥ 65	≥ 20
	碱处理（%）	≥ 150	≥ 65	≥ 20
粘结强度	无处理（MPa）	≥ 0.5	≥ 0.7	≥ 1
	潮湿基层（MPa）	≥ 0.5	≥ 0.7	≥ 1
	碱处理（MPa）	≥ 0.5	≥ 0.7	≥ 1
	浸水处理（MPa）	≥ 0.5	≥ 0.7	≥ 1
不透水性（0.3MPa，30min）		不透水	不透水	不透水
抗渗性（砂浆背水面）		–	≥ 0.6	≥ 0.8

注：带 * 者为地面辐射采暖时的要求。

（2）聚合物乳液防水涂料

聚合物乳液防水涂料的质量性能指标应符合表 5-15 的要求，有害物质限量应符合表 5-18、表 5-19 的规定。

聚合物乳液防水涂料   表 5-15

项目	性能指标
拉伸强度（MPa）	≥ 1.0
断裂延伸率（%）	≥ 300
不透水性（0.3MPa，0.5h）	不透水
固体含量（%）	≥ 65

续表

项目		性能指标
干燥时间（h）	表干时间	≤ 4
	实干时间	≤ 8
处理后的拉伸强度保持率*（%）	加热处理	≥ 80
	碱处理	≥ 60
	酸处理	≥ 40
处理后的断裂伸长率*（%）	加热处理	≥ 200
	碱处理	≥ 200
	酸处理	≥ 200
加热拉伸率*（%）	伸长	≤ 1.0
	缩短	≤ 1.0

注：带 * 者为地面辐射采暖时的要求。

（3）聚氨酯防水涂料

聚氨酯防水涂料的质量性能指标应符合表 5-16 的要求，有害物质限量应符合表 5-18、表 5-19 的规定。

聚氨酯防水涂料   表 5-16

项目		性能指标	
		单组分	双组分
拉伸强度（MPa）		≥ 1.90	
断裂伸长率（%）		≥ 450	
撕裂强度（N/mm）		≥ 12	
不透水性（0.3MPa,30 min）		不透水	
固体含量（%）		≥ 80	≥ 92
加热拉伸率*（%）	伸长	≤ 1.0	
	缩短	≤ 4.0	
热处理	拉伸强度保持率*（%）	≥ 80 ~ 150	
	断裂伸长率*（%）	≥ 400	
碱处理	拉伸强度保持率（%）	≥ 60 ~ 150	
	断裂伸长率（%）	≥ 400	
酸处理	拉伸强度保持率（%）	≥ 80 ~ 150	
	断裂伸长率（%）	≥ 400	

注：带 * 者为地面辐射采暖时的要求。

（4）水乳型沥青防水涂料的性能指标应符合表 5-17 的要求，有害物质限量应符合表 5-18、表 5-19 的规定。

水乳型沥青防水涂料　　　　　　　　　　　　　　　表 5-17

项目		性能指标
固体含量（%）		≥ 45
耐热度 *（℃）		80±2，无流淌、滑移、滴落
不透水性（0.3MPa，30min）		不透水
粘结强度（MPa）		≥ 0.30
断裂延伸率 *（%）	标准条件	≥ 600
	碱处理	≥ 600
	热处理	≥ 600

注：带 * 者为地面辐射采暖时的要求。

（5）防水涂料的有害物质限量应符合表 5-18、表 5-19 的要求。

水性防水涂料中有害物质含量指标　　　　　　　　　　表 5-18

项目		水性防水涂料
挥发性有机化合物（VOC）（g/L）		≤ 120
游离甲醛（mg/kg）		≤ 200
苯、甲苯、乙苯和二甲苯总和（mg/kg）		≤ 300
氨（mg/kg）		≤ 1000
可溶性重金属（mg/kg）	铅 Pb	≤ 90
	镉 Cd	≤ 75
	铬 Cr	≤ 60
	汞 Hg	≤ 60

注：对于无色、白色、黑色防水涂料不需测定可溶性重金属。

反应型防水涂料中有害物质含量指标　　　　　　　　　表 5-19

项目	反应型防水涂料
挥发性有机化合物（VOC）（g/L）	≤ 200
苯、甲苯、乙苯和二甲苯总和（g/kg）	≤ 1.0
苯（mg/kg）	≤ 200
苯酚（mg/kg）	≤ 500
蒽（mg/kg）	≤ 100
萘（mg/kg）	≤ 500
游离 TDI（g/kg）	≤ 7

续表

项目		反应型防水涂料
可溶性重金属 (mg/kg)	铅 Pb	≤ 90
	镉 Cd	≤ 75
	铬 Cr	≤ 60
	汞 Hg	≤ 60

注: 1. 游离 TDI 仅适用于聚氨酯类防水涂料;

2. 对于无色、白色、黑色防水涂料不需测定可溶性重金属。

3. 加强层胎体材料

用于加强层的胎体材料宜选用 $30 \sim 50g/m^2$ 的聚酯无纺布、聚丙烯无纺布或耐碱玻纤网。

4. 防水砂浆

防水砂浆是在水泥砂浆中掺入防水剂或聚合物形成,防水砂浆应使用由专业生产厂家生产的商品砂浆。掺防水剂的防水砂浆性能应符合表 5-20 的规定,掺聚合物的防水砂浆性能指标应符合表 5-21 的规定。

掺防水剂的防水砂浆的性能指标   表 5-20

项目		性能指标
净浆安定性		合格
凝结时间	初凝 (min)	≥ 45
	终凝 (h)	≤ 10
抗压强度比	7d (%)	≥ 95
	28d (%)	≥ 85
渗水压力比 (%)		≥ 200
48h 吸水量比 (%)		≤ 75

掺聚合物的防水砂浆的性能指标   表 5-21

项目		性能指标	
		干粉类 (Ⅰ类)	乳液类 (Ⅱ类)
凝结时间	初凝 (min)	≥ 45	≥ 45
	终凝 (h)	≤ 12	≤ 24
抗渗压力 (MPa)	7d	≥ 1.0	
	28d	≥ 1.5	

续表

项目		性能指标	
		干粉类（Ⅰ类）	乳液类（Ⅱ类）
抗压强度（MPa）	28d	≥ 24.0	
抗折强度（MPa）	28d	≥ 8.0	
压折比		≤ 3.0	
粘结强度（MPa）	7d	≥ 1.0	
	28d	≥ 1.2	
耐碱性（饱和 Ca（OH）₂ 溶液，168h）		无开裂，无剥落	
耐热性*（100℃水，5h）		无开裂，无剥落	

注：1. 凝结时间可根据用户需要及季节变化调整；

2. 带 * 者为地面辐射采暖时的要求。

5. 密封材料

对于地漏、大便器、排水立管等穿越楼板的管道根部，宜使用丙烯酸建筑密封胶或聚氨酯建筑密封胶嵌填，其性能指标应分别符合表 5-22 和表 5-23 的规定。

丙烯酸建筑密封胶的性能指标　　　　　　　　　　表 5-22

项目	性能指标
表干时间（h）	≤ 1.0
挤出性（mL/min）	≥ 100
弹线恢复率（%）	≥ 40
定伸粘结性	无破坏
浸水后定伸粘结性	无破坏

聚氨酯建筑密封胶的性能指标　　　　　　　　　　表 5-23

项目	性能指标
表干时间（h）	≤ 24
挤出性（mL/min）	≥ 80
弹线恢复率（%）	≥ 70
定伸粘结性	无破坏
浸水后定伸粘结性	无破坏

注：对于挤出性，仅适用于单组分产品。

【知识拓展】

5.2.1.2　住宅室内防水构造

卫生间、浴室、设有配水点的封闭阳台的楼、地面应有排水措施，应设置防水层。墙面、顶棚应设置防潮层，门口应有阻止积水外溢的措施，其主要构造要求如下：

1. 室内防水地面防积水外溢构造

卫生间、浴室的楼、地面应设置防水层，在门口处应水平延展，且向外延展的长度不应小于 500mm，向两侧延展的宽度不应小于 200mm，以阻止积水外溢，如图 5-21 所示。

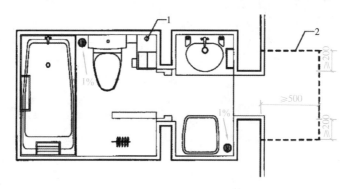

图 5-21　楼地面门口处防水层延展构造（mm）
1—穿越楼板的管道及其防水套管；2—门口处防水层延展范围

2. 管道穿越楼板的防水构造

穿越楼板的管道应设置防水套管，高度应高出装饰层完成面 20mm 以上；套管与管道间应采用防水密封材料嵌填压实，如图 5-22 所示。

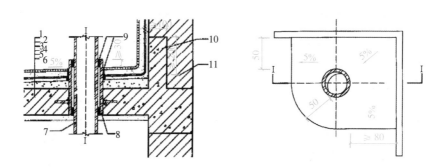

图 5-22　管道穿越楼板的防水构造（mm）
1—楼、地面面层；2—粘结层；3—防水层；4—找平层；5—垫层或找坡层；6—钢筋混凝土楼板；
7—排水立管；8—防水套管；9—密封膏；10—C20 细石混凝土翻边；11—装饰层完成面高度

3. 地漏防水构造

地漏、排水立管等穿越楼板的管道根部应用密封材料嵌填压实，防止积水渗漏，其构造做法如图 5-23 所示。

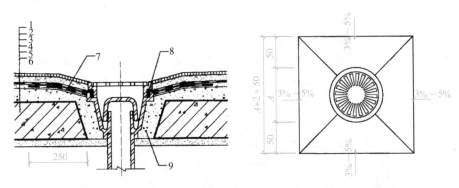

图 5-23　地漏防水构造（mm）

1—楼、地面面层；2—粘结层；3—防水层；4—找平层；5—垫层或找坡层；
6—钢筋混凝土楼板；7—防水层的附加层；8—密封膏；9—C20细石混凝土掺聚合物填实

【任务实施】

5.2.1.3　住宅室内防水施工

住宅室内防水工程施工单位应有专业施工资质，作业人员应持证上岗。施工前应通过图纸会审，明确细部构造和技术要求，并编制施工方案。穿越楼板、防水墙面的管道和预埋件等，应在防水施工前完成安装。

5-3 卫生间楼地面聚氨酯防水施工

1. 基层处理

防水施工之前应将基层上的尘土、砂浆块、杂物、油污等清除干净；基层有凹凸不平的应采用高标号的水泥砂浆对低凹部位进行找平，基层有裂缝的先将裂缝剔成斜坡槽，再采用柔性密缝材料、腻子型的浆料、聚合物水泥砂浆进行修补；基层有蜂窝孔洞的，应先将松散的石子剔除，用聚合物水泥砂浆修平整。各类构件根部的混凝土有疏松的，应剔除后重新浇筑高标号的混凝土加固；与找平层相连接的管件、卫生洁具、排水口等，必须安装牢固，收头应圆滑，按设计要求用密封膏嵌固。防水基层应用 1:3 的水泥砂浆抹成 1/50 的泛水坡度，表面要抹平压光，不允许有凹凸不平、松动和起砂掉灰等缺陷存在。排水口或地漏部位应高出基层表面 20mm 以上，阴阳角部位应做成直径约 20mm 的小圆弧，以便涂料施工。聚合物水泥防水涂料、聚合物水泥防水浆料和防水砂浆等水泥基材料可以在潮湿基层上施工，但不得有明水；聚氨酯防水涂料、自粘聚合物改性沥青防水卷材等对基层含水率有一定的要求，为确保施工质量，基层含水率应符合相应防水材料的要求。

2. 聚氨酯防水涂料施工

防水涂料施工时，应采用与涂料配套的基层处理剂。基层处理剂涂刷应均匀、不流淌、不堆积。防水涂料在大面积施工前，应先在阴阳角、管道根部、地漏、排水口、设备基础根等部位施做附加层，并应夹铺胎体增强材料，附加层的宽度和厚度应符合设计要求。

（1）聚氨酯防水涂料施工工艺

本节以双组分为例介绍施工工艺及注意事项，双组分涂料应按配合比要求在现场配制，并使用机械搅拌均匀，要做到无颗粒悬浮物。

聚氨酯防水涂料施工工艺流程如下：

基层表面处理→局部增强→涂刮聚氨酯涂料（3 遍）→表面保护和修饰→组织验收。

◆ 基层表面处理：在抹好的找平层上涂刷结合剂（底涂）；结合剂应按产品说明要求配合比配制，将配料注入搅拌桶内搅拌均匀，再用滚刷涂布于基层，涂布量一般以 $0.1 \sim 0.2 kg/m^2$ 为宜。稀释剂不宜过多，以刷子涂刷方便为宜，以免造成浪费及对周围环境造成污染。

◆ 局部增强：对伸缩缝、控制缝、阴阳角、管道缝等处，应增设一层加强层，固化后再进行整体防水施工。用于加强层的胎体材料宜选用 $30 \sim 50 g/m^2$ 的聚酯无纺布、聚丙烯无纺布或耐碱玻纤网。

◆ 涂刮聚氨酯涂料：聚氨酯涂料应涂刮 3 遍，应按配合比配制聚氨酯防水涂料。配制时将不同型号的聚氨酯分别按比例注入混料桶内，用机械充分搅拌 5min 即可使用。混合好的涂料应立即使用，否则会固化。施工时，用橡胶刮板或塑料刮板将防水涂料刮在已涂刷过底涂料的表面上，涂布厚度要求一致，一般涂布 3 道。在前道涂膜固化后再从与前道涂布方向相垂直的方向涂刷下道防水膜。

◆ 保护层：如果需要做刚性保护层，需增加防水涂膜与刚性保护层之间的粘结力，可在最后 1 道涂膜尚未完全固化时，在其表面稀疏地撒上干净的直径为 2mm 的砂粒（干燥），待粘有砂粒的涂膜固化后，再进行刚性保护施工。

（2）聚氨酯防水涂料施工注意事项

◆ 基层要求平整、密实、清洁，不允许有凹凸不平、松动和起砂掉灰等缺陷存在。

◆ 基层要求干燥，含水率不得超过 9%。

◆ 配料时必须严格按照说明书中提供的比例准确称量，充分搅拌均匀，否则会影响涂膜固化，造成施工质量事故。

◆ A、B 料需要现场随混随用，混合好的涂料必须在凝固前用完，否则会因固化而造成浪费，已固化的混合料不可稀释再用。

◆ 当涂膜固化过慢时，可在混料时加入适量的二丁基锡作促凝剂，若固化过快，可加入适量的磷酸或苯磺酰氯作缓凝剂。促凝剂和缓凝剂的掺加量应严格按照说明要求加入。

◆ 防水涂料应薄涂，多遍施工，前后两遍的涂刷方向应相互垂直，涂布时应在前 1 遍涂层实干后，再进行下 1 遍涂刷。

◆ 涂层厚度应均匀，不得有漏刷或堆积现象。

◆ 施工时宜先涂刷立面，后涂刷平面。

◆ 夹铺胎体增强材料时，应使防水涂料充分浸透胎体层，不得有折皱、翘边。

◆ 施工现场要通风，温度一般在 0℃ 以上较为适宜，不能在雨天施工。

◆ 施工现场应注意防火。

◆ 用过的工具、器具要及时用溶剂清洗干净，以便再用。

◆ 聚氨酯防水涂料均为双组分产品，用铁桶按配比分别密封包装，A、B 组分包装应有明显区别。

◆ 运输中严防日晒雨淋，禁止接近火源，防止碰撞，保持包装完好。

◆ 涂刷厚度应符合要求，水平面应不小于 1.2mm，垂直面应不小于 1.0mm。

【能力拓展】

3. 聚合物水泥防水涂料施工

（1）聚合物水泥防水涂料施工工艺

聚合物水泥防水涂料施工工艺流程如下：

基层表面处理→聚合物水泥防水涂料配制→节点部位加强处理→大面分层涂刮聚合物水泥基防水涂料→防水层收头→组织验收。

◆ 基层表面处理：用铁铲、扫帚等工具将基层表面的施工垃圾清除干净，如遇污渍需用溶剂清洗，有缺损或翻砂现象的基层，需要重新修整，阴阳角部位在找平时做成圆弧形。基层清扫干净后，在改性剂中掺入适量的水（一般比例为改性剂∶水 =1∶4）搅拌均匀后，涂抹在基层表面做底涂。

◆ 聚合物水泥防水涂料配制：按照产品说明书规定的比例分别称取适量的液料和固体分料组分，先把液料倒入配制桶中，搅拌时把分料慢慢倒入液料中并充分搅拌不少于 10min 直至无气泡为止。搅拌时不得加水或混入上次搅拌的残液及其他杂质。配料数量应根据工程量和完成时间及安排的人员数量而定，配好的涂料必须在产品规定的时间内用完。

◆ 节点部位加强处理：按设计要求对阴阳角、施工缝、地漏等处涂刷聚合物水泥防水涂料加强层，涂层中间加设胎体增强材料。

◆ 大面分层涂刮聚合物水泥防水涂料：施工可采用长板刷涂刷，涂刷要横竖交叉进行，达到平整均匀、厚度一致。每层涂刷完约 2 ~ 4h，涂料可固结成膜，即可进行下 1 层涂刷。为消除屋面因温度变化产生胀缩，应在涂刷第 2 层涂膜后铺无纺布（或玻纤布），同时涂刷第 3 层涂膜。无纺布（或玻纤布）搭接要求不小于 100mm；防水涂料屋面涂刷不得少于 5 遍。

◆ 防水层收头：聚合物水泥基防水涂料收头采用多遍涂刷或用密封材料封严。

（2）聚合物水泥防水涂料施工注意事项

◆ 基层要求平整、密实、清洁，不允许有凹凸不平、松动和起砂掉灰等缺陷存在。

◆ 聚合物水泥防水涂料涂刷厚度应符合要求，水平面应不小于 1.5mm，垂直面应不小于 1.2mm。

◆ 涂刷时应分层涂刷，每层涂覆前应先测定每平方米涂料用量，施工时应按测定的用量涂刷。

◆ 涂刷时厚度应均匀，要求前后左右多次刷滚，不能局部有沉积；立面、斜面涂刷应从上往下，防止流坠或过厚。

◆ 已凝胶或结膜的胶料不得继续使用或掺入新材料中搭配使用。

◆ 防水涂膜完全固化验收合格后，应及时做好成膜保护工作，以防止后续工序对涂膜的破坏，从而影响整体防水层的防水性能。

5.2.2 室内防水工程检验批施工质量验收

【学习支持】

5.2.2.1 室内防水施工质量验收检验批划分

住宅室内防水工程应对基层（找平层或找坡层）、防水层（防水层、密封、细部构造）、保护层分别进行验收。住宅室内防水施工所用的各种材料应有产品合格证书和性能检测报告。材料的品种、规格、性能等应符合现行国家产品标准和防水设计要求；防水涂料、防水卷材、防水砂浆和密封胶等防水密封材料进场应按规定进行见证取样复验。

住宅室内防水工程应以每一个自然间或每一个独立水容器作为检验批，逐一检验。

5.2.2.2 室内防水施工质量标准和检验方法

室内防水工程检验批验收时，按主控项目和一般项目进行验收，其主控项目应全部符合规范规定；一般项目应有 80% 及以上的抽检处符合规范规定；有允许偏差的项目，最大超差值为允许偏差值的 1.5 倍。

防水与密缝工程验收标准如下：

1. 主控项目

（1）防水材料、密封材料、配套材料的质量应符合设计要求，计量、配合比应准确。

检验方法：检查出厂合格证、计量措施、质量检验报告和现场抽样复验报告。

检验数量：按材料进场批次为 1 个检验批；现场抽样复验项目按规范要求执行。

（2）在转角、地漏、伸出基层的管道等部位，防水层的细部构造应符合设计要求。

检验方法：观察检查和检查隐蔽工程验收记录。

检查数量：全数检查。

（3）防水层的平均厚度应符合设计要求，最小厚度不应小于设计厚度的 90%。

检验方法：用涂层厚度仪量测或现场取 20mm×20mm 的样品，用卡尺量测。

检验数量：每 1 个自然间的楼、地面及墙面各取 1 处；在每 1 个独立水容器的水平面及立面各取 1 处。

（4）密封材料的嵌填宽度和深度应符合设计要求。

检验方法：观察和尺量检查。

检验数量：全数检查。

（5）密封材料嵌填应密实、连续、饱满，粘结牢固，无气泡、开裂、脱落等缺陷。

检验方法：观察检查。

检验数量：全数检查。

（6）防水层不得渗漏。

检查方法：在防水层完成后进行蓄水试验，楼、地面蓄水高度不应小于20mm，蓄水时间不应少于24h。

检验数量：每一个自然间或每一个独立水容器逐一检验。

2. 一般项目

（1）涂膜防水层与基层应粘结牢固，表面平整，涂刷均匀，不得有流淌、皱折、鼓泡、露胎体和翘边等缺陷。

检验方法：观察检查。

检验数量：全数检查。

（2）涂膜防水层的胎体增强材料应铺贴平整；每层的短边搭接缝应错开。

检验方法：观察检查。

检验数量：全数检查。

（3）防水卷材的搭接缝应牢固，不得有皱折、开裂、翘边和鼓泡等缺陷；卷材在立面上的收头应与基层粘贴牢固。

检验方法：观察检查。

检验数量：全数检查。

（4）防水砂浆各层之间应结合牢固，无空鼓；表面应密实、平整、不得有开裂、起砂、麻面等缺陷；阴阳角部位应做圆弧状。

检验方法：观察和用小锤轻击检查。

检验数量：全数检查。

（5）密封材料表面应平滑，缝边应顺直，无明显周边污染。

检验方法：观察检查。

检验数量：全数检查。

（6）防水密封接缝宽度的允许偏差为设计宽度的 ±10%。

检验方法：尺量检查。

检验数量：全数检查。

【能力拓展】

5.2.3　室内防水工程防水层施工技术交底案例

前述砖混结构商住楼，在进行住宅室内防水工程施工前，项目部质检员向参与施工的防水施工班组人员进行技术交底（表5-24）。

技术交底 表 5-24

工程名称	×××商住楼	建设单位	×××
监理单位	×××建设监理公司	施工单位	×××建筑工程公司
工程部位	室内卫生间地面、墙面防水层	交底对象	防水施工班组
交底人	×××	接收人	×××
参加交底人员：（参加的所有人员签字） ×××、×××、×××、×××		交底时间	×××

1. 准备施工

(1) 材料及要求

◆ 聚氨酯防水涂料

甲组分：异氰酸酯基含量，以 3.5±0.2% 为宜。

乙组分：羟基含量，以 0.7±0.1% 为宜。

◆ 主要辅助材料：磷酸或苯磺酰氯（缓凝剂）、二丁基锡（促凝剂）、乙酸乙酯、玻纤布或无纺布等。

◆ 聚氨酯防水涂料必须经试验合格方能使用，其技术性能应符合规定。

(2) 主要施工机具：电动搅拌器、拌料桶、油漆桶、塑料刮板、铁皮小刮板、橡胶刮板、弹簧秤、油漆刷（刷底胶用）、滚动刷（刷底胶用）、小抹子、油工铲刀、笤帚、消防器材。

(3) 作业条件

◆ 穿过卫生间、浴室楼板的所有立管、套管均已做完并经验收，管周围缝隙用 1:2:4 细石混凝土填塞密实（楼板底需支模板）。

◆ 卫生间、浴室地面垫层已做完，向地漏处找 2% 坡度，厚度小于 30mm 时用混合灰，大于 30mm 厚用 1:6 水泥焦碴垫层。

◆ 卫生间、浴室地面找平层已做完，表面应抹平压光，坚实平整，不起砂，含水率低于 9%。

◆ 找平层的泛水坡度应为 2%，不得局部积水，与墙交接处及转角处均要抹成小圆角。凡是靠墙的管道根部处均应抹出 5% 坡度，避免此处存水。

◆ 在基层做防水涂料之前，在穿过楼板的立管四周、套管与立管交接处、大便器与立管接口处、地漏上口四周等处用建筑密封膏封严。

◆ 卫生间、浴室做防水之前必须设置足够的照明及通风设备。

◆ 易燃、有毒的防水材料要各有防火设施和工作服、软底鞋。

◆ 操作温度保持在 +5℃ 以上。

◆ 操作人员应经过专业培训，持上岗证。先做样板间，经检查验收合格后，方可全面施工。

2. 聚氨酯防水涂料施工

(1) 工艺流程

清扫基层→涂刷底胶→细部附加层→第 1 层涂膜→第 2 层涂膜→第 3 层涂膜和粘石渣。

(2) 施工工艺

◆ 清扫基层：用铲刀将粘在找平层上的灰皮除掉，用笤帚将尘土清扫干净，尤其是管道根部、地漏和排水口等部位要仔细清理，如有油污应用钢丝刷和砂纸刷掉。表面必须平整，凹陷处要用 1:3 水泥砂浆找平。

◆ 涂刷底胶：将聚氨酯甲、乙两组分和二甲苯按 1:1.5:2 的比例（重量比）配合搅拌均匀，即可使用。用滚动刷或油漆刷蘸底胶均匀地涂刷在基层表面，涂刷厚度应均匀，涂刷量以 0.2kg/m² 左右为宜。涂刷后应干燥 4h 以上，才能进行下一工序的操作。

◆ 细部附加层：将聚氨酯涂膜防水材料按甲组分:乙组分 =1:1.5 的比例混合搅拌均匀，用油漆刷蘸涂料在地漏、管道根、阴阳角和出水口等容易漏水的薄弱部位均匀涂刷，不得漏刷（地面与墙面交接处，涂膜防水拐墙上做 100mm 高）。

◆ 第 1 层涂膜：将聚氨酯甲、乙两组分和二甲苯按 1:1.5:0.2 的比例（重量比）配合后，倒入拌料桶中用电动搅拌器搅拌均匀（约 5min），用橡胶刮板或油漆刷刮涂 1 层涂料，厚度要均匀一致，刮涂量以 0.8～1.0kg/m² 为宜，从内往外退着操作。

◆ 在第 1 层固化后，即可进行第 2 遍涂膜操作，为使涂膜厚度均匀，刮涂方向必须与第 1 遍刮涂方向垂直，刮涂量与第一遍同。

◆ 第 3 层涂膜：第 2 层涂膜固化后，仍按前两遍的材料配比搅拌好涂膜材料，进行第 3 遍刮涂，刮涂量以 0.4～0.5kg/m² 为宜，涂完之后未固化时，可在涂膜表面稀撒干净的 2～3mm 粒径的石渣，以增加与水泥砂浆覆盖层的粘结力。

◆ 在操作过程中根据当天操作量配料，不得搅拌过多。如涂料黏度过大不便涂刮时，可加入少量二甲苯进行稀释，加入量不得大于乙料的 10%。如甲、乙料混合后固化过快，影响施工时，可加入少许磷酸或苯磺酚氯化缓凝剂，加入量不得大于甲料的 0.5%；如涂膜固化太慢，可加入少许二月桂酸二丁基锡做促凝剂，但加入量不得大于甲料的 0.3%。

◆ 涂膜防水做完，经检查验收合格后可进行蓄水试验，24h 无渗漏，可进行面层施工。

3. 施工质量标准

聚氨酯防水层施工按主控项目和一般项目进行验收。

(1) 主控项目

◆ 所用涂膜防水材料的品种、牌号及配合比，应符合设计要求和国家现行有关标准的规定。对防水涂料技术性能指标必须经试验室进行复验合格后，方可使用。

◆ 涂膜防水层与预埋管件、表面坡度等细部做法，应符合设计要求和施工规范的规定，不得有渗漏现象（蓄水 24h 观察无渗漏）。

◆ 找平层含水率低于 9%，并经检查合格后，方可进行防水层施工。

(2) 一般项目

◆ 涂膜层涂刷均匀，厚度满足设计要求，不露底。保护层和防水层粘结牢固，紧密结合，不得有损伤。

◆ 底胶和涂料附加层的涂刷方法、搭接收头应符合施工规范要求，粘结牢固、紧密，接缝封严，无空鼓。

◆ 表层如发现有不合格之处，应按规范要求重新涂刷搭接，并经有关人员认证。

◆ 涂膜层不起泡、不流淌，平整无凹凸，颜色亮度一致，与管件、洁具、地脚螺丝、地漏、排水口等接缝严密，收头圆滑。

4. 成品保护

(1) 涂膜防水层操作过程中，污染已做好饰面的墙壁、卫生洁具、门窗等。

(2) 涂膜防水层做完之后，要加以保护，在保护层未做之前，任何人员不得进入，也不得在卫生间内堆积杂物，以免损坏防水层。

(3) 地漏或排水口内应防止杂物塞满，确保排水畅通。蓄水合格后，应将地漏内清理干净。

(4) 面层进行施工操作时，对突出地面的管道根部、地漏、排水口、卫生洁具等与地面交接处的涂膜不得碰坏。

5. 防水层施工注意事项

(1) 在涂刷防水层之前，必须将基层清理干净，并做含水率试验，防止涂膜防水层空鼓、起气泡。

(2) 涂膜防水层做完之后，必须进行第 1 次蓄水试验；地面面层做完之后，再进行第 2 次蓄水试验；蓄水合格后应填写蓄水检查记录。

(3) 做地面垫层时应按设计要求找坡，确保地面排水畅通。

6. 交工时应具备的质量记录

(1) 聚氨酯防水涂料必须有生产厂家合格证、防水材料使用认证书、施工单位的技术性能复试试验报告。

(2) 防水涂层隐检记录、蓄水试验检查记录。

(3) 防水涂层分项工程质量检验评定记录。

7. 安全技术交底

(1) 聚氨酯甲、乙料易燃、有毒均用铁桶包装，贮存时应密封，进场后放在阴凉、干燥、无强日光直晒的库房（或场地）。

(2) 施工操作时应按厂家说明的比例进行配合。

(3) 操作场地要防火、通风，操作人员应戴手套、口罩、眼镜等，以防溶剂中毒。

注：本表一式四份，建设单位、监理单位、施工单位、城建档案馆各一份。

能力测试

单项选择题

(1) 室内防水工程不得使用（　　）防水材料。

A. 水乳型　　　　　　　　　　B. 反应型

C. 溶剂型　　　　　　　　　　D. 聚氨酯防水涂料

(2) 穿越楼板的管道应设置防水套管，高度应高出装饰层完成面（　　）mm 以上。

A. 10　　　　　　　　　　　　B. 20

C. 50　　　　　　　　　　　　D. 100

（3）卫生间、浴室的楼、地面应设置防水层，在门口处应水平延展以阻止积水外溢，防水层向外延展的长度不应小于（　　）mm。

A. 100 　　　　　　　　　　B. 200

C. 500 　　　　　　　　　　D. 1000

（4）卫生间、浴室的楼、地面应设置防水层，在门口处除水平延展外还需向两侧延展，以阻止积水外溢，防水层向两侧延展的宽度不应小于（　　）mm。

A. 100 　　　　　　　　　　B. 200

C. 500 　　　　　　　　　　D. 1000

（5）室内防水层的平均厚度应符合设计要求，最小厚度不应小于设计厚度的（　　）%。

A. 60 　　　　　　　　　　B. 70

C. 80 　　　　　　　　　　D. 90

（6）在防水层完成后进行蓄水试验，楼、地面蓄水高度不应小于 20mm，蓄水时间不应少于（　　）h。

A. 8 　　　　　　　　　　B. 12

C. 24 　　　　　　　　　　D. 72

参考文献

[1] 中国建筑科学研究院. 建筑工程施工质量验收统一标准GB 50300-2013 [S]. 北京：中国建筑工业出版社，2014.

[2] 陕西省建筑科学研究院　陕西建工集团总公司. 砌体结构工程施工质量验收规范GB 50203-2011 [S]. 北京：中国建筑工业出版社，2011.

[3] 中国建筑科学研究院. 混凝土结构工程施工质量验收规范GB 50204-2015 [S]. 北京：中国建筑工业出版社，2011.

[4] 中国建筑科学研究院. 混凝土结构工程施工规范GB 50666-2011 [S]. 北京：中国建筑工业出版社，2012.

[5] 中冶建筑研究总院有限公司，中建八局第二建设有限公司. 钢结构工程施工质量验收规范GB 50205-2020 [S]. 北京：中国建筑工业出版社，2011.

[6] 山西建筑工程（集团）总公司. 屋面工程施工质量验收规范GB 50207-2012 [S]. 北京：中国建筑工业出版社，2012.

[7] 中国建筑标准设计研究院，北京韩建集团有限公司. 住宅室内防水工程技术规程JGJ 298-2013 [S]. 北京：中国建筑工业出版社，2013.

[8] 姚谨英. 建筑施工技术（第六版）[M]. 北京：中国建筑工业出版社，2017.

[9] 姚谨英. 建筑施工技术管理实训 [M]. 北京：中国建筑工业出版社，2006.

[10] 姚谨英. 混凝土结构工程施工 [M]. 北京：中国建筑工业出版社，2005.

[11] 姚谨英. 砌体结构工程施工 [M]. 北京：中国建筑工业出版社，2005.